U0021948

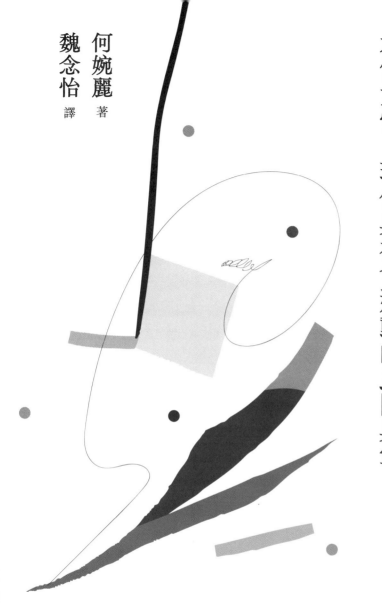

何婉麗 著

魏念怡 譯

台灣生態家庭

六個女性、環保與社會運動的民間典範

Ecofamilism

Women, Religion,
and Environmental
Protection in Taiwan

此書敬獻給：

我的父親，何汝堅先生（1905-1979），
他對自然與文化深刻的愛傳給了我。

我的母親，鄭穎姚女士（1924-2017），
常提示我要像風箏，
能飛多高就多高，能飛多遠就多遠。

目錄

歡迎搭上在地的
聚「樂」部愛之船

越洋聽到好朋友何婉麗博士要在時報出版關於「生態家庭主義」的書，我非常非常的開心。她興奮地說，「我拜訪時報出版的趙董事長，他要送我時報出版的書，由我自己挑選。我就說我要丘引的書《猶太人和你想的不一樣》及《嫁禍、驅逐、大屠殺：求生存的猶太歷史》。」趙董問她，為什麼是丘引，婉麗給的答案叫人噴飯。她說，「我去丘引家吃飯，她也到我家吃飯。要請人家去家裡吃飯是極為不容易的事……」這很生態家庭主義[1]吧！

初識婉麗，是在美國亞特蘭大的拉筋團體。我開四十分鐘車去學拉筋，而她和丈夫每三星期住在亞特蘭大，三星期住在北卡，而在亞特蘭大時他們夫妻就一起來拉筋。我就是在拉筋喝茶聊天時認識婉麗和守玉這對夫妻。而且第一次聊天就感覺我們的磁場非常接近，一聽她在美國的奮鬥故事更叫我震撼和感動得五體投地。

「我考博士班的托福考了三十次。」當婉麗一開口，我就馬上感覺到她是個真性情的人。一個敢從托福 300 分一路拉到 600 分，三十次的考試奮鬥精神絕對值得敬佩的。婉麗的考托福經驗也給很多想要出國讀書但是英文不好的人吃下定心丸，有一種「何婉麗可以，我也行！」的氣勢出來。

1　生態家庭是強調生命的整體網絡與環保之間的關係。見第一章。

　　同樣地，婉麗在台灣環保上也努力超過三十年，那樣的不屈不饒的精神，難道不值得佩服嗎？婉麗在大學畢業後去讀台灣神學院，而台神的 Here and Now 的宗旨影響她終身，「關懷生長的土地和弱勢族群」，例如原住民的關懷，都是她在意的，再加上女性主義的思想連結，還有她的爸爸生前在婉麗的姐姐去美國留學後決定奉獻給美國而感到有「為人作嫁」的遺憾。爸爸是外省人，但輾轉到台灣後，就以台灣為家，他努力的栽培子女受到最高等的教育，還希望子女都奉獻給台灣。「所以，我在美國讀宗教博士，我長期的研究和在美國大學的宗教教學都是和台灣有關，期待更多人認識台灣。」

　　何婉麗博士第一次開始關懷台灣的環保是在 1990 年聽到證嚴法師說，「請用你鼓掌的雙手來做環保。」證嚴法師的這句話深深地觸動基督徒的婉麗的心。而在這本書中，她也談到佛教團體和基督教團體以及主婦聯盟、環保媽媽等婦女團體在台灣解嚴後紛紛投入環保議題上的努力。

　　「台灣的環保做得比美國還好。」婉麗說道。的確，我剛下飛機，我的朋友雲林故事館的創辦人唐麗芳就給我上了一堂環保課，如何把廚餘、回收、垃圾做好分類，還必須「垃圾不落地」。而在美國我因為有台灣的經驗，也是力行婉麗的生態家庭主義的人，去年我的菜園就因堆肥生出十二個冬瓜。

　　在農曆春節歡樂時刻我閱讀《台灣生態家庭》，讀得欲罷不能。這是一本另類台灣史，而且是台灣婦女史，以及諸多我熟悉的朋友們為台灣這塊土地打拼的紀錄，這是你我的歷史，值得所有的台灣人一起共讀的《台灣生態家庭》。歡迎搭上在地的聚「樂」部愛之船。

丘引　作家（旅居美國亞特蘭大）

生態家庭概念是解決氣候暖化問題的一個良方

英國人類學家珍古德博士曾說：「唯有了解，才有關心；唯有關心，才會採取行動；唯有行動，生命才有希望。」

何婉麗博士的這本新著，是台灣從上世紀八十年代以來，婦女在推動環境保育運動的一份詳實又完整的珍貴紀錄，讓我們看到婦女的關心與行動，對台灣的環境改善帶來了深遠的助力與希望。在此要為做出卓著貢獻的所有婦女同胞致上最高的敬意。

俗話說：「種瓜得瓜，種豆得豆。」過去二百多年人類大量開發使用化石燃料，排放了 2 兆 5 千億噸的溫室氣體進入大氣層，種下了氣候暖化可怕的惡因，也導致今日地球生態環境日益劣化的沉重苦果。

2023 年 1 月在發表在《大氣科學進展》期刊的研究結果就顯示，2022 年地球海洋上層 2000 公尺的海水，吸存了大約 10 澤塔焦耳（$\sim 10 \times 10^{21}$ 焦耳）的熱量，是有史以來的最高值；這麼龐大的能量相當於全球全年總發電量的 100 倍，也等於過去一年中，每一秒都吸存了 7 顆廣島型核彈的能量在我們的地表，可見暖化的嚴重性。

聯合國歷年的氣候報告是無可置疑的清楚：超量的溫室氣體，捕獲了過多從太陽輻射來的熱量，導致地表快速升溫，造成

一連串的環境衝擊，包括極端高溫、乾旱和森林火災、超大豪雨、洪澇、超強颱風、冰川消融、海洋熱浪、海洋酸化、以及海平面上升，當然也有地震、火山的衝擊。這些變化是幾千年、甚至幾百萬年以來都未曾有過的衝擊，深切的影響我們當前以及未來的生活、健康和福祉，這是全體人類都要面對的「氣候戰爭」，是我們無法迴避的未來！

　　氣候暖化是一個系統性的問題，遠超過以往的環保議題，必須推動廣泛的、由政府主導的創新和改革，更需要每一個人的積極參與。在這個層面上，何婉麗博士在書中提出的「生態家庭」概念，就是解決這個嚴峻問題的一個良方。透過每個家庭力行「愛護地球」的低碳生活實踐，我們才能真正停止溫室氣體的不當排放，扭轉暖化的趨勢，回復地球生態環境的健康，人類也才能永續的生存下去。

　　環保作家索爾尼（Rebecca Solnit）在她的《黑暗中的希望》書中說：「希望帶來行動；沒有希望，根本不可能有行動。」

　　現在避免最壞的結果還為時不晚，但是必須要緊急的行動；當我們開始行動時，希望就無處不在。讓我們一起共勉。

　　　　汪中和　中央研究院地球科學研究所兼任研究員

譯者序

TRANSLATOR

文中蘊含人對自然的關懷及
人對生命的尊敬與堅持

　　蒙好友醇麗的薦介，得能翻譯其姐何婉麗教授退休前的大作，*Ecofamilism: Women, Religion and Environmental Protection in Taiwan*，這本書前後經三十年觀察、研究台灣六個非營利環保組織的起始、發展、蔚為風氣到立法推動，包括太魯閣族 1995 年成立，奮戰多年的「反亞泥還我土地自救會」。

　　剛接這本書時婉麗教授建議我先從第二章開始翻譯，結論翻完之後再回頭來翻譯本書中心思想所在的第一章：「開展新願景：生態家庭主義的出現」，這果真是很好的建議。我由第二章依序開始，各個環保團體的發起、理念、運作及成果，看到台灣婦女參與社會運動的單純，務實與堅持。最後回到第一章，得以進入「生態家庭主義」蘊含的中國哲學、環境倫理、人文精神及其別於西方「生態女性主義」之所在。

　　讓我感佩的是這些大多數由婦女組成的團體，動機單純，以高雄的環保媽媽環境保護基金會為例，是基於「媽媽做環保，一家保健康」的理念開始，從居家環境的關懷到推動社區環保，到進行體制外的改革，如垃圾食品離開校園。她們的運作方式，既不要入會費，也不申請政府補助，更不向大眾請求捐款，不做群眾運動抗爭，還做「隨時可解散的準備」。由於這純粹的堅持，

環保媽媽環境保護基金會成功動員了社會裡最安靜的角色，堪稱為母親的社會運動。

北部的主婦聯盟則更廣泛的投入，如 1988 年參與的拯救雛妓活動、1998 年「全國搶救棲蘭檜木林」運動、同年台北主婦聯盟的家庭主婦發起「有機廢棄物製作堆肥計畫」，到 2003 年環保署開始全面實施堆肥計畫。2014 年「反基因改造行動」、促進寶特瓶（PET）的回收利用、並禁止使用保麗龍餐具……等等，縱使在推動初期遭到廠商抗議，但主婦聯盟不畏強權，堅持做對的事，終於達成目標。譯得我熱血沸騰，毅然決然成為主婦聯盟的會員。

另一章介紹「關懷生命協會」，釋昭慧法師聯合宗教界人士，為弱者發聲。他們的關懷大如不得在台辦理馬戲團表演、賭博性的賽馬場，小至勸阻街頭巷尾的撈魚、尷魚遊戲及善待流浪貓狗的各項措施及立法。改善了以往被抓捕進收容所的流浪貓狗，如一個月未被民眾認養即處以安樂死的處境。昭慧法師等多位宗教界人士聯合呼籲、為卑微生命奔走，多少次的街頭示威抗爭，到 2007 年《動物保護法》終於修正通過。感佩昭慧法師出家人做入世的救濟，她曾說：「一旦投入社會運動，雖非身處禪堂，不自覺中仍培育了膽識，接近無我。」（釋昭慧 6/28/2000）感佩他們為弱中之弱發聲，我也毅然付諸小我行動，與外子去台北市動物之家領養了一隻虎斑狗，相互陪伴。

本書英文版著作於 2016 年出版，其後婉麗教授仍持續關懷，中文版乃一次更新到位，我很榮幸受託譯稿，感動於「生態家庭主義」在學術名詞之外，每一章所蘊含的人與人之間的溫暖，人對自然的關懷，人對生命的尊敬與堅持。

　　這本書追溯六個團體個案的歷史，呈現不同志工團體，分別奉獻心力的努力過程。希望透過介紹六個團體的義務工作，喚起民眾對環境／動物保護、愛護地球、追求環境正義等議題的關心，進而身體力行，改善環境、尊重生命，那就善莫大焉。

　　　　　　　　　　　　　　　　　　　　　魏念怡

以生態家庭的建構與歐美的
環境主義進行對話

　　我在一個並不富裕的家庭中長大，但是父母親竭盡能力讓七個孩子受最高等的教育。每個人認真學習，也得在家務上貢獻力量。當時家庭副業主要是照養幾百隻的雞。平日勞動帶來的最大的報償就是，每一年的春天帶我們去陽明山郊遊一次，夏天帶我們去八里游泳一次。父親希望孩子們能享受大自然與家庭帶來的美好。

　　可是當時年少不更事，並不能領略自然之美，反而覺得耽誤了我準備大考小考的時間，甚至抱怨說：「山和樹不是到處都一樣嗎？」父親開始教導我觀察每片葉子的不同顏色，指出每棵樹特有的形狀，而每座山的陵線都不一般高。父親進而教導我們欣賞日常生活的美。他的美學觀是，一個人或一件事若能與大自然協調，就能增強自然所賜予的天性。我大學時主修中國文學，他常常提醒我將來如果要成為一個作家，我一定也要是個懂得生活的藝術家、內在外在都要與自然調諧。

　　就這樣，對自然的愛逐漸滲透到我的學術領域了。行年愈長，愈對環境保護產生了使命感，不但希望後代能享受永續美好的自然環境，自己也越來越沉浸到環境相關的主題研究，如倫理學、宗教學、女性主義、和生態女性主義等。身為女性主義者和環境主義者，生態女性主義的書最吸引我。在美國唸博士班期

間，當我大量閱讀歐美這方面的著作，就發覺生態女性主義完全是西方哲學思潮所產生的，我不禁自問，如果從東方思想出發，會有什麼不同的面向產生呢？

於是我回到自己的國家——台灣，去觀察研究女性怎樣投入環境保護的工作。經過前後三十年的時間，我觀察研究了台灣女性在六個環保民間團體如何從事環境保護。這些團體的創立者與大部分的領導者都是女性。在這個學術之旅的終點，我總結最好描述台灣女性做環保的語詞是：「生態家庭主義」，而不是西方所說的：「生態女性主義」。我希望「生態家庭主義」作為一個新的學術論點，與生態女性主義開啟創新、富有成效的對話。同時從台灣六個環保民間團體的生態家庭的實踐中可以看出這個生態家庭的理論所提供的一個新視野：生態家庭的觀點，思考在生態家庭裡，人類應該如何更與動物、植物、土地、海洋互賴共生、共存共榮；而且在一個互相依靠的生態家庭系統裡，家庭中所有成員不分性別，如何實踐出無私之愛與環境責任。

如此理念下，發表相關的論文論述（資料見於參考書目），亦完成了英文版 *Ecofamilism: Women, Religion and Environmental Protection in Taiwan* 的著作，於 2016 年由 Three Pines 出版社出版，並且得到不錯的評價。不少友人建議翻譯成中文，以饗更多華文讀者群，並可以一起廣傳「生態家庭」有意義的新觀念。好友魏念怡更是不辭勞苦接下翻譯工作，本人則由於英文版出書已時隔數年，能與時俱進更新資料，並且對以前的觀點論述能再做檢視與補充，同時增添新的歷史性照片，因此動念與念怡聯手合作，玉成中文版的面世。

這本書能夠出版，除了感謝魏念怡準確完整、順暢達意的翻

譯之外，最要感謝所有接受我深度訪談的受訪者，因為她們在環保路上感人的見證，讓有我有動機、有毅力完成此書；也是她們的貢獻使得台灣的環保做得風生水起、有聲有色，啟發未來。我與這些受訪者從起初蒐集資料，到往後來來回回的訪談，看到她們不改其志，始終如一的做環保，深受感動，因之成為好朋友，或回台的探望或越洋的關懷支持，始終不斷。在此尤其感謝多年來不斷協助更新資料的謝逸韋（佛教慈濟基金會資深志工）、傳法法師（關懷生命協會）、陳慈美（生態關懷者協會）、林貴瑛（主婦聯盟環境保護基金會）、周春娣（環保媽媽環境保護基金會）、鍾寶珠（反亞泥還我土地自救會）。

其次，回顧從醞釀新視野到英文、中文成書的歲月中，非常感謝曾經閱讀、討論並提供真知灼見的老師輩與好友們：Professor Sydney D. White（Temple University），Professor Meg Rithmire（Harvard University），張守玉教授（North Carolina Agricultural and Technical State University），徐東風教授（Colgate University），張嘉蘭教授（Winthrop University），Professor Anne Kelley、Laura Hunt、Tsondue Samphel（Emory University），Paige Wilson（Gunderson Dettmer Law Firm），程柯（英國中金公司）與紀有容（Kresge Foundation）。台灣的蕭新煌研究員與汪中和研究員（中央研究院），王俊秀教授（清華大學），張維安教授（交通大學），張學文教授（中山大學），紀駿傑教授（東華大學），林安梧教授（慈濟大學），他們所提供的思考方向均使我深得啟發、獲益良多。

當然，成書不可少的貢獻來自於我「環保之家」的家人，從事環境工程研究的先生張守玉、投入環境政策的女兒紀有容與環

保節能工程的女婿 Tim Cook，所提供的評論、諮商與協助，使我對環境運動有不同的角度思考。並且特別感謝舍妹何醇麗，從一開始的訪談、通訊等聯繫、相關資料的更新種種協助，一直都是我長年以來不可或缺的支持夥伴。同時，感謝中央研究院汪中和研究員與名作家丘引女士百忙中為本書作序，還有本書能得到時報出版社以中文呈現，始能回饋當初的受訪團體與熱情志工，陳萱宇編輯精彩的文字編輯，及陳文德設計師出色的封面設計，都令我再再感激。最後，感謝神無法勝數的祝福，使我完成一生心願，能將台灣婦女與環境保護留下珍貴的紀錄，並以之與西方的環境主義進行對話，期使為台灣本土「生態家庭」發聲。

何婉麗

導　論

一顆心愛地球，
一雙手做環保。[1]

1　「一顆心愛地球，一雙手做環保」，這句環保口號是由中央研究院地球
　　科學研究所兼任研究員，汪中和博士首先提出的。

　　大自然的變遷，有時甚至是激烈的變遷不可免，然而到了二十世紀後期，由於人類過度的濫用資源與人口快速膨脹，人為導致的變遷加速擾動自然生態群落，陸地海洋生態環境持續惡化、空氣污染日益嚴重、環境危機持續衝擊世界上所有人類，引導出大幅的研究來建構永續的環境倫理。歷史與文化研究、宗教詮釋、哲學闡釋、科學和技術都僅只能大約勾勒出過去超過半世紀來困擾地球的一些問題。以台灣一般而言，女性自傳統父權體制下解脫出來之後，越益精彩有活力，其中興起了許多運動，其中甚至賦予她們成為環境改革的代理人。她們的勇氣、智慧與堅毅，使她們在環境實踐上開展出卓絕的視野。

　　西方女性活動與環境主義的結合下，逐漸產生出「生態女性主義」這個名詞，它的出發點強調了相對於男性，女性所受到的壓迫；相對於文化，自然世界所受到創傷的事實。然而西方觀點的女性主義及生態女性主義並不盡然完全適用於東方文化的社會與傳統。本著作在檢驗台灣的女性參與環境活動，並就「生態女性主義」之外提出新的論點：「生態家庭主義」，以說明台灣婦女在環境運動上對自身角色的體認，並且將個人關懷層面拓擴到較大生態系統的責任感。透過「生態家庭」者觀點的角度，本研究在文化層面上探討台灣異於歐美在女性主義、家庭、以及環保方面不同的看法。

　　本書的意旨並非就台灣的環境參與提出全面的研究，而是就六個台灣非政府組織（Non-Government Organization, NGOs）新運動的開展呈現出獨特的觀點，正好表彰了「生態家庭」的可行性。對於這六個非政府組織研究的時間跨距自 1990 年至 2022 年長達三十多年，大部分田野工作則在 2000 年至 2009 年間進行，

而持續關注研究到 2022 年為止。在長達三十多年的時間裡，本書尤為著重 1990 年至 2000 年之間的六個民間團體的蓬勃發展。1987 年的戒嚴令解除不久，環境社會運動蔚為風潮、遍地開花。生態人文研究者，北醫大人文創新與社會實踐研究中心主任，林益仁曾說過：「我們現在看到的環保做法，基本上都是在 80 年代末以及 90 年代初萌芽。」（2008, 111）那個百家爭鳴，非常之精彩的十多年，願它成為不被遺忘的歷史，因為如今看來平常的環保事，很多都是當時篳路藍縷為社會努力開發出來的方法。可以說全書研究顯示了新興工業國家如何嶄露其環境意識，同時也是女性身兼維權人士與領導者活躍角色的文獻記載。

》 中心主題

　　女性參與環境運動的急遽增加，對於開發中及已開發世界社會變遷的人類而言，實在是一個有趣又令人振奮的趨勢。我展開此項計畫是對美國與歐洲發展的生態女性主義的概念有所回應。生態女性主義著重下列二者的關係：不當地對待自然，與不當對待「婦女、孩童、有色人種、原住民以及窮人」（Nhanenge 2011, 98）。進而主張生態女性主義，其關鍵詞彙包含「關懷，非暴力、愛及友誼」。換言之，它強調婦女、他者及自然之間的連結（2011, 145）。雖然某些西方文化已經接受這些觀念；但是對東方的婦女而言，生態女性主義尚未成為普遍的理念，對女性維權人士的意義亦較不顯著。

　　神學家 Jay B. McDaniel 指出目前流行的生態女性主義者的觀點，在相當程度上是依賴西方學者發展出來的理論模式，這些學者多數是由西方社會文化背景裡孕育出來的。然而，他問到：

「對那些不是科學導向的非西方世界，我們可以做些什麼呢？他們的固有理念，他們的多樣性生態，比我們的還要寬廣，還要富有想像力！」（1994, 59）

這個問題促使本書尋求在環球跨文化水平下，「生態女性主義」這個概念是一個通用的普世性的理念架構嗎？在東西方理念交會時，台灣如何凸顯其不同的情境？為了處理這些問題，我提出「生態家庭主義」這個語詞，為之方便對話。重在強調「生態家庭」，表達人的環境關懷，視整個生物區、地球、星球體系彼此之間如「家」的關係，及其所帶出來的實踐行為。本書闡述理念的同時亦可有趣的看到，是什麼原因激勵出原本社會性不活躍的女性參與此項保護環境的社會運動？本書更從不同的組織觀察到不同的活動及其意識形態，它們的背後都代表了不同程度的社會運動、女性參與、生態意識，以及宗教信仰的驅動力量，因為宗教也是人類責任及信任的一個重要面向。

了解以上的關係是很重要的，一則說明了多元文化台灣的經驗與故事，一則對現代社會對環境的景況有所揭示。當我們進一步探索這樣的願景，並連結生態學的思維和環保之間的關係之前，必須先就書裡常用名詞做一些界定解釋，會比較容易明白台灣的女性主義、生態女性主義及生態家庭主義彼此之間錯綜複雜的關係，再試圖以案例來討論建立「生態家庭」。

》》關鍵詞

生態學

生態，指生物的生活狀態，即生物在一定的自然環境下生存

和發展的狀態。生態（Eco-）一詞源于古希臘字 *oikos*，意思是指家；它也有「家庭」或「家人」的意思（Eblen, R. and Eblen, W. 1994, 171；亦請參閱 E. J. Kormondy 的書，*Concepts of Ecology*）。生態之意既然與家、家庭、家人有關，當然是我們不可忽視的人生課題之一。因為，「人生除了生命、生活、生存、生計之外，還應有生態的問題加入。『生態』的課題也正是目前環保的課題。」（鄔昆如 1997，44）

生態學（Ecology）作為一門科學，是針對環境有機組織內部的關係研究（Hinsdale 1995, 196）。它原是生物學的一個分支，現在已然成為獨門的學科，結合了「社會經濟和生物的研究」，經常在檢查「人類在利用自然中如何造成自然系統的破壞」（Ruether 1994, 45）。

挪威思想家安納斯（Arne Naess）創造兩個關鍵名詞，「淺層生態學」（shallow ecology）和「深層生態學」（deep ecology）。前者是關於「人類中心主義的觀點（anthropocentric view），自然的存在僅以服務人類為其宗旨」；後者則認為人類也屬於自然的一部分，主張「生物中心平等」（biocentric equality），這個觀點主張生物界的每一個實體是彼此相關的，各自實體的價值也都有其平等存在的意義（Hinsdale 1995, 197）。這個觀點反對了極端人類至上的人本主義，改變了人類與萬物的根本態度。根據生態經濟學家與歷程研究中心創辦人 John B. Cobb Jr. 的研究，深層生態學運動促成新的世界觀（1995, 243）。

在深層生態學之外，其他激進的環境分析包含生態馬克思主義、生態社會主義、綠色政治、社會生態學和生態女性主義（Birkeland 1993, 31）。每種主義都試圖採取不同的途徑，聚焦於

不同的關切，運用不同的社會變遷工具，以達成不同期望的目標。在本研究中，我區別出生態學本身及其衍伸出來的環境倫理。假如生態學是一門科學，追求「揭開基本的生態原則，以支持地球上生命的可持續性」；環境的倫理學則是將這些原則應用在「人類系統」，涉及農業、工業、貿易和其他範疇（Nebel 1990, 10）。

前者是研究自然如何運作，而後者是尋求執行的步驟，用以發展出可永續經營的生活形態，並對應自然的運作。換言之，環境倫理是「社會倫理的運用，以面對環境不正確行為帶來的諸多問題」。環境保護運動，就是支持這些倫理的行為——因此而稱之為「環境實踐主義」。

環境倫理企圖積極地維繫社會中人與自然的和諧，也消極避免環保者對工業界污染環境的指責，工業界對環保者的不滿；而督促執法者做好執行法規的角色，其內容包含廣泛，如：保護生物界、維護自然資源、減少廢料棄置、精敏使用能源、減少危害的冒險、供應安全的產品、賠償損害、吐露實情等等（李界木 1995，25-28）。本書各章多少都各舉出一些實例說明環境倫理之必要，寄望減少對自然產生的災害。

環境保護

環境保護，又簡稱（環保），根據生態與環境辭典（*Dictionary of Ecology and the Environment*）是「環境保護的行為，用以規範廢棄物的清除及其他人類汙染排放活動」（Collins 1985, 83）。因此，它與「環境政治」有關係。在 1960 年間，西方有一種現象是生態學者與使用（或濫用）自然資源從而影響生態圈

者，二者之間有許多歧見（Bocking 1997）。因此，有關環境的政治組織必須用科學論述表達其關切，並支持越來越多的機構直接或間接地從事環境議題。

從事環境議題有三個層面：政府、草根民眾和專業人士。政府的角色在組織中是明顯的，例如美國的環境保護局和台灣的環保署，他們主要的功能是監督和管理環境的品質。第二個層面來自草根民眾層級，或者非營利組織，這些組織特別針對獨特的環境議題，包含核廢料、動物保護等應採取的行動和責任。第三個是專業或者教育層面，他們研究環境和保護環境，在學校和社群裏分享這方面的知識。這三個層面無論在任何地方，對環境保護都是必要的。

本書的主要焦點在於女性組織中的環境保護者及其環境行動，而不以專門的生態學或環境政治學作討論。

社會運動

社會學者 Sidney Tarrow 定義社會運動為「基於共同的目標和社會的團結，與精英、反對者和政府當局持續互動的集體挑戰」（1998, 4）。這個定義與台灣的情況頗為符合。台灣在 1980 年代，許多社會運動起自於大規模的社會和政治變革，一般而言包括消費者、勞工、婦女、原住民、農民、學生、教師和人權運動。[2]

社會心理學家楊國樞教授界定的社會運動非常透徹，即包含五個特性：第一，它涉及了一個特殊的社會問題或價值觀念。第

2　見第一章，有較多台灣歷史及其社會運動的敘述。

二，人民參與的集體行動有一套特殊的意識形態，並據此付諸行動。第三，它能引發持久的群眾參與有關的活動。第四，以有意義的方式來影響廣大的社會並且產生效果。最後，第五，它強烈維持在草根階段，並避免變成依賴政府或企業的支援。尤其上述前三項特點對任何社會運動的茁壯及存續而言更是必要條件（1996, 312-13）。

本書所言的社會運動，主要焦點放在關於環境的社會運動。1972 年 6 月聯合國人類環境會議，發表了《人類環境宣言》，曾宣告說：「保護和改善人類環境已經成為人類一個迫切的任務。」於是各國開始相繼響應環境運動（魏元珪 1995，48）台灣和整個世界一樣，一直有人與環境的問題、生態保育的問題，但是直到 1990 年代環境運動才蔚為風潮。

非營利組織及草根組織

楊國斌教授，是一位社會文化學者，列出全球環境運動的三項特色：以組織為基礎、環境保護的批判性論述以及集體公民行動。組織的基礎包括正式的與非正式的組織，不論是否依政府法規註冊，但都在一定的基礎上運作。正式的與非正式二類組織都支持國家法規及非政府的政治文化之間的關係（Yang 2010, 122-23）。在東方文化中「非政府」一詞有時會被以為「反政府」，意指組織運作會在相當限制的政治環境裡製造麻煩。為避免負面聯想，許多團體自行標示為「非官方」組織（2010, 126）。

從語言學的角度而言，「grassroots」按中文字面意思，一是指基層，按照字面來說就是基礎，這可回溯到中國的革命史（Yang 2010, 127）。二是指草根，台灣人多以其第二層字意來解

讀。

　　台灣有很多草根組織，或稱非營利組織（Non-profit organization, NPOs），[3] 貢獻他們的資源及努力來做環保。在 1997 年時有 232 個（蕭新煌 1997，3），到 2007 年逐漸增長為 300 個。[4] 截至 2022 年，台灣環境教育協會列出全國性環保組織共有 219 個。[5] 草根組織或非營利組織都積極而有效率的提升環保意識。這些組織蒐集資訊、舉辦公聽會、遊說立法委員會採取行動。他們也利用媒體的力量以及立法院來推動保護環境行動。他們代表不同的階層，包含中產階級、學者等的積極活動。

　　台灣非營利組織有些難為社會大眾接受，有些得不到足夠財務支援。但不管怎樣，他們激發了許多志工投入環境工作，他們培養生態意識，並促進環境保護成為政府的優先考量（Catholic Bishops of Philippines 2010, 372）。二十多年來，這類組織越來越為社會所接受，因此很多環境保護的力量逐漸由政府移轉到普羅大眾。

　　本書旨在述說台灣的非營利組織及草根組織如何影響環境保護政策。特別是 1970 年之前，環保政策由台灣政府制定並由上而下推行，而本書則彰顯出人民及民間組織自發性的付出環境行

3　非營利組織（NPO）與非政府組織（NGO）常被混用，但都重在傳達團體的慈善與公義精神。

4　蕭新煌，中研院社會學研究所特聘研究員。電郵通訊 8/20/2007。他說明：台灣許多著重環境意識的新興非營利組織多以地方性及社區為基礎。1997 年到 2007 年之間，沒有新設立的全國性環境非營利組織。

5　〈全國性環保團體〉，台灣環境教育協會，http://teeasite.weebly.com/2084022 2832461529872204452229639636.html。此篇一一列出各環保團體的名稱、負責人及聯絡方式。

動，以及組織方面是如何致力於影響政府環境政策，由下而上帶來的轉變。

生態家庭主義

環境學家 Dale Jamieson 指出環境問題複雜且具有多重面向。他希望未來能興起一個思想體系，不但包含目前整個環境的危機，且能提出可以實現的解決方案（2008, 24）。筆者認為「生態家庭主義」的概念頗能配合他的遠見。透過這個嶄新的鏡片可以檢驗環境行動主義。它不同於主要以西方哲學背景所產生的生態女性主義；而是在西方與東方女性意識形態比較下應運而生。其實這名詞在 2001 年由社會學家王俊秀教授首次提出的。

王俊秀教授提出生態家庭主義在某種程度上類似蓋亞理論（Gaia theory）：視地球為家，把人類看作生態子民或環境子民的一部分，負有重視並保護生態家庭的責任（2001, 71）。我認為這個理念與主張很值得闡揚，因為 Barry Commoner 描述生態學的第一條理念法則係「每一樣生物都與另一樣生物相連結」（1971），它也呼應了「人類是自然的一部分」這句口號（Jamieson 2008, 2-3）。這兩句話都意味著人類、動物與自然構成了生態家庭。

西方的社會學家定義「家庭主義」（familism）為一個社會系統，其中家庭的利益是高於個人的（Merrian-Webster 2003, 452）。家庭主義研究大幅聚焦於規範核心家庭，我則擴大此一觀念，將其延伸至更大的範圍——「生態家庭」並支持男女平等。

家庭主義，因此包含了個人的責任，照顧並關心家庭、社會及自然的價值與需要。這也呼應了中國儒家的哲學，強調家庭的

重要；但這又不是說家庭價值遠勝於個人價值，因為自我修為（self-cultivation）與人際關係同等被重視。所以個人在照顧家庭的同時，個人價值不應被忽略，換言之，儒家重視家庭，其原意並非將個人屈從於家庭（Tu 1993, 219）。

然而，在此我將家庭主義的概念延伸到「生態家庭主義」，重點在於個人的責任不僅只是對眼前的家庭，同時也是對大範圍生態家庭的多樣呈現，不但包含大社區及社會，更如環境、植物、動物及不同的群落與他者。

>> 本研究範圍

本書的脈絡設置在對生態變化敏感的台灣。生態環境保育學者陳玉峰就曾指出，台灣需要面對諸多的環境問題，台灣的環境困境有：台灣能源人均消耗為美國的 9.35 倍，日本的 1.53 倍，位居全球第一；台灣人均 CO_2 排放量是全球平均值的兩倍。再加上「無機災難」（指發生在自然界的災難），如常態大地震、不定土石流、大淹水；海平面上升、宜居地漸次或猛然縮減；還有「有機災難」（指發生在生物界的災難），如漁業全面蕭條，畜產、禽產瘟疫大流行。此外，還有安全食物減少，有毒食物增加等等的人為劫變（2012, 134-141）。林林總總的問題，令人觸目驚心。尤其「若以生態足跡來計算，現今台灣耗費的能源及資產，必須三十倍台灣面積來支撐……」（2012, 141）。[6] 可見台灣在生態環境所面臨的艱困與壓力十分沉重。

6　所謂的「生態足跡」，則是指支持一個人生活所消耗的土地、水、能源等資源，是衡量人類對地球生態系與自然資源需求的一種分析方法。

　　身為生態子民，生態家庭的一份子，面對台灣如此之多的環境困難，當然不可能以一己或一團隊之力，解決所有的難題；但是即使是一個人小小環保的行為實踐或內在價值觀的改變，就像拼布藝術品，每個人貢獻出小小的一塊，眾人合拼，總能出現一張美麗圖案的百納被。台灣女性即是如此在環保路上展現她們特殊的角色與貢獻。

　　本書第一章首先從理論上探討了當台灣面對著諸多環境難題，台灣女性與環保是從怎樣的歷史脈絡中出現？歐美的「生態女性主義」固然有不受父權與科技文明的雙重宰制的良好目標，可是為何無法概括台灣女性的環保運動？為什麼「生態家庭主義」能更合適的敘述台灣婦女當代環保運動與生活？「生態家庭」之起源、主因及代表新的理念價值又是什麼？

　　接下來的六章，即六個台灣非營利組織的不同的環境運動，各別梳理其歷史脈絡、探討其理論與實踐，並以此檢驗「生態家庭」的理念，也代表了「生態家庭」的意義與方法。這六個民間組織，其中有宗教信仰色彩的，包含了佛教組織，如佛教慈濟基金會（Tzu Chi）、關懷生命協會（LCA）以及生態關懷者協會（TESA），另外還包括了三個沒有任何宗教傾向的組織：主婦聯盟環境保護基金會（HUF）、環保媽媽環境保護基金會（CMF）、原住民太魯閣族人發起的反亞泥還我土地自救會（ROL）。以地理位置而言，關懷生命協會、生態關懷者協會在台灣北部的台北，本書談及的主婦聯盟環境保護基金會包括總部台北與分會台中，慈濟基金會及反亞泥還我土地運動聯盟在東部花蓮，環保媽媽環境保護基金會則在南部高雄，故研究範圍有整個台灣地域的代表性。同時，台灣文化特色的兩大系統，一是海洋文化，一是

高山文化（陳玉峰 1997，97），前者於本書第三章，後者於第四、五章的森林運動、第七章的原住民運動有所探討；而本書談及的環保者族裔是多樣的，包含中國的漢人及少數族裔，因此可說具有台灣環境運動的代表性。

佛教之中，慈濟在宗教及草根性環境運動扮演了很重要的角色，他們將環境活動當作修行及實踐簡樸的方法。慈濟從 1990年，證嚴法師以「用鼓掌的雙手」做環保帶動慈濟環保起步，開始致力於資源回收，自 1991 年以來已然成為一個有力的社會運動。婦女在此運動中頗為重要，證嚴法師為一位佛教女性法師，但在 2000 年時有五百萬的會員（Huang C. 2009, 34），其中 70%的會員為女性（Huang C. 2009, 196），居於主體地位參與志工活動。

關懷生命協會（LCA）是由佛教法師釋昭慧於 1993 年所創，該協會曾投入諸多社會運動以防止傷害動物，並喚醒大家對動物權利的關切。昭慧法師以佛教教理中的緣起論與護生觀，倡導動物權益、動物與環境及人類間關係的和諧。她在立論及實踐上有多項著作，並定期提供文章給報刊雜誌以提升大家動物保護的意識與方法。

在台灣的基督徒之中，環境的領導層級女性表現卓越，諸如生態關懷者協會（TESA）的領導者。創始於 1992 年的生態關懷者協會主要是一個基督徒的組織，宣導生態正義的觀念並倡導建構土地倫理。生態關懷者協會的創辦人陳慈美女士是一位知識婦女，這位母親之所以積極投入生態行動，是基於對家庭的關心而出發。

生態關懷者協會自 1993 年起即發行雙月通訊，同時也有許

多其他出版物致力於環保意識的提升。陳慈美女士希望協會能扮演三項角色：智庫、批判以及教育。以基督教術語來說，他們的角色包含了牧者、先知及教師（7/16/2000）。[7] 舉例而言，生態關懷者協會包含了環保組、生態文史組、出版組等。他們活動的主要目的是提升宗教與環境關懷之間的對話，這些正是人們容易忽略的關係。

　　主婦聯盟環境保護基金會（HUF）是由一批自稱為家庭主婦的女性在 1987 年所創辦。她們體認到環境危害是一個很嚴重的問題，乃著手觀察日常生活中對自然資源的使用。這是一個由婦女團隊經營的非營利組織，沒有公司官僚的結構。其中 90% 是女性，包含了家庭主婦及職業婦女。由於主婦聯盟環境保護基金會的目標之一是提供婦女有發展領導才能的機會，所以該組織的章程及制度說明僅有女性能代表參選董監事會。

　　主婦聯盟環境保護基金會主辦不計其數的環保活動並執行環保計畫。此外她們的分支，台灣主婦聯盟生活消費合作社，目前有 83,422 名社員，全國已有 54 站供由社員取得生機食物及無農藥殘留產品給家庭（林貴瑛 電郵通訊，1/2/2022）。

　　環保媽媽環境保護基金會（CMF）於 1990 年在高雄成立，其宗旨為促進地方環保活動。如同其名稱所表達的，其成員多數是媽媽會員，受到該基金會創辦人，來自南台灣媽媽周春娣的故事所感動而加入。這個團體提供環保活動來作為家庭、學校及社團的延伸制教育。她們的工作讓人們看到家庭主婦改變社會的力量。

7　括弧中的日期是本書作者對受訪者訪問的日期。

　　台灣原住民反亞泥還我土地運動聯盟（ROL）於 1995 年創立，是花蓮太魯閣族原住民婦女伊貢・希凡（漢名 田春綢）為捍衛他們失去的土地，領導其族人發起收回太魯閣土地運動。太魯閣族為他們的土地權槓上亞州水泥。他們的抗爭引人矚目與關懷，因為他們起身反抗大企業，是為了經濟高速成長卻不顧惜自然環境或原住民部落土地的問題。這是一個草根團體從事環保運動的重要事件，這場原住民的爭戰不僅是全世界原住民痛苦的縮影，也是工業化之下環境災害讓人焦慮的例子。這個例子說明只要是善行善念可以經由社會運動而完成，一個人在社群裡能夠勇敢的起而行，依然可以帶來重大的影響及改變。

　　本書章節是以本人研究的先後做安排。但若以時序來看，在六個民間團體中，最先成立的是 1987 年所創辦的主婦聯盟環境保護基金會（HUF），慈濟基金會（早在 1966 年成立，從 1990 開始大力推動環保），接著其他四個民間組織均成立於 1990 年代，包括最後 1995 年成立的反亞泥還我土地運動聯盟（ROL）。可見 1990 年代及其前後幾年有個整體環保風潮，也帶動了以後的環保做法。而且從環保風潮與這些個別民間團體研究中，也能了解到整體的台灣環保運動。

　　最後結論提到「生態家庭」對現代的意義與啟示，並且說明這六個由女性領導的環境運動研究，使我們能夠特別對台灣的性別、文化、宗教及環境行動有所分析批判，更是生態家庭者運作原則的典範。

研究方法

　　本研究始於回溯這六個團體的起源，包含分析每一個團體的

理論及實踐，同時也反映出其中的「情境倫理」（Primavesi 1994, 187）。所謂的情境倫理是在特定的時空反映出人類聲音的多樣性，以及在特殊的環境關係下人類進退兩難的情境。六個團體之中，其中三個是宗教團體，三個是民間團體。所有的女性受訪者，不論是家庭主婦、中產階級工作人員、女性法師或精英份子，多為該團體的領導者或重要幹部，都表達了她們情境倫理下的心聲。當然從另一面向來說，她們的心聲也可以代表後殖民主義的發聲之一，值得珍惜（見第一章）。

雖然女性理論或可提供重要的框架來討論和比較這六個團體的工作，但是我們注意到這些參與環保或動保的婦女主要並非受女性主義的啟發，反而是從宗教或民間智慧得到更多的激勵。同時，她們的經驗決定了運作其間的理論框架。換句話說，她們的工作首先是憑經驗，之後才形成理論架構。她們工作的重要關鍵是在於女性參與地球修復的實踐，佛教徒稱此為「慈悲心行動」（acting with compassion）（Kaza 1994, 55）。基督徒，也同樣擴展關注的層面，讓神學及宗教關心我們棲息的環境。這些都反映出當今的典範轉移，投注更多的焦點在實踐上（McFague 1993, 88）。

因此本研究的核心是在「女性行動研究」（Reinharz 1992, 175-96），強調女性的行動所帶來直接或間接對社會的貢獻，特別是對婦女的生活及一般社會的改變。本研究著重於組織的個案研究及個人專訪（團體領袖及地方婦女），所蒐集到的資料及分析研究對東西方學術界是嶄新的。個案研究包含了上述六個團體，分析她們在生態關懷所得到的改變以及生態未來對她們的意義，確認她們與女性主義、生態女性主義的關係，以及環境的價

值對她們的意義，[8] 甚至從而發現女性在社會底層的努力如何建立出學術面向的「生態家庭主義」的發展性。雖然本書標舉出這個新的概念與導向，但是它不僅限於台灣適用，「環保無國界」，但盼台灣經驗中建立生態家庭，也能成為其他國家的借鏡或目標。

本書相關說明：

本書所有專訪均出自於作者個人。受訪者若是公眾人物或有著作者，採用本名；反之則以他名替代。再者，本書引述中文作者，其英文姓名與發表著作一致；反之，其英文姓名一律以拼音為準，以示統一。本書內容引文採取 MLA 形式，凡引述來自英文著作，作者名為英文姓氏開始；中文著作則中文姓氏作為區分。若需要英文、中文詳細書目資料，可查看本書書末部分。

本書所提及的六個團體，各章均附上數幀照片，是歷史留下的另一種紀錄，也見證環保運動珍貴的過往。最後，本書內文若引述報紙、受訪者談話或電郵通訊，均以（月/日/年）標識。

---

8 我的訪問也包含了五位有環保專業或是環保界有卓越貢獻的男士，主要是試圖了解他們對女性環保活動的感受。他們大多數對女性的環保活動持肯定的看法，而且樂於與之配合。

Chapter 1

開展新願景：
生態家庭主義的出現

我們的方法容或與他人不同，但我們尊重並感謝其他女性做到了我們無法企及的事。

——Ann Braudis（1997, 77）

本書開始撰寫時，本想以國際生態女性主義的理論框架來定位台灣女性的環境運動，並希望釐清不同的社會在生態女性主義的概念和實踐上有何具體差異。但長期努力研究台灣女性與環保之後，我懷疑套用「生態女性主義」是否適當？並體會到強調建立生態家庭的「生態家庭主義」可能更適合。這框架與中華傳統的文化與精神相呼應，也同時反映出陸地、高山與海洋的多元文化，並且其重要層面也與生態女性主義有所區別。

≫ 女性主義、生態女性主義以及生態家庭主義

女性主義的討論是一個複雜、有爭議且在立論上多所爭辯的。總體來說，女性主義企圖賦予女性權利，將其由傳統父權文化的結構裡解放出來。有許多女性主義的理論及觀點，企圖「描述女性的受壓制、解釋其前因、後果，並提供女性解放的策略」（Tong 1989, 1）。在多元的定義中，生態女性主義哲學領域的先驅 Karen J. Warren 主張其中最有領導特色的女性主義四大流派是：自由的、傳統馬克思主義、激進的和社會主義者的女性主義（1995, 106）。

這些不同的女性主義流派雖然都多少提供了一些對女性與對自然被壓迫的看法。不過在一些生態女性主義者的眼中，這些流派論述都不夠充分，或者至少作為目前形式的理論基礎是還有問題的（Warren 1995, 106）。所以 Karen J. Warren 認為必須

建立全面的女性主義，一個「改革的女性主義」（Transformative Feminism），能讓我們超越當前女性主義四大流派的爭議，期使負責任的生態觀點成為女性主義的立論和實踐的核心（Warren 1995, 117；2000, 91-92）。

Karen J. Warren 認為儘管女性主義原本就是「終結女性受壓迫的運動」（1995, 117），而她所倡議的「改革的女性主義」卻是它的擴大版，認為所有的壓迫系統都是相互連結的。所以，類似過往父權社會結構的模式，以壓迫作為一種全面性的、系統性的現象，從不同形式及不同程度表現出來。改革的女性主義是一個全面性的女性主義，將女性解放與去除所有壓迫制度聯繫起來（1995, 117-18）。雖然其他的女性主義者對於女性解放的議題需否與各種方式的壓迫聯繫在一起，目前還莫衷一是；但是歐美與亞洲國家的女性已開始積極站出來，爭取她們成為中介者、教育人員、母親以及最重要的成為領袖的權利。

「生態女性主義」一詞係 Françoise d'Eaubonne 在 1974 年提出，描述「女性有影響環境變遷的潛能」（Warren 1995, 18），它的支持者試圖讓人們關注女性在引發生態革命中所擔任的角色。該詞自從提出來以後，曾以多種方式使用。重要的是，它主張女性主義與生態學兩者是相輔相成，且為生態的女性主義提供了理論框架等等；是以稱之為「生態女性主義」。它對環境事件作分析，並且從女性主義者的角度去關懷；反之亦然，從生態學吸取的智慧，豐富了女性主義的層次。生態女性主義兼具環境倫理，同時也是另類的女性主義（Riech 1995, 649）。

生態女性主義立基於下列四項獨特的主張：
1. 在女性受壓迫及自然受壓迫之間有清楚的關聯。
2. 了解這些連結彼此間的特質，才能夠對於女性受到的壓迫以及自然受到的壓迫有適當的了解。
3. 女性主義的理論與方法必須包含生態的觀點。
4. 生態問題的解決必須包含女性主義的觀點（Warren 1995, 108）。

西方生態女性主義者的領航人包括 Sherry H. Ortner、Rosemary Radford Ruether、Sally McFague、Karen Warren、Joanna Macy 和 Stephanie Kaza。她們對女性主義的貢獻包括向傳統女性主義挑戰、重新思考人類與非人類的自然之間的關聯，並且超越了傳統的學說。她們甚為倚重西方學者發展出的理論模式，然而她們對非西方觀點的見解開放的程度如何？在一些人的眼裡，西方生態女性主義仍有所不足：女性主義需要考慮到女性發展的多樣性以及彼此迥異的興趣（Cuomo 1988, 8-9）。

在這樣的思路引導下，本書介紹目前台灣婦女推動的環保運動及其主張。本書同時驗證一個新的觀點「生態家庭」，該詞是一個將生態和家庭概念結合的術語。不同於強調性別的生態女性主義，生態家庭是強調生命的整體網絡與環保之間的關係。它就環保運動者關懷社群或群落內所有生物的努力，提供了一個新的視角。

本書目的並非強調生態家庭主義優於生態女性主義，或是要證明生態家庭主義在環保工作方面的明確屬性；而是試圖以一個可以說明方法的詞彙來檢視這些運動者的工作，重點在發現「生

態家庭」之概念與實踐上的推展。

　　要了解「生態家庭」或「生態家庭主義」這些名詞，需對台灣歷史有背景上的認識與了解，台灣目前的現況淵源於它的過往。台灣與中國文化極為相似之處，在於其綿延流長彼此交織的歷史。他們有共同的儒家、道家、大乘佛教、書寫方式、傳統節慶以及文化價值。然而台灣有某些不同的特徵：地理環境、原住民族、藝術形態、音樂樂器、以及地方小吃等等。從環保來說，中國與台灣最大的不同是在於後者是一個海島，其環境上比較多的關切應是海洋。

》 社會運動

　　根據社會學家蕭新煌教授的說法，台灣的社會運動歷經三個階段。第一個階段是在台灣頒布《戒嚴法》時期，《戒嚴法》始於 1949 年，該時期嚴格限制人民權利幾達四十年。[1] 政府長官禁止人民有言論的自由、從事公開交換資訊的自由、未經審查出版的自由、以及集會結社的權利。在《戒嚴法》之下仍有一些社會與環境運動，如 1980 年的反污染抗議以及 1983 年的自然保護運動（2011, 237）。

　　第二個階段始自於 1987 年《戒嚴法》解除之後，此階段持續到 1997 年，有十年之久（2011, 238）。這段期間政治自由及民主化擴展到全台灣。立法院一旦解除了嚴厲的法律禁令，包括對報紙與政黨的禁令，人民就可在不受政府干預的情況下傳播新

1　1949 年 5 月，由於剿共失利，為防止對岸共產黨政權的滲透，台灣省政府以維護國家安全為由，全省戒嚴，在戒嚴令中政府嚴格控制言論思想。

的思想。解除繁重的軍事法規，使得社會運動昌盛，政黨建立、報紙出版物和公眾集會如雨後春筍般的興起（Hsu 1994, 101-06）。從那時起，參與社會運動的人不斷增長，有些人甚至以社會改革為職志。同時間，國家機構必須承認人民的權利和願望，因為他們需要改革者的選票以便連任（張茂桂 1991，57-58）。

1987 年之後，先後發生以消費者、環境保護、勞工、婦女、原住民、農民、學生，以及教師人權為重點的八大社會運動（張茂桂 1991，47-88）。那是社會動員的黃金年代。隨著經濟急遽發展，解嚴後，政黨相繼成立，概念與討論的多元化，人民行動的重要性取代政府的主導地位，改革運動開始影響決策過程以及公共政策的制定與實施（Ho 2010a, 233-34）。

姑且不論社會運動背後驅動的力量是宗教或世俗，[2] 其協調折衝的能力對於能否造成全國性改變有舉足輕重的影響。這使得非政府組織在社會運動中有扛鼎之功。非政府組織可以專注在地方、全國乃至國際等級的服務性工作，但是不同於非營利組織，非政府組織富有宣導性使命（Paul 2015）。但是不管是非政府組織（NGOs）或非營利組織（NPOs），總是有些組織是獨自行動，有些是聯合集體行動。有些組成抗議行動及街頭示威，有些卻是平穩的教育或平靜的外交（Hill 2005）。它們已超越地方性

2　台灣第一個參與社會運動的基督教團體是台灣基督長老教會，開始時是為爭取原住民女性的權益。1988 年、1990 年及 1993 年該教會協助原住民權益，組織運動主張歸還原住民的土地。見本書第七章尤哈尼・伊斯卡卡夫之論述。台灣的佛教僧侶參與兩種社會運動，一是引導性的，以佛教理論來激發佛教徒的行動，舉例言之，保護生命運動以及婦女運動都在檢驗佛教基礎教義，以之化為行動。二是響應性的，此並非源自於佛教教義，而是支持其他團體發動的社會運動，如環保運動、反核運動以及民主運動（釋昭慧 2001，22-23）。

的慈善活動，常關注在全球議題上，社會運動因此而成長，蔚為風潮。1989 年台灣有 25 個以上非政府組織致力於環保議題，其中有全國性的環保組織（包括不同的基金會組織與環保壓力團體），還有各地區性的環境團體等（張茂桂 1991，51-52）。到 1997 年時有 232 個（蕭新煌 1997，3），可見 1990 年代算是成長最迅速的的時期，因為到了 2022 年約有 219 個環保團體（環保團體詳細數量已於導論提及，不贅述）。

　　台灣社會運動的第三個階段始於 1997 年，至今仍持續發展中。這一段期間，社會運動助長了「要求極高的公民社會」，對於不同政黨的政治表現施加的監督更形嚴峻（Hsiao 2011, 238-53）。

環保運動

　　台灣早期環保運動的努力始自 1950 年到 1960 年期間。環境衛生指導委員會在第一夫人蔣宋美齡女士的帶領下，提升環境意識，帶領台灣女性投入家庭與公共區域的環境清潔。即便在當時，女性的的角色與工作在環境保護的發展中不容忽視（曾華璧 2000，55-56）。

　　1960 年代後期，環保工作的發展有三個階段，初期始自於 1970 年間至 1980 年代，看到了新興的環保意識，強調建立基本衛生習慣、公共衛生以及對人類生活的維護。舉例來說，1970 年代政府因為國內社會亂丟垃圾的習慣難改，發起「你丟我撿」的宣導。鼓勵民眾撿拾垃圾廢物，即便不是該民眾丟的，也應該立即撿拾，期望可以養成國人維護環境的好習慣。政府同時也資助某些團體清除他人留下的垃圾。但那時尚未有國家政策或更廣

泛的社會運動。

中期是由 1980 年代到 1990 年代。在滌除亂丟垃圾習慣仍然是社會之必須時，1984 年中秋節，行政院婦聯分會主任委員俞董梅真女士（行政院長俞國華之妻）推動整潔禮貌運動，以「別讓嫦娥笑我們髒」的口號，宣導在這個重要節日讓環境清潔，而不是製造出滿地垃圾。這個口號不但讓人朗朗上口，影響力也多年持續。不過，當時西方的環境研究開始影響台灣團體的環境意識。人們也開始漸漸認知到環保並非單指清潔垃圾，還包括了其他元素，譬如維持清潔的空氣與水，以及不受污染的土地。立法院通過政府政策解決環境問題。1987 年行政院建立中央環保署以督導地方上的諸多環保局，比如病媒防控重新進入環保政策裡，因此環保署訂立「國家環境清潔週」（曾華璧 2000，56-57）。自 1990 年起，每一年春節前夕，全國上下大掃除，其目的，環保署說，是教育民眾的環境意識，維持環境清潔以提升生活品質及人民健康。

1980 年代，以人類為中心的環保主義觀點佔了主導地位，又造成一些新的問題。由於保麗龍產品不易分解，民眾乃使用可隨手拋的紙類產品，如杯子、盤子，反而增加了樹木的消耗。為了解決這個問題，民眾乃開始使用金屬杯子，但使用金屬杯子需要更多的洗潔精，反而造成大量的水污染，且使用金屬杯子反倒造成水的使用量增加。這樣的例子以及諸多類似例子顯示出，我們也許知道什麼事情我們不能做，但我們卻不太知道該用什麼替代方案來保護環境才是最理想。總之，對於環保，顯而易見，沒有最完美的解決辦法，我們只能評估所有選項的成本，之後再做選擇。

　　最後一個階段，則是從 1990 年代起，環保主義者開始付出更多心力在生態資源的保存而非以人類為中心的作法。[3] 然而，演繹是漸進的，大部分的工作仍照以前的方式進行。去人類中心的幾個例子如關懷生命協會（LCA）、台灣動物社會研究會（EAST）為保護動物、流浪狗、實驗動物以及制止對農家飼養動物的不人道的屠殺方式而舉辦的一些活動。雖然這些努力有別於西方著重保育野生動物、特別是瀕危物種的方式；但是台灣有些團體提升理念，他們認為所有的動物及植物都是環境的一部分，人類沒有絕對的權力去濫傷牠們。

　　回顧過往，1950 年至 1980 年代末期的政策是由上而下的模式，而過去三十年間（1980 年代末期迄今）有很大的變化。提升環境保護的主要影響有兩個，第一是基層組織，近來他們的努力倍增，本書即在闡述這些年間基層組織在形塑環境政策及環境保護的努力。

　　第二個重要影響是來自於國際間的強大壓力，導致政府加強其在各個層面的保護和動物保護的活動。[4] 1980 年底，有些國際環保團體開始注意到台灣動物保護的需要。傳統中藥使用犀牛角及虎骨，以致許多動物遭到濫殺狂捕，這情形引起國際團體的注意，如「野生動植物貿易監測網絡」（TRAFIC, Trade Records

---

3　此台灣環境史的分期主要參考中山大學生物科學系張學文教授的分期方法（2/5/2001 訪談），補充資料參酌時為交通大學通識教育中心曾華璧教授的《人與環境：台灣現代環境史》（曾華璧 2000）一書。

4　中山大學生物科學系張學文教授，電郵通訊，2/23/2001。
　　譯按：TRAFFIC 是一個於 1976 年成立的非政府組織，在全球範圍內致力於追究野生動植物的貿易情形，調查若有不當會施予壓力，以維護生物多樣性和可持續發展。

Analysis of Flora and Fauna in Commerce）以及「瀕危物種國際貿易公約」（CITIES, Convention on International Trade in Endangered Species）著手調查犀牛與老虎的非法交易及走私。雖然台灣訂有法律保護這兩種動物，但是多半未被重視。然而在 1994 年若觸犯公約將遭到貿易制裁（陳弘宜 1996，58，88-89），若兩年之內有顯著改善，該制裁即被取消。但政府還是在意名聲搞壞對台灣不利，乃著手積極處理此事，建立國家環保警力與縣級環保單位專門保護這類生物。在基層團體和國外機構的影響下，終於促使環保與動保工作收到顯著成效。

婦女運動

　　台灣婦女運動的發展時間框架，第一階段是 1970 年到 1980 年間，台灣正處於巨大的經濟成長，大幅改變了國家的社經結構。雖然政治上仍處於戒嚴時期，在儒家思想及日本傳承的文化影響下，尚未看到新的社會層面的展開。

　　當時最著名的便是呂秀蓮首開婦女運動的先河，開創「一個女人的覺醒」運動（one-women crusade）（Lu 1994, 289-304）。但當時的政治與文化氛圍頗不利於她的運動。呂秀蓮一路歷盡艱辛，為她女性主義的旗幟下了一個定義：「能去除傳統對女性偏見的力量，重建一個新的、合理的價值體系，為女性創造獨立與尊嚴，期能促進實現真正的兩性平等。」（1994, 297）呂秀蓮自美學成歸國後，體察到「女人必須要打進男人的世界，才有可能達到真正的和平」。是以在 1980 年間，與其圍限在她的女性主義運動裡，呂秀蓮決定跨入政治（Ku 1989, 12-22）。1997 年呂秀蓮榮任桃園縣縣長，2000 年，獲選為台灣副總統，直到 2008

年卸任。她是台灣婦女運動倡議者之先鋒，一路積極推動女性權
益及社會正義。

　　1980 年到 1989 年是婦女運動的第二個階段，這一階段被稱
之為覺醒期。這段期間的領導者是李元貞女士，她創辦《婦女新
知》雜誌，是促使婦女覺醒的刊物，這是一本影響決策過程的前
沿雜誌。此階段最廣為人知，也發生國內最大一次婦女運動中的
反雛妓運動，當時「原住民少女，多人遭黑道與不法份子，以買
賣非法的手段，強迫未成年少女賣淫。從事人口販賣者亦不乏警
察人員在其中謀利。台灣原住民曾動員數千人在華西街紅燈區抗
議，亦向當地警察局提出抗議函」（尤哈尼・伊斯卡卡夫
1998a，39-40）。1987 年 1 月 19 日，由《婦女新知》雜誌、長
老會彩虹少女之家等 31 個婦女團體，動員一萬五千人，到華西
街發起「關懷雛妓、打擊人口販賣」遊行，抗議販賣原住民少女
被迫賣淫。[5] 1987 年該 31 個婦女團體再又組成特別小組起草「性
別工作平等法案」，旨在改善長久漠視服務業中女性從業人員的
勞工法律（Lee 1999, 102）。

　　1990 年之後為積極作為階段，這一段時間，社會氛圍的改
變較利於地方女性團體倡導各式各樣激進的女性主義問題。這期
間著名的活動之一是 1994 年 5 月 22 日由婦女新知基金會、台灣
女性學學會（女學會）、各大專院校女研社等女權團體共同領導
的「522 女人連線反性騷擾大遊行」。儘管這運動中有些觀點或

5　取自〈反雛妓運動 21 年〉，中文電視大典，8/17/2008，
　　https://tv.fandom.com/zh/wiki/%E5%8F%8D%E9%9B%9B%E5%A6%93%E9%81%
　　8B%E5%8B%9521%E5%B9%B4。

口號在不同團體中存在著爭議，[6] 但該運動的目的是幫助女性獲得更多社會資源與權力，希望為社會中的婦女創造更安全、更合理的空間（顧燕翎 1999，296）。

雖然婦女運動在改變政府國家政策方面取得了重大的進展，但是它的成功對於轉變父權體制的社會仍然有所局限。「儘管女性主義者的政治和社會動員，只在表面上衝擊了父權社會中的某些體制，但婦運思潮的最大成果卻是在對參與人的改變。」（王雅各 1999，291）這是因為她們個人投入了性別平等的追求，在這個基礎下，個人將她的努力匯入社會能量。無論世代或團體歸屬如何，每個人只要參與運動就能清楚體察到她們本身參與運動前後的不同。可以感受到該運動激勵出成長與自我覺醒（王雅各 1999，291）。女性覺察到她們的能力之後，促使她們從各方面來追求改變。所謂：「運動是集體的行動，在集體行動中改造個體，也形成集體的力量。」（何春蕤 2005，198）循此，婦女運動激發了其他社會和環保運動。這種從個人層面向外激發的社會變革構成了本書的一個關鍵主題。

》 在生態女性主義之外

我自 1996 年起即研究台灣女性及環保。為了驗證西方觀念

6　此次大遊行，性權人士何春蕤教授在宣傳車高舉「我要性高潮，不要性騷擾」，引起媒體關注。之後何春蕤主張情慾解放運動，在社會引起很大的關注。基本上她認為介入性革命，享受一個豐盛自在的情慾文化必須實踐：第一，要創造一個環境不再踐踏那些情慾很旺盛的女人；第二，需要改變養育女人的方式；以及第三，可以集體談性，交換性資訊、性經驗……分享情慾社會資源，支援女人做各式各樣不同的人生選擇（何春蕤 2005，195-199）。

的女性主義及生態女性主義的適用性，我在 2000 年、2007 年和
2008 年曾經深度訪談了 46 位人士，其中 41 位女士是環保組織
的創辦人或領導人和 5 位有環保專業的男士，探討其對環保的意
見和立場。

訪問這些環保組織的創辦人或領導者，大多並未對女性主義
一詞直接地予以肯定，舉例來說，當我問受訪者他們是否認為自
己是女性主義者，只有 3 位肯定說「是」，7 位回答「不是」，12
位不置可否。其他受訪者說，當他們支持女性權益時，並不認為
自己是女性主義者。

受訪者之一，范毓雯，很樂意將自己歸類為女性主義者，她
認為女性主義的目標是要達成男性、女性之間的性別平等，而非
相互對抗。如果對抗，則會減損男女雙方的權益，卻得不到和
諧、平等的關係。她認為身為現代女性，重要的是她們要根據自
己的興趣、能力和稟賦找到屬於自己的獨特呼召。她們極力避免
成為男性的附庸（7/21/2000）。

我們在台灣討論女性主義時，要留意在台灣的文化裡，在西
方文化裡有時也有類似情況，「女性主義」有時並未得到完全的
贊同，有些女性並不希望這樣被定義。

當時一位天主教修女葉寶貴參與生態關懷者協會（TESA）
活動，她受訪時表示她喜歡女性主義，但是對東方人是否能接受
這個詞則持懷疑的態度。[7]

7　天主教台灣教區有「天主教修會正義和平組」，雖非專門處理環境議題，但也
　　為提高環境質素參與一些環境運動（見本書第四章、第六章）。同時一些天主
　　教修女和神父活躍於基督教的生態關懷者協會。

> 我認為我是一個女性主義者，我也驕傲我是，女性主義是有它的需要，因為女人需要有自信，辛苦工作只為求平等，掙回自尊。在東方，至少在台灣，需要對社會結構性不平衡而努力，恢復女性尊嚴。哪一種女人最可憐？最可憐的女人是不能獨立，也沒有自覺、沒有尊嚴的。
>
> 但是我認為東方社會裡大多數人不喜歡聽到「女性主義」（feminism）這個詞，但凡有「ism」其中便含有某種強烈的信念要求。他們認為「女性主義」是西方的想法，東方人不喜歡那樣的思考方式。（6/20/2000）

在我蒐集完受訪者對女性主義的意見之後，我又再問那些女性環保工作者是否會稱呼自己為生態女性主義者？她們大部分回答得比我問她們是否為女性主義者還要慢而遲疑。當我提出這個「生態女性主義」的詞彙時，只有 7 位受訪者表示聽過這個詞，11 位沒有意見，其餘則表示從未聽過。

在受訪者中，知道有「生態女性主義」這個詞的，范毓雯是其中的一位，她是從網際網路和大學教育了解到西方的生態女性主義著重人類與自然之間的和諧。長久以來，較之於自然，人類是扮演比較強盛的一方。他們利用自然，隨意取之，就像傳統上男人「控制並征服」女人。范毓雯說相較於男人，傳統上都將女人與自然視為弱者，這二者也許會有較親近的關係，所以女人也較有意願解決環境被破壞的問題（7/21/2000）。

葉寶貴修女卻另有看法：

　　我個人認為生態女性主義是不需要的，就受害者而言，西方生態女性主義發現女人的命運與自然相同。他們可說是「同病相憐」。然而，女性在社會上悲慘的命運是顯而易見的，實在不需要將此情形投射到另外一個物體上去，比如說自然，來證明女人境遇堪憐，女人不需要以自然來做見證人。何況有些女性消費得太多，同樣對大自然不好，她們對自然來說也是強勢者……（6/20/2000）

　　從范毓雯的觀點而言，她所了解的生態女性主義呼應文化人類學家 Sherry H. Ortner 的立場，即女性比男性更為接近自然，並將女性的痛苦與自然的痛苦連在一起（1974, 73-87）。但是，就如葉寶貴修女的意見，女性主義者並不全然同意女性與自然是生命共同體。葉說：

　　與其強調女人與自然有同等的命運，不如以中國人「天人合一」的一體感，來強調與自然的連結。個人有痛，很自然會疼惜受傷的部分；當大自然受到傷害時，人也會難過，就會想去維護它。人類天生就會有這種保護自然的慾望，很少例外。（6/20/2000）

　　受訪者的反應很顯然地說明了歐美的生態女性主義對台灣女性來說，是一個相當外來的觀念。更進一步來說，有兩方面可以注意：

　　第一，台灣女性似乎是行動多於理論，如果有所謂的女性主義，本書中大多數的婦女運動團體的受訪者並不排斥男性，她們

認為揭示環保主義的具體目標仍在女性主義之上。環境的危機應是大家的責任，這個問題太大，不易理出頭緒，特別是因為經濟和技術發展的影響，需要社會各個層面的合作。

第二，西方概念下的性別和社會問題的學術討論，可能無法充分解釋生態女性主義在其他社會中的重要性和意義。因此，生態女性主義的理論就無法適切地描述台灣女性的環保運動。在 Sherry H. Ortner 的生態女性主義的理論中，她將女性和男性在社會建制的區別比喻為自然和文化之間的基本區別。她認為，此類普世性貶抑女性，是立基於一種文化（人類的掌控性）優於自然的（人類的依附性）的層級概念。因為相對男性而言，女性被標誌為更接近自然，並且扮演著在文化、男性領域和不受控制的自然之間的中介位置（1974, 71-73）。因此，她進一步認為女性的屈居劣勢源於歷史上屢被建立的社會實踐歷程（社會現實），並且由於這特定的「文化觀點」而持續存在（Rogers 1978, 133）。一種層級觀念，其中「自然」和「女性」被視為低於「文化」和「男性」。從而創造了一種二分法和女性／男性，自然／文化；以及女性：自然，男性：文化的對應關係。[8]

用 Ortner 的二分法來理解女性／男性，自然／文化並不全都被接受。許多非西方主義的文化並未將自然與文化視為「二元對立」。甚且認為自然、文化以及性別的概念是「啟蒙運動的衍生品」（Leonardo 1991, 16）。他們是「文化的認知」（Rogers 1978, 134）因此，並非是放諸四海皆準，用來衡量性別關係的

8　對於文化／自然二元論的觀點在西方傳統中是顯而易見的。Sherry H. Ortner 於 1974 年發表她的論文後更凸顯了這個觀點，被視之為生態女性主義里程碑，她的論述經常被許多其他生態女性主義者引述。

準繩。這也就部分解釋了台灣受訪者對這概念無法全然接受。

其實西方的婦女神學先鋒 Rosemary Radford Ruether 雖然也認為，在歷史、社會、經濟及文化的多重連結上都可清楚看到女性以及自然的被壓制，但是 Ruether 聲稱在種族、性別、物種、職業、階級和文化方面，所有關於一個人優於另一個人的假設都必須被拒絕。Ruether 認為，我們必須從種種「層級的二元」（hierarchical dualism）轉向以「生命延續共同體」來看待問題。這樣的轉變才能支持共同體的關係而非權力的競爭（1994a, 46-54）。

》 非西方途徑

韓國婦女神學家鐘鉉京 Chung, Hyun Kyung 從非西方觀點出發，反對一方的「權力凌駕」另一方的關係，導致女性被壓制或地球受摧殘。她主張在非二元論、沒有階級之分的「宇宙靈命」（cosmic spirituality）中（如在亞洲和非洲的土著人民中所發現的），提升「權力協調」和「權力共享」（1994, 176-78），藉此促成受傷的自然界和窮困的第三世界得到解放，這是她要致力推動的願景。

Ruether 與鐘鉉京均試圖擺脫二元論，嘗試提出一種新的生態模式，但是她們並未就時下歐洲流行的名詞「women-nature affinity」（女性與自然類同）做進一步的分析或挑戰，看看性別受壓迫和人類剝削自然，這種概念用來份析非西方群體是否也具有正當性。有些學者，如環境和女性主義研究學者李惠麗（Li, Huey-Li）注意到，作為生態女性主義的理論基礎，這種所謂的「女性與自然類同」的概念未能對自然的受剝削以及女性的受壓

迫二者之間有直接的關聯提出一個普世性的解釋（Li 1993, 288）。

　　雖說「女性與自然類同」均屈居劣勢可能會與西方文化產生共鳴，但這觀念卻並不一定能跨文化譯介。舉例而言，中國的歷史上，女性不一定一直都是屈居劣勢；唐朝女性在高層政治權力中有一席之地，繁華的宋朝，女性的經濟與家庭地位在封建時代也算是比較高的。另外，在中國的明朝理學家論述中，對自然有最超越性、理想性的內涵，以此基礎建構心學與理想世界的途徑，但其理學被意識形態化以後反而造成女子地位低落的影響（見第六章）。這些可見女性與自然並不一定有類同的命運。其實這種挑戰西方二元對立的相關論述模式，也正是反應了一種後殖民主義（postcolonialism）的精神，意即提供出一種根植於非西方文化的真實經驗。

　　當我們試著開展出另一種討論的可能性，很重要的是認知到在早期的中國「自然」被認為比文明更為超越高遠。尊重、真誠與敬畏是人類對待自然的基調。並且人們不將自然視為外部物體，以避免製造一道人為的屏障，阻礙了我們的真實視野，破壞了我們從內部體驗自然的能力。把自然內化到心裡頭，才能引導成一種「人與自然的和諧」的態度，「跟天道默契達到天人合一的境界」（Tu 1984, 125）。雖然道家在這方面所展現的特色最為顯著，但是儒家與佛家也是有這樣的思想。[9] 其實看待人與自然

9　比如說，佛教學者 William Grosnick 觀察到如果我們在正統佛教哲學的層面上，以佛教的教義來看待花草樹木，將其視為佛法原則的陳述，會領悟到「主客不二」，那麼該教義的主要生態含義將是人類與他們周圍的環境二合為一。我們與我們周圍的世界沒有區別。佛教認為人類所處之地並未對自然世界過於干預，而是在自然之中，且胸中自有丘壑。人類及其環境是不可分割的（1994, 197, 199）。

的關係最好是「合而不分，團結勝於分裂，結合優於仳離」
（1984, 119）。這種非二元分法，合而不分的精神，在道教、大
乘佛教和儒家思想中都有所體現（馮滬祥 1991，546）。舉例來
說，環境倫理學作者馮滬祥即主張，中國哲學均用了不同的名相
描述人與自然的辯證關係是建立在和諧互助上，共同肯定對自然
界的尊重與愛護。比如：

> 　　不論儒家、道家、佛學都是以「相反而相成」為特色，
> 絕不是以「相反而相鬥」為能事，並且均以尊重生命、心物
> 合一為特性……形成了對環境保護的極大貢獻。例如儒家所
> 謂一陰一陽之謂道，便是以一陰一陽來互補互生……道家所
> 肯定的自然，同樣由「常無」與「常有」所建構的大道所灌
> 注，因而形成萬物充滿生機，一切萬物平等……至於大乘佛
> 學在「真空」與「妙有」和諧並進的歷程中，同樣肯定佛性
> 瀰漫一切萬有，融貫事事無礙，形成妙香無窮的華藏世界。
> （1991, 547）

儒釋道的肯定人與自然萬物不是二分法，而是人與物相互融
合，形成大小生命體的圓融交會，誠然是高明的環保哲學。雖然
中國人理想上敬重自然，但是他們卻給予女性較低的地位，與自
然之高相去甚遠。西方二分法下的所謂的女性／男性，自然／文
化；以及女性／自然，男性／文化的對應關係不能轉移到東方，
比如說在中國或台灣的社會情況下，多數人不斷地斲傷自然是為
了追求經濟發展。若說超驗二元論是各類形態的壓迫的最終原
因，或對於自然的剝削乃是來自於性別壓迫的類比，此二說都不

由得讓人懷疑。

以上說明了「二元對立」，甚至「女性／自然」次於「男性／文化」的對應關係，都不是普世適用的敘述。在進入實際環境保護層面而言，談到男性在環保運動中參與的角色，問到女性是否較男性參與環保工作較多？以及女性是否較易成為變革的有效率推動者？我的男性受訪員大多肯定回應。24 位受訪者，包含男性及女性，回答「是」，7 位回答「不是」，8 位回答「可能」。其餘的則不回應。

回應肯定的受訪者多表示，女性多參與環保工作部分是因為她們對生態環境的失衡崩解的困境感同身受；部分是因為她們多為家庭主婦，家庭與環保有直接的關聯；也有的是因為她們沒有在社會上工作，所以有時間參與。許多人說他們相信身為母親與人妻，女性很注意孩子的環境及住家附近的環境。也有人指出，台灣社會似乎是當男性在外工作時，鼓勵女性參與環保。這些答案都指向台灣人認為環保工作大部分是從居家的需要與活動開始累積環保的經驗，爾後對於生態更為敏感與警覺，進而有勇氣付諸行動。

在原住民中，如果受過教育的男性在政府供職，由於在政府工作，他們參與環保事件的意願不大，也不願加入參與有爭議的辯論。領導收回太魯閣土地運動的伊貢‧希凡說，這樣的結果促使原住民婦女挺身而出為爭回完整傳統領域而努力，也與其他願意參與環保的男性原住民一起成為環保事件的抗議者（4/5/2002）。最後，由於台灣社會對新的觀念較以往更為開放，新動員了許多民眾，女性也願意參與並嘗試新的社會活動。

給予否定的受訪者也給了很多理由，有些男性認為環保工作

對男性或女性都同樣適合，就能力而言，也不是女性每一方面的能力都比男性好。在大自然的大家庭裡，需要「陰中有陽」，「陽中有陰」，互相合作，才能家和萬事興。雖然我的研究數據顯示女性的確較多從事環保工作，但其中也不乏男性熱心的投入。總之，如果兩方有同樣的時間與意志來從事環保，男性在環保工作上應該達到跟女性一樣的水準。

那些回答「可能」的受訪者，主張說環保工作牽涉到每個人，實在不需要分男性或女性的工作，但是這些回答者在談及性別時有一些不同意見，舉例來說，他們看見女性的確較多投入社區的環保工作，這可能部分由於女性在家中就已經開始做了，所以她們較多關心回收與教育。另外他們認為主婦聯盟環保基金會（HUF），生態關懷者協會（TESA）以及慈濟等多由女性組成，且投入的活動較不那麼激烈。男性，在這些受訪者眼裡似乎多參與政治方面的，比如催促政府訂定新法。舉例來說，許多人說，男性參與反核運動和遊說反高污染工業的越來越多。這些受訪者表示，男性與女性都很投入環保工作，並不是說它特別較容易或較適合某一種性別。就如一位女性受訪者表示：

> 對我來說，女性比較願意討論新的議題，且能從個人觀點上自由討論。然而，在已經了解環保議題並從事環保推動工作的人中，男性和女性的投入則不分軒輊。[10]

---

10 訪問一位來自英國的研究生 Melissa Bjrokenstam，她在台灣關懷生命協會（LCA）工作七年（7/6/2000）。

是以，女性與男性均積極參與環保工作並擔任重要角色，此乃源於他們受到生態或家庭中環保工作重要性的深度驅策，並為其奉獻心志。

在分析完生態女性主義潛在的理論問題以及調查結果後，我得到的結論是生態女性主義一詞並不足以確切說明台灣的環保工作。因此，有需要從一個新的方式來描述台灣女性如何從事她們的環保運動。

》 生態家庭主義出現

接著，怎麼做呢？我們能否將這些積極女性以較廣義的理論模式來定義呢？也許與其將台灣案例稱為**生態女性**主義，我們寧可尊重並反映這些女性的想法與工作。如果，這些女性她們自己並不願意被稱為「女性主義者」，而且也很少用到「生態女性主義」或「生態女性運動」這些詞來描述她們自己的工作，為什麼我們不能試著以更合適的語詞描述她們的立場，而非依附在西方的架構模式？

何況還有爭議說有**女性**二字在內的標籤無法鼓勵到男性的參與。另有觀察者描述女性的工作如同「生態柔性主義」。這個詞「聽起來比較不那麼刺耳，也不至忽視了男性在環保的貢獻⋯⋯在推廣上可能較為人所接受」（葉為欣 1997，103-04）。但「柔性」這個詞，讓人感覺它的特質似乎在描述非激進的環保運動者，譬如在家從事環保或是在相關的地方或團體教導他人從事環保，在改善環境健康方面提供持續的效果。

然而，女性參與環境保護的方法是軟、硬兼施的，如宗教人類學家盧蕙馨提到，慈濟大部分的活動多屬軟性的環保，那是每

天都在做的（7/29/2000）。[11] 相反的，有些女性仍然走比較強硬路線，就如我們第三章的動物保護、第七章所提還我土地運動的活動。因為挑戰太大，每天如果只有一小步無法竟其功，如果稱這些女性為柔性運動者又有些不夠全面概括了。

定義這些女性較好的方法毋寧是**生態家庭**主義。該詞是王俊秀教授提出，是一種非性別意識，又有以地球為家之意（2001, 71）。如果探尋家庭的定義，它少不了個人對家庭的價值及需求所做的關懷與照顧（Merriam-Webster 2003, 452）；那麼就作為一個生態子民來說，能捍衛有生態危機的家庭也是理所當然的。對於儒家來說，一個人如何處理不同的關係，首先應該培養自己的「仁」心，仁愛之心或同理心，然後將其導向家庭、社稷、國家、自然和宇宙（Tu 1993, 145）。

我們可以說，生態家庭可定義為：個人對大自然生物的家庭在它的環境價值和需求上盡上生態責任。而本書的婦女們就是從家庭給下一代更美好生活環境與品質的初心，一步步擴大出去，到社會、國家政策，到保護自然、宇宙大家庭。

同時這個生態家庭一詞反映了一個事實，我們與自然之間的親近感就像我們與家人之間的關係。它也蘊含了對於廣義家庭的生態關懷：過去、現在和未來的世代；男人與女人；移民與原住民；自然與其他生物。

---

11 盧蕙馨表示，所謂軟性的環保，以婦女溫和的說服他們的先生加入慈濟或從事環保工作為例。一旦夫婦一起成為志工，婦女就在家庭內外有與丈夫平等的地位。這也是另一種女性主義的解釋，因為女性可以發揮自己的影響力，表達某種權力，但這與現代婦女運動中女性公開要求平等不同。使用軟策略，女性逐漸影響她們的配偶，一樣獲得平等。

　　生態家庭主義不同於生態女性主義，是在於：它沒有用語言來強調性別問題，[12] 它將「家庭」一詞延伸為當地社會以及整個地球。因為談到「家庭」，很容易就會想到母親的角色與貢獻，一旦母親成為改變習慣的中心，並逐漸將轉變延伸到家庭和公共領域。它所強調的就變成是一個環球家庭，關懷所有的子民，以及我們所賴以生存的地球。這樣的概念較能描述本書所提女性的大部分工作，尤其體現在主婦聯盟環境保護基金會（HUF）與環保媽媽環境保護基金會（CMF）（詳見第五章與第六章）。

　　這個概念很開闊，因為它保留了一塊女性在這運動裡的活力，也捕捉到這些女性努力的動能，但卻不含女性主義的激進。生態家庭主義是就台灣女性能夠接受的動機提出定義，因為它既承認女性在環保中的角色，同時也讓男性有參與的空間。大自然的大家庭裡需要一個詞語，鼓勵到不同的性別、角色樂於共同參與。對台灣女性來說，在環保工作與女性主義之間的連結不是那麼明顯。台灣女性並不需要一昧地接收西方的行動和信念；相反的，她們可以運用自己的傳統與需求來協調她們與環境之間的關係。

　　家庭生態主義強調兩個主要面向：首先，我們是整個「生命

12　強調性別的原因各有不同。葉為欣在她的碩士論文問：「生態女性主義」與「生態柔性主義」孰佳？她主張雖然生態柔性主義是描述一種特質論，代表了柔性特質者都可能符合生態女性倫理觀與實踐，在推廣上也可能比較讓人接受；但是她仍然以為生態女性主義為佳，因為可以凸顯女性長期在環保工作上的意義（1997, 103-04）。不過，我認為生態家庭主義中的「家庭」，也是很容易令人聯想到母親與女性的角色，與她們在「生態家庭」中的長期貢獻；但是「家庭」卻不只於限制在母親與女性的角色。正如儒家的思想，家庭也是需要父親與男性的角色共同參與付出，以一陰一陽來互補互生。

網絡」裡的一部分，始於了解所有生物生命的整體是一個相互連結的網絡。接近於佛教的緣起原則。正如佛教女性主義者 Rita Gross 這麼說：

> 在相互依存下，人所干預或重新安排的生態系統，在某種程度上會影響到一切……每個人都感受到我們所不認識且我們也無法直接影響的人，在遙遠的地方採取行動的影響。（2000, 151）

正如「中國先哲都是同天人、合物我，視宇宙萬有為生命的有機體，彼此間息息相關，牽一髮而動全身，相互地構成一生命網的平衡法則」（魏元珪 1995，53）。所以儒家尊重自然界的生長規律，強調不違農時，因此孟子說：「斧斤以時入山林，材木不可勝用也。」（《孟子・梁惠王篇上》）荀子裡也教人凡事節制，說：「欲雖不可去，求可節也。」（《荀子・正名》）意為人類基本需要不可忽略，但是人之欲也應該有所節制，不能奢侈浪費，天生萬物不是供人無限揮霍的。在自然界中的萬物缺一不可，一切都要並存。這些說明了注重整個生命網絡裡的每一部分是環保心靈的起點。

其次，整個天地萬物與人是一個緊密連結整體的「一體觀」（Yü 2000, 165，167）。「仁者視天地萬事萬物為一體，視四海為一家，視國家為個人。」（Yü 2000, 166）這「一體觀」，或曰「整體觀」不但合乎中國傳統「天人合一」的基本思想，而且如果四海一家，則我們對全人類就肩負著更多的責任。北宋哲學家張載，理學創始人之一，世稱橫渠先生（1020-1077），堪稱中外第

一位地球環保學家，而他所寫的〈西銘〉被譽為深刻的一篇地球保護學（馮滬祥 1991，422，418）。儒家生態的精要的確在於張載的學說之中，而他的〈西銘〉闡述：「土地之塞，吾其體；天地之帥，吾其性。」可以解釋為：

> 整個天地之中，就相當於自己的身體；整個天地之氣，也相當於人類的性情。真正平和的人，誰會去破壞自己的身體呢？……換句話說，人類如果不斷破壞天地之間的萬物，污染自然大氣，就相當於不斷破壞自己的身體，污染自己的性情……天地之間氣候變化無常，就代表整個家庭的氣氛也反覆無常。（馮滬祥 1991，422）

張載將人與地球的關係講得非常親切，發展了「一體」的觀念，促使人更多與萬物連結並與萬化冥合。這樣的精神下，人類人溺己溺的天性將能擴及更大的宇宙及整體生命。

了解我們是「生命網絡」或「萬物一體」的其中一部分的重要性，將有助於人類與環境關係在態度與實踐上的徹底改變，並在信任、合作及了解下改善了生態家庭生活的品質且形成生態家庭緊密的連結。

》 新的方式

生態家庭提供的是一個嶄新的環境認識，它著重在自然萬物之間的互動並視生態全體為核心家庭單位的延伸。首先，它認為地球上所有的生物，包括人類、動物和植物，都相互依存密不可分。在本書導論一開始，就提到生態（Eco-）一詞源于古希臘字

oikos，本來的意思就是指家。如果將這家庭視為一個相互依存的系統，這系統蘊含母性的寬闊包容。以慈濟而言，「將女性所謂的養育與照顧的角色從家庭擴展至社會，這期間並說服了更多人去同情和幫助他人，於是所提供或拓展的就遠遠超出了她們家庭及朋友的社交圈。」（DeVido 2010, 64-65）而家庭同時也是由各種成員組成的單位，生態家庭促使家庭中每一成員也應該寬闊包容，視生界各種自然地理、動植物都同為家的元素（生界的定義見谷寒松 1994，95），為了地球家庭，改變、發展並培養積極的習慣，努力的實踐本質上寰宇共通的信念行動。

其次，生態家庭支持強烈的群體意識及大社區的結構。家庭與群體同樣重要，因為環境保護必須從個人開始。藉著將環境保護意識形塑成群體的集體規範、信念和價值觀，生態家庭者激勵個人持續改進並變得「更為環保」以此作為達成目標的手段。

將環保納入日常實踐和道德需要重新定義「the community」的概念，依照其上下文，翻譯成「社區」、「社群」、「群體」、「群落」均可。它應包括單一家庭、社會和整個自然（Richardson 1996, 474-79）。生態保育之父（美國生態學者、森林學者以及環保學者）Aldo Leopold 就特別強調「the community」大社區的觀念，認為應該把大地當做一個擴大範圍的社區，包括大地上一切的河流山川與動植物等等，它們都有存在的權利，與人類同體共存，人類應加以尊重，而非無止境的征服與利用。他還說：「當一件事情傾向於保持生物群落的完整性、穩定性和美善時，它就是正確的。反之則是錯誤的。」（1970, 224-25）

印度婦女學著名學者 Sumi Krishna 主張環保主義者出於保護環境的目的，對群體、群落的關心應該多過家庭。群體、群落作

為一個整體，比其中單獨的家庭更為重要（Krishna 2009, 333）。她說明了應該正視群體之重要性。本書所描述的生態家庭有的是以個別家庭為起始點，由此進而擴及社區、群體；有的則是直接為群體、群落而奮鬥，如第七章的原住民的還我土地運動與第三章的動物保護。

第三，生態家庭指的當然不完全是一般家庭，但是生態家庭的概念與一般家庭的概念也有些類似之處。根據家庭治療師 Carlfred B. Broderick 的說法，家庭是一個「正在進行，開放的社會系統」，它呈現的是長久以來重複的模式。當我們檢視這個系統，最重要的焦點應該放在正在邁向的進程而不僅是其結構（1990, 179-84）。生態家庭，也同樣，是正在進行的系統，存在著世代的跨度並隨著時間往前發展。不論人類關心或是破壞生態家庭，其後果都將影響未來世代至鉅。

同時，家庭的價值是無可取代的；即便其問題層出不窮，但家庭的功能及價值不容否定。當家中成員生病了，軟弱了或被錯待了，家人應該盡力去照顧關懷。當生態家庭遭遇到人為破壞，或自然災害，其他成員就應聯合起來想出適當的解決辦法。況且，在一個理想的家庭裡，不論男女都應扮演平等的家庭角色，每個人擔負同樣的責任，緊密合作互相保護。同樣的，在生態家庭中，每一個人，不分性別，都應將自己視為地球的守護者。生態家庭就是最大的家庭，包括天、地、人及所有的生物。它需要每一個人將自我為中心的愛轉化為無私的愛，去愛這個大家庭。

第四，生態家庭鼓勵參與者避免對特定性別有隸屬關係。根據專研永續發展與女性主義學者 Mary Mellor 的說法，生態女性主義的一般核心包含了最重要也是最基礎的對於父權社會的批

判。雖然女性主義者有不同的批判策略，但是性別差異卻是他們分析的主軸。不過，一個理想的社會還應該是「平等和可持續的生態」，包含真正不分性別的分工（Mellor 1997, 67-70）。

這樣平等和可持續的生態的理想社會是大家都期待的，但是不像西方女性主義者那麼專注於性別平等，台灣女性多聚焦在未來世代的健康，她們對人類同胞與大自然的感情，以及她們對志工的理解與投入，而帶來改變。就像台灣佛教的女法師們：

> 認為自己是在為整個台灣社會的利益而努力，而非專為女性的權利。女法師們說她們在沒有女性主義理論或實踐的幫助下，通過辛勤工作和犧牲而成就了（目前的）比丘尼僧團……[13] 幾世紀以來，女性的進步是台灣整體「進步發展」的「自然結果」，而非來自於婦女運動的貢獻。（DeVido 2010, 26）

中國文化的根

在了解中華文化及其傳統根源之後，牽引出一個問題，就是一個如此關注人與自然契合的社會，怎麼會讓這些思想在經濟發展的途中被擱置一旁？重要原因之一是 1976 年開始工業革命以

13　台灣佛教的發展中，在齋教時期（又稱持齋教，來自日本對台灣民間信仰的統稱），齋姑已經數倍於齋公；台灣光復之後，在來自大陸比丘的刻意扶持下，女性出家人成為推廣佛教的生力軍；到了近二十年來，她們更是獨當一面，居於領導地位。研究台灣佛教發展多年的學者江燦騰就直率的指出：「今天的佛教其實已經是女性當家了，若是比丘尼集體罷工，則台灣的佛教馬上要面臨崩盤的窘境。」他認為，台灣比丘尼能夠突破前人格局，是因為教育水準的提升、社會價值觀的開放，與比丘尼經濟的自主能力提高（蔡文婷 1997）。

後，這兩三百年全世界捲入工業化的浪潮。當然無可諱言，產業和科技的發展隨之帶來生活方式的各種進步，不過，「隨著人類征服自然界的能力越強，成果越大，人離自然界也就越遠，人的自然本性就喪失越多……這就是人類為了生存而面對的一個無法避免的矛盾的現實。」（樓宇烈 2012，49）尤其當大多數國家處於現代科技、商品經濟、消費文化時，人類越益注重經濟利益與發展，衝撞自然、榨取自然比比皆是，導致失卻生態平衡的結果是無法倖免的。

生態家庭企圖在人類發展與自然世界生存之間發掘出可永續的平衡。當我們忽視這種平衡時，就會出現困難和障礙。經濟成長和環境保護能取得相對的平衡，是一項無法一蹴而就的新挑戰。然而，汲取幾千年來形塑中國與動植物關係的文化智慧，我們應仍有希望從中找出對現代的啟示，使各種形式的生命像一個家庭一樣的和諧共處。

我研究的受訪者，舉例來說，就常引述道家的哲學——《道德經》，贊同人與自然交相容。「人法地，地法天，天法道，道法自然」（即人以地為法則，地以天為法則，天以道為法則，道本身乃自然而然）（《道德經》第 25 章）。在道家的哲學裡，強調人人效法自然，與自然界能和諧一體。在本質上我們與道的連結離不開我們與天地的連結。在天地共同體內，人可以贊大地之化育，意即能幫助大地培育生命。可是如果我們與周遭的自然關係不好，那我們不可避免的與道的關係也就不好了。古時的思想家莊子始終反對人為的改變自然界，強調生物有它的本性自然運行，人應與之和諧相處，感受道家環保的終極關懷：「天地與我並生，萬物與我為一。」（《莊子・齊物論》）這種一體相感相

通，讓人與宇宙萬物眾生有著相互聯繫的關係，終能導致和諧並進；而「〈齊物論〉的萬物萬類的平等精神，都是一種人與世界處於一種不爭、共存的狀態」（李豐楙 1997，116）。因為休戚相關，就不任意破壞，共榮共生。

天人合一、萬物一體也是道教的生態整體思想，以作為一個宗教來說的道教，人與萬物在本源上都有著同一性。因此，南宋著名道士白玉蟾說：「天地與我同根，萬物與我同體。」[14] 道教在人與自然的關係有深刻的論述之外，也制定了一系列的環保措施。比如說，道教勸善書之一《太上感應篇》，被譽為古今第一善書，流傳久遠，勸人要斷惡修善，指示人如何去體會天道、順乎人心。這些道理教導人們應如何端正自己、自利利他、仁民愛物。所謂愛物包括昆蟲動物、草木之物，無不愛惜，所以在《太上感應篇》裡很明顯指出我們不該做的事情，如：

（不得）射飛逐走，（射殺飛禽，逐捕走獸）

發蟄驚棲，（發掘蟄伏在土裡的蟲，驚擾棲息在樹上的鳥）

填穴覆巢，（填塞蟲蟻居住的洞穴，翻倒禽鳥棲息的鳥巢）

傷胎破卵，（傷害了動物的胞胎，破壞了它們的蛋，都是殺生的行為。）

敗人苗稼，（毀壞別人所種植的秧苗稻谷）

散棄五穀，（任意的浪費散棄五谷糧食）

用藥殺樹，（用毒藥來殺死樹木）

春月燎獵，（春天的時候，焚燒山林而打獵）

14　《海瓊白真人語錄》卷 3，《道藏》第 33 冊第 129 頁。

無故殺龜打蛇。（無緣無故的殺死烏龜打死蛇）[15]

殺生之惡或無知的傷害眾生的生命或物命都是不容許的。另外，道教深入老百姓日常生活的戒律中，也是有很多關於自然生態的保育思想，比如在《老君說百八十戒》就有多條：

不得燒野山林。（一四）
不得妄鑿地、敗山川。（四七）
不得妄開決湖。（一三四）

類似與環保生態有關的環保戒律都是秉持以仁慈心對待萬物（李豐楙 1997，119）。這些內容在今天讀來，在環保教育上仍有積極的意義。《太上感應篇》裡強調，人若對萬物有一份慈悲心去做，自會天人感應，帶來行善的好處。這兒的「天人感應」，或是方才提到過北宋理學家張載「人與萬物一體」的概念，都是對萬物有情。說到有情，又莫若張載所言最令人動容。他說：

乾稱父，坤稱母；予茲藐焉，乃混然中處。故天地之塞，吾其體；天地之帥，吾其性。民，吾同胞；物，吾與也。（〈西銘篇〉）

張載說「乾稱父，坤稱母」，即上天為人類的父親、大地為

---

15 《太上感應篇》，作者不詳，托稱太上老君所授，為流傳最廣的中國道教善書。《太上感應篇》原文及白話譯文，台灣學佛網，http://big5.xuefo.net/nr/article33/334181.html。

人類的母親，把地球看成大家長了，人類應該善待生養自己的父母，滋養我們的地球；即或不然，最起碼也不傷害父母，不傷害地球。張載又說「民，吾同胞；物，吾與也」，前者「民，吾同胞」代表所有的民眾／人類都是我們的同胞，都像我們的手足；後者「物，吾與也」代表大自然所有萬物也都跟我渾然一體。人類應以「民胞物與」的精神共同參與成為地球家的一員，與地球的萬物能物互相感通，善盡心意（馮滬祥 1991，418-426）。

人類有責任守護好這個浩瀚的生態家庭。道家、儒家、佛家的學說中，無論是從道德或美學上，都蘊含朝著與自然更好的關係去發展的觀念，與宇宙萬物像家庭成員般互助互利。生態家庭的支持者體認到這個很好的生態和諧可以從中國文化的根源汲取；然而，生態家庭的概念並不範限於特定某一個文化或宗教的傳統。生態家庭亦可在世界各地的文化、宗教、歷史及各個群體精神的基礎上蓬勃發展。

Chapter 2

垃圾變黃金：
慈濟基金會

大慈無悔、大悲無怨、大喜無憂、大捨無求。
——大乘法師證嚴[1]

環境保護並非是一個宗教概念，也無關於特定神學。然而近幾年來許多宗教組織逐漸覺察到有傳達全球環境危機的需要。他們認為宗教可提供一種原動力，讓信徒體認到對環境的責任。這些組織有些較屬學者或學術階層，有些則聚焦於基層及實務工作團體。過程之中，宗教與環境的聯繫甚至逐漸增強到一些學術觀察家稱之為「生態神學」的境界（Hallman 1994, 2）。

生態神學試圖從宗教的觀點定位社會發展與環境之間的關係。支持者設法延伸社會正義的宗教關懷包含環境公義，或者，簡言之，生態公義（Hessel 1996, 335），從道德上來說，生態公義包含管家職責的概念，以及自然資源的運用，旨在力圖平衡人類及其他各種生物的福祉。它將環境保護融入了宗教教導，使環境保護不單只是個人興趣，也成為精神與道德上的當務之急（1996, 26）。

在台灣，大乘佛教團體將宗教教理與環境概念結合的志業就是一個明顯的例子。佛教婦女積極於環境運動已超過三十年了，最強有力的組織即為財團法人中華民國佛教慈濟慈善事業基金會（Buddhist Compassion Relief Tzu Chi Foundation），簡稱慈濟基金會，慈濟功德會，慈濟。該組織包含環境的關懷及其教理等。[2]

1　證嚴法師開示於 2013 年 2 月 8 日：「大慈無悔愛無量」、「大悲無怨願無量」、「大喜無憂樂無量」、「大捨無求恩無量」（釋證嚴 2013b）。

2　其他關懷環境保護的佛教組織包含法鼓山，由聖嚴法師主持；佛教關懷生命協會則由昭慧法師領導等等。

慈濟屬於大乘佛教的主要宗派，在台灣宗教及基層活動上扮演舉足輕重的角色。創辦人及領導者為證嚴法師。在 2000 年，慈濟有五百萬會員（Huang 2009, 34），會員 70%都是女性（Huang 2009, 196）。在 1995 年領導幹部慈濟委員有四千餘人，2010 年慈濟委員已達五千位（O'Neill 2010, 67），委員其中女眾約佔四分之三（盧蕙馨 1995，737）。證嚴法師以家庭主婦為濟世事業的主力，傳播媒體甚至稱慈濟為「家庭主婦王國」（盧蕙馨 1997，102）。

今日，慈濟其男性與女性會員約為總人口數的 20%（慈濟手冊，2002）。[3] 成為台灣境內最大的公民組織。慈濟的四大志業為：慈善、醫療、教育及人文。基金會還致力於社區志工的參與資源回收計畫、國際賑災及骨髓捐贈計畫。這些計畫是慈濟「一步八法印」理念的彰顯（Huang 2009, 214）。慈濟的影響力也擴展於國際之間，1991 年證嚴法師榮獲菲律賓麥格塞社會領袖獎，2011 年加拿大溫哥華市政府特訂 10 月 21 日為「證嚴上人日」（Master Cheng Yen Day）以表彰她的信念帶動很多志工，使這個世界更臻美好。[4]

慈濟在環境保護方面的工作始自於 1990 年，證嚴法師在吳尊賢文教基金會公益講座中呼籲惜福、愛物、再創資源，鼓勵會

3　雖然慈濟會員人數幾佔台灣總人口數的 20%，但其會員並不全都是虔誠的佛教徒。該會會員捐款並經常參與慈善活動。

4　取自〈證嚴法師榮獲菲律賓麥格塞塞獎〉，華視新聞網，7/17/1991，https://news.cts.com.tw/cts/general/199107/199107171772728.html 與〈溫哥華市府訂證嚴上人日〉，慈濟澳洲網站，10/26/2011，http://tzuchi.org.au/index.php?option=com_content&view=article&id=3947:tzuchi-2011-10-26-02-11-10&catid=74:2010-09-01-03-02-42&Itemid=181。

眾「用鼓掌的雙手做環保」（釋證嚴 2006，92-93）。繼之 1991 年慈濟基金會與金車教育基金會、中華民國女童軍總會聯合主辦「預約人間淨土」系列活動，美化社會，希望全省民眾共同參與綠化環保的工作。《遠見雜誌月刊》評為 1991 年度最大的群眾運動，慈濟會員也在這年內增加近 80 萬名，並獲得第一屆中華民國社會運動和風獎的肯定。在 1992 年與金車教育基金會合作，舉行第二次的「預約人間淨土」系列活動（張維安 1995，71）。辦理活動主要在於落實證嚴法師所提倡的環保理念，實踐「用鼓掌的雙手做環保」。之後整個回收資源運動開始在全台各地蓬勃地展開了三十餘年，所頒獎項與榮譽不計其數，如 2020 年慈濟以五大永續價值獲得國家永續發展獎，永續價值其中之一便是「友善環境、環境永續」。

　　慈濟的普及性，其中一部分也顯示出女性對生態系統的日益關懷。有些學者描述此一現象為性別差異下的環境經驗，意指男性與女性對環境的感知有所不同。其他人則不如此認為，反而覺得這些不同不在於對環境感知不同，而是男女在政治與經濟結構上的不平等產生出來的現象。另一項關於女性主義政治生態學的研究，則在前兩者論述之間採取中間立場：

　　　　不同性別在面對「自然」及環境時，其經驗、責任，以及興趣也隨之有著真實的不同；這些不同完全不是想像而出的差異。但是……它們並非根源於生物性本身的不同，而是源自於一種針對生物性以及由社會建構得出的性別觀的社會詮釋；這些詮釋隨著文化、階級、種族以及地域的不同而異，並深受個體與社會變遷的影響。（Rocheleau, D., B.

Thomas-Slayter, and E. Wangari 1996, 3）

　　這種不同性別對於環境參與會有不同反應的說法，常有可見，台灣也不例外。不過，婦女在環保主義中有多重角色，其中包括女性主義的自身定義，其詮釋也因人而異。雖然女性主義的理論也許有助於各種激進組織間的討論與比較，但是值得注意的是台灣的婦女環保組織卻非從女性主義的思想體系。她們的經驗決定了她們的行動方針。所以，此處強調的重點是婦女參加的生態保護活動。佛教教理的論述以及這些婦女的呼聲，統稱為「慈悲心行動」（acting with compassion）（Kaza 1994, 50）。不論是否性別化，婦女投入佛教組織所發起的環境保護，整體而言造成了她們自己生活以及台灣社會的轉變。她們迎來的改變對於社會的發展至為重要。

》基金會的起源與思想基礎

　　證嚴法師創辦慈濟是回應她生命中的兩件事。第一件事發生在一家私人醫院，一位原住民產婦因付不起保證金而被拒收，這引起證嚴內心極大的震撼與難過。第二件事是與三位天主教修女的會談，她們試著說服她成為天主教徒。在證嚴與她們長談之後，這幾位修女表示，雖然佛教有非常慈悲的教理，但比起天主教來說，佛教對於窮人及弱勢的需要投入卻不多。這個評語深深地影響證嚴，讓她決心起而行，慈濟功德會於焉誕生（釋恆清1995，180）。

　　1966 年證嚴在花蓮縣成立慈濟功德會，剛開始僅有 30 位會員，大多數為家庭主婦，捐出荷包裡的零錢成立慈善基金（Shaw

2002, 12-13）。在最初的五年內，這些人幫助了 50 個家庭的 31 位病人。許多家庭主婦「每天捐出菜錢中的五毛錢，目的就是幫助窮人救急解難」（Huang 2009, 25）。消息傳開，慈濟吸引了越來越多參與的人。[5]

四十多年之後，慈濟創辦了國內最好的醫院之一，慈濟綜合醫院，以及培育護士的慈濟科技大學慈濟護理學院，皆致力於服務窮人。在美國也創建了醫療志業，包括慈濟醫學中心、社區門診中心。此外，慈濟基金會還有一個附屬醫療專業功能組織「慈濟人醫會」，義診醫護隊伍除了協助台灣地區，還遍及海外 11 個國家。目前在美國就有 22 個分會，在發生重大災難時為受災者提供醫療服務。[6] 以上略僅代表證嚴法師對醫療照顧的初心與後來形成的結果。

其實慈濟的工作早在 1990 年代的早期，證嚴的跟隨者已遍及五大洲，並曾在 19 個國家服務。其後增至 28 個國家。在 1998 年，慈濟的執行中項目總金額達 240 億台幣（Huang 2009, 196）。目前慈濟「已在世界 52 個國家和地區有分支機構，有 500 多個據點，其援助的國家或地區超過 92 個」（劉選國 2021）。有人問到證嚴是如何能感動這麼多人做善事。她表示每個人都有做善事的心，這是人的本性。如果人們可以發展相同的動機，賦

5　有了「五毛錢也能救人」這句格言，很快就傳遍花蓮的各個市場，越來越多人參加，這個計畫召聚了慈濟的實力（Shaw 2002, 15）。

6　參加國際慈濟人醫會的國家有上升趨勢，比如 2021 年，全球有 19 個國家地區、超過 2500 位醫護人員參加了第 25 屆的國際慈濟人醫年會。參加者於雲端分享疫情期間醫護工作經驗，交流各國醫療與慈善結合的成果（〈國際人醫年會參與人數創紀錄〉，慈濟美國網站，9/24/2021，https://tzuchi.us/zh/blog/tima-2021-usa）。

予好的行為，這樣大家都會攜手共同努力（釋證嚴 2003，92）。

務實的生活

　　證嚴超凡脫俗的作風，大異於傳統台灣對於宗教領袖及婦女的刻板印象，慈濟的會眾工作具有明確的目標，緊密結合教理概念，實際應用並彰顯其母性的公眾形象（盧蕙馨 1997，108）。

　　不像台灣傳統婦女給人幕後服從角色的刻板印象，證嚴為了慈善作強而有力的發聲。證嚴思想的闡述已證實對台灣人口總數，無論男、女，有一定比率的吸引力。面對廣大的會眾，證嚴常將佛教精義與其跟隨者的日常生活緊密連結，她提示說，較之神聖的經文，日常生活之中更有佛陀的教訓。舉例言之，證嚴說：「佛學不如學佛。」（Chang, W. 1998, 14）

　　她曉示佛教的實踐是在日常生活之中，而不是侷限於廟宇儀式，她主張，一般人不需放棄日常的責任，比如叮嚀她的跟隨者：「家庭的本份要顧好。」有一次她被問：家庭主婦怎樣才有資格當慈濟委員？她回答先做好家庭主婦的工作，並做好具有愛心的媽媽（趙賢明 1994，202）。證嚴也注重到男性弟子的家庭角色，如對弟子的慈誠十誡中訂了「聲色柔和做賢夫良父」，對應了對女眾弟子的要求「聲色柔和做賢妻良母」（釋證嚴 1991，113-14）。她將日常生活、社會志業和佛教徒的省思，緊密結合了覺性的追求以及身體的實踐。因此證嚴組織的基本精神即反映在會員的日常生活中，讓他們可以結合社群，邁向共修的目標。

　　證嚴認為環境保護是與滌淨心靈、身體健康及大地相結合的。環保必須從心靈開始，每一個人需要去除掉貪、嗔、痴、慢、疑等五毒。在佛教，這五個破壞性的情緒被稱之為五毒，如

果五毒除去了，不但有促使身體健康的功能，還可以共同致力於開創一片清淨的人間淨土（2006, 258-261）。此外，她強調，「我們對我們的身體沒有所有權，只有使用權。」對身體的適當使用需要智慧。「如果我們在心靈，健康和大地活出環保的概念，我們的社會就會富足，且將永遠幸福快樂。」（1996, 8）她堅信如果個人能夠活出關懷與尊重，整體來說就會漸漸成為健康、富有並更為完善的社會。

證嚴敦促大家追求簡單的生活或者改變日常生活的型態。舉例來說，她討論到經常發生的食物中毒事件，強調我們必須注意衛生（1996, 6）。同時她也點出人類越來越依賴汽車作為交通工具，其結果衝擊到空氣污染和人體健康，她呼籲民眾多以步行及慢跑，非但能減少空氣污染，也能改善健康。

當然，與環境有關聯的不僅止於外在的個人衛生及福祉，同時內在心靈或思想意識亦會影響到與環境的關係。比若說當學者面對全球的環境異常，提出「溫室效應」（地球增溫、全球暖化）的問題時，證嚴提出「心室效應」一說：若人去除掉貪、嗔、痴、慢、疑，就能潔淨自己的心靈。人心淨化得越好，善的「心室效應」增強，凝聚善的心念，形成善的清流，匯聚就能沖淡「溫室效應」，締造平安與祥和。證嚴認為：「『溫室效應』應其實起自於『心室效應』。一念惡是一分濁流，一分善就是一分清流。善的『心室效應』愈強——人人匯聚善的心念：互助、互愛、感恩及尊重，就能沖淡『溫室效應』，締造平安與祥和。」所以，「要從修養個人的心靈做起，推及家庭、社會，人人的心、氣、力和諧，自然就會往善的方向凝聚福力。」（2006, 190-191）

　　在慈濟回收做得有聲有色的二十年後，證嚴在 2010 年再呼籲環保工作要「清淨在源頭」，要大家從自身做起，不要隨意扔廢棄物，在回收前個人要整理各類物資，盡量提升物資利用率，並且保持回收物的清潔，免除送到環保站的異味橫陳（釋德傅 2012，315）。證嚴不斷強調說：「珍惜點滴資源，就是增加一分福。……心靈清淨，大地就清淨，淨土在人間。」（釋證嚴 2012，29-30）由是慈濟把人、心靈、環境的關係緊密連接，去落實人間淨土的理想。

》生態家庭者的觀點

　　慈濟的環境志業特別強調家庭價值，它在環境方面的許多活動多以家庭為導向。家庭主婦一旦加入該組織很快就會帶動其他人進來，這個思想理論可以成為建立「生態家庭」的生動呈現。

　　舉例言之，慈濟會員林秀華回憶說 1999 年 9 月 21 日南投縣（位處台灣中部，坐落在本島正中央）發生大地震，一位志工家庭在投入安撫工作後，從原本的沮喪裡找到希望和慰藉。她發現自己生活上的憂慮相較於受災戶的巨大創慟根本不算什麼。即便在安撫工作結束後，她與全家仍繼續投入慈濟的環保工作（7/18/2000）。這一點顯示該組織「鼓勵會員不要將大眾生活排除於家庭生活之外，而是將其視為擴張境界」（Madsen 2006, 47）。

　　慈濟的特性之一即是它先是吸引家庭主婦，但是它的會員卻不侷限於此，不多久，家庭的其他成員（丈夫和孩子們）也都跳進來了。這一點說明了我們中國的古老傳統，整個家庭多會在相同的宗教和組織裡。在這裡，志業不單只是家庭主婦從頭到尾一個人做的宗教志工，而是逐漸發展出家庭與社區之間的網絡。

圖 1｜一場颱風之後，慈濟會員清理環境（2001 年）。

　　傳統的家庭觀念中，婦女的角色是哺育者與醫護者，慈濟並無意挑戰，但同時也將婦女從家庭的角色延伸至社會。「（慈濟）已成功說服了許多台灣人在自己的家庭與朋友小社交圈之外，去同情或幫助其他人。」（DeVido 2010, 64）其實「慈濟家庭」本具有中國「擴展家庭」的特色（盧蕙馨 1997，110），而將家庭延伸至社區及社會做環保的就是生態家庭主義的定義特色。環保活動成為家庭生活整體的一環（DeVido 2010, 64），舉例來說，做環保工作時，會員強調對他人的愛與關懷，甚至照顧彼此的孩子。

　　曾美玉是一位醫護工作者及慈濟會員，她的故事說明了這個基金會如何將家庭與社區聯繫在一起。她自 1991 年起在自己的

社區撿拾回收物，有一天當她正在街上撿垃圾時，她的兒子和朋友剛巧經過，由於太專心工作，根本沒聽到兒子叫她。兒子的朋友就開始嘲笑她的作為，但是兒子卻回嗆說：「我媽媽做的這些是為了資源回收，賺來的錢都是用來幫助需要的人。」她對 14 歲的兒子這麼支持和了解頗為感激。她的先生也深為兒子所言感動，從此也加入了組織。後來，她在車禍中受傷，她先生擔下責任開車把回收物送往回收廠（7/25/2000）。[7] 這個例子顯示女性志工對她周圍的人有著深厚的影響力，這就是生態家庭可以在台灣社會具體而行的例子。

證嚴強調對環保議題提出主張與行動，是調整個人日常生活方式、並與自己所屬的整個社區一起工作。舉例言之，資源回收需要不同社區之間的合作，這些社區不一定在同一個城市或鄉村，但是不同的社區卻可以分享共同的方法、理念和感受，透過許多活動豐富了他們的生命。慈濟志工不受地理上的範限，由其所訂定的規則及實例，來建立社群共識。這種共識提供了一個心靈殿堂，讓人們潔淨心靈進入另一個神聖的世界。

生態家庭的實踐並不僅限於個人家庭，尚包含了所有共同目標的志工社群。活動的設計特別著重於提升會員之間的社群意識。舉例來說，台灣每月的第二個週日設計為慈濟資源回收日。該日的一項活動是，慈濟志工收集可回收的物資送到慈濟中心，再做細部分類。之後，這些物資送去回收廠，收益則送到基金會贊助其他計畫。不論是助人的社會行動或是如張維安形容的「寧

7　我在 2007 年對曾美玉做了第二次訪問，發現她的家人雖然各分東西，甚至在不同的國家居住，但都仍積極參與環保（1/8/2007）。

靜的社會運動」（1998, 1），都是將家庭的觀念擴展到更大範圍的社會。

慈濟在環境方面的工作，對國家有重大積極的影響，志工們一起工作時，不但促進人際之間的關係，且更能感受環保的重要。小組領導人教導民眾如何分開可回收的物資，如何處理堆肥。社區會員亦可從慈濟的大愛電視台，全國與全球性的電視節目中學習，這些大部分都是親環境與親公益的正向節目。除了每月的環保星期天，基金會每月舉行茶會答謝志工，為表示對社區健康的關心，還提供了血壓檢測。聚會結束前，會員分享組織對其影響的自身故事。透過這些活動，慈濟得有機會深化會員間的聯繫，並增加慈濟在大眾面前的曝光度。

》》 組織中生態實踐

慈濟背後的理論印證了該組織的實踐，尤其是從創立者的生活開始。證嚴住在花蓮的靜思精舍，是慈濟功德會的發祥地，也是女眾及常住眾修行之所。在該處常住師父與弟子們徹底地實踐證嚴所提倡的環境保護方法。她常說地球資源就在我們腳下，不同於一般佛教的極樂世界在佛陀或菩薩的天界，對慈濟而言，極樂世界就在這裡，締造於我們對地球的保護。

如果參訪精舍，日常環保處處可見，比如在精舍中種蔬菜不施農藥，以天然養分滋養菜苗。果皮菜葉經發酵機處理，製成有機堆肥。手工製作「靜思淨皂」。大家使用自然清潔劑，如豆粉來洗鍋盤，這樣就不需要擔心化學清潔劑的有害殘餘。一切盡量配合自然，且將每一樣東西的各部分都做了最大的利用，一點都

不浪費。連屋頂的雨水都可以收集到「雨水回收塔」中，再點滴運用在日常生活中。慈濟精舍以及相關的醫院、醫學院、大學等也落實環保建築，使用透水溝、連鎖磚、生態池等，照顧環境，降低對地球的傷害（證嚴 2006，294-300）。

慈濟精舍之外，這項生態實踐也體現在會員的日常生活中。舉例言之，1999 年 9 月 21 日的大地震造成一千多人死亡以及許多人流離失所。吳靜禧回憶道：證嚴不說這地震是「自然的反撲」，而是：

> 大地是我們母親，她一直容忍我們長久以來對資源的不當使用，但是容忍總有極限，這一次她放棄了，現在，我們必須體諒母親的心，並體察我們對她應盡的責任。（6/30/2000）

因此，證嚴鼓勵她的弟子們，將同情導向受災戶，結果慈濟九二一專案募款收入達 50.45 億元新台幣（蔡玉珍 2000，108）；其中一半是在災後 10 天內收到的。這是國內與國際間一項頗為優異的成就，也是該基金會在慈濟人及眾人之間建立信任程度的一項見證（王端正 2000）。[8]

慈濟環保運動的成功在於基金會運用宗教理念來推動社會資

8　1999 年 9 月地震之後，慈濟針對九二一大地震的賑災專案計畫預算總金額為台幣 72 億 7,732 萬元，重建 32 所中小學的希望工程佔總經費的 75%（《慈濟道侶》341）。慈濟基金會副總執行長王端正演講中亦說明除了慈濟認養學校的重建工程，還有簡易屋預計建 1,700 戶，在災區建立公共醫療衛生工程體系以及社區文化及其他公共工程等。

訊的能力，引發出社會上未開發的動能，且傳達的訊息足以讓潛在的志工在心思意念上引起共鳴。藉著從事這些實際行動做環保，也給會員提供了法入心、法入行，在日常生活中實踐佛法的方式。佛法與環保二者都同樣重要（張維安 1995，78，84）。

慈濟推動最為成功的環保活動之一即是資源回收計畫。1990年，證嚴公開呼籲會員推動垃圾減量及回收，使得垃圾變黃金。她說：「我們製造垃圾，所以清理這偉大的地球也是我們責任。」（甘姍君 1996，3）台灣不同城市鄉鎮的會員即快速組成環保志工小組，以響應此項呼籲。志工的努力吸引了更多參與者，投入回收的人數急遽增加（甘姍君 1996，2）。1992 年到 2006 年間會員紙類回收總量等於挽救了約有 1,400 萬棵樹，相當於 2,294個足球場（甘姍君 2007）。此項回收所得大部分挹注大愛電視台，製作優良節目傳播至全球各地，號召更多人做環保與用在慈善工作上，如補助醫院、學校的興建以及天然災害的受災戶。這也激勵了環保志工樂於活出慈濟的使命：「垃圾變黃金，黃金變愛心，愛心化清流，清流繞全球！」

》》 個人志業

證嚴開示的時候，多以淺白的故事，娓娓道來，而非以抽象的概念和深奧的理論來解說佛教教理以及她對當下淨土的理念。她也鼓勵會眾交流自己的故事，說故事往往激勵人心。「故事的敘述力量在引生德行與價值表述中，常因經驗的脈絡和行動的詮釋的象徵意涵，在故事中成就了思考與行動。」（林朝成 2012，288）在慈濟廣宣環保理念時，故事不但感動了會眾，也加強社群之間的歸屬連結。

　　有一個故事是會員沈惠賢在 2000 年時分享的：有位師兄在還是嬰兒的時候，因為雙親太窮沒辦法養活他而將他變賣（7/24/2000）。但是他的養父母對他也不好，他小時，養父母要他吃雞飼料，做勞役苦工。他的養母常罵他、凌辱他，叫他是垃圾。他在這樣的環境下長大，一直覺得自己是個廢物，就像垃圾一樣。他結了婚，也同樣對待他的太太，叫她是垃圾，凌虐她。他把家裡賺得的錢全輸光了，讓家人身陷貧窮，全家遭受苦難。

　　然而，當他聽到了慈濟，他得到了一次「回收」的機會。證嚴總是說讓「垃圾變黃金，黃金變愛心，愛心化清流」。在聽到證嚴這樣說時，他想即便自己只是垃圾，仍然有機會得到一顆歡喜的心。於是投身參與慈濟志工，他不單只學到環保，還學到如何愛他自己和他的家人。結果是，他停止了賭博，以及對家人身心的凌虐。

　　沈惠賢自己也有一個有趣的故事。她是慈濟的一位女性會員，開了一家麵店（7/24/2000）。在營業時間上午 8 點到下午 2 點之內，她都將電視開在大愛台。該台大部分的節目都在鼓勵人們做環保、行善做好事。每個月第二週星期日的慈濟資源回收日，她把店門拉下，參加她小組的環保活動。雖然她長期受背痛所苦，但仍然對環保志業信守承諾，在她能力範圍內持續工作。

　　沈惠賢相信對目標越投入信心，就越能從工作上得到力量。她深信為了群體的好處努力，上蒼會賜給她良好的精力和體力。奇蹟的是，當她投入慈善活動時，她的背痛漸漸消失了。她的解釋是環保是從垃圾堆裡撿拾財富，回收垃圾是珍惜財富，向他人行善則是創造財富。

　　也許你不一定同意她的說法，沈惠賢的故事和其他人類似的

故事在慈濟信眾間廣為流傳，鼓勵越來越多的人從各個不同的社群參與。慈濟對環保的作法把參與者從個體與精神的層次上連結起來。當我們嘗試去界定這個社會運動的根源，我們需要去解釋為什麼這項彰顯慈濟理念的溫和呼召，會在參與者的心靈、意念與行動上引起共鳴。

洪妙真的經驗則是另一個例子（7/26/2000），洪妙真是一位老師，她參與環保運動有四個層面。首先，她著力在慈濟親環保活動的大眾宣傳上，身為活動的領導者，她經常邀請環保署官員，電視頻道和廣播節目人員來參與慈濟活動，以新聞包裝作為免費廣告。第二，洪積極參與大甲溪邊的種樹活動，大甲溪是中台灣主要的水資源，種樹的主要目的在防止河邊土壤的侵蝕以及水分的蒸發。單只在 1993 年至 1994 年間，約有 200 位老師種下 2000 多棵樹。

洪的第三項主要活動是撿拾垃圾，一樣是在大甲溪，她帶領志工，每兩小時輪班一次，撿拾垃圾，以保護該地區水資源的品質。[9]

第四項，她為志同道合的人提供機會，開設環保課程，教導並作經驗的分享。為了將慈濟的理念帶入公立學校，她開創「愛心媽媽」之類的課程。婦女志願參與學校活動，從事環境保護。這些媽媽們起先根本不太知道如何參與，但是她們很快地學習到了並發揮影響力，影響她們的家庭及社區。洪有一股強烈的滿足感，尤其當她聽到她的學生說他們的媽媽現在街上看到錫罐頭，

9　台灣中部的鯉魚潭也有這項活動，通常是 80-90 位老師志願參與，每一小時一班。

就會自動撿起來。受她激勵過的老師同事們也積極參與社區環保公共意識提升的活動。

再舉例來說，在許多社區，政府補助二個回收日，慈濟再多補助兩天。這樣每週就有四天回收日。給許多家庭很大的方便，不必存放可回收的廢棄物在家裡，使得回收更為方便，更為優雅，對每一個家庭也更為實際。問她在教書之外可曾為這麼多的活動感覺疲累？洪回答說：「雖然有時的確疲累，但我常常感受到一股滿足與喜悅。」[10] 對她而言，這種報償比辛苦工作還要值得。

另一位志工曾美玉的作法則激勵了親朋好友加入。自 1993 年起，她每天花 30 分鐘做垃圾分類，將廢紙送往回收廠，一滿車的紙只能換得新台幣 100 元，但卻能救下兩棵樹。她的車因裝這些回收物而傷痕累累，光是維修費就遠超過她賣紙所得的錢，況且她還將賣紙所得的錢全數捐給慈濟做慈善。然而，這也樹立了很好的榜樣，她激勵了她的同事加入她回收的行列。她的車現在乾脆不鎖，這樣任何人都可以扔進他或她用過的廢紙，人們稱這車為「菩薩車」。[11] 對她而言，主要目標在教育人民，保護樹木（7/25/2000）。

如今身為慈濟分區領導，曾美玉督導約 500 到 600 人以及 100 多個慈濟回收場。她與所有附屬單位一起開會管理他們的工作。只要有人有興趣，她就去設點，安排預備會議，宣傳慈濟，

---

10 在 1/8/2007 又做的一次訪談中，洪述說她仍繼續投入環保工作以及她如何擴展她的努力到社區。舉例來說，在 2007 年的夏天，她在三個社區的夏令營工作，教導 10 到 14 歲的孩子環境保護，說明如何只要踏出一小步即可幫助環境。
11 在佛教，「菩薩」是指一個人志在得道，以普渡眾生的意思。

透過茶會等活動吸引新會員。多年之後她仍積極從事環境保護，並且深信，不管任何敵對勢力的大小，她就像一隻「螢火蟲」：使用她的光，只要她能影響一個人，她就會照亮整條道路（8/1/2007）。

這些婦女盡心竭力投入社群的建造，她們代表了社群會員較為優秀的例子，透過對其基層活動的奉獻，逐步學習生活的生態化。

》 社會動員

證嚴強調心靈的環保，她說，「我們的心，就像環境，必須防範垃圾的污染。」除了維持心靈的平衡與健康，她還鼓勵：「惜福愛物」（Lin, Y. 1999, 177）。我們在今生之中，不耗盡三世之物。

惜福愛物，從某一個觀點來看，似乎有悖於佛教教理——無罣礙。然而惜物是指看到物件的價值，珍惜它可能帶來的舒適、愉悅甚至幸福。換句話說，它是指覺察到外在世界與內心因果的連結，內心因果與外在世界亦有關。佛教因果的理論包含我們所經歷的各種事物，不論是正面的或負面的，都是過去因果或行為的結果。藉著惜福愛物，產生珍惜物件的積極行為。證嚴訴諸因果的基本法則，是使其他人意識到不能再浪費了。一方面她聰明地強調惜物的重要，珍惜那些有可能帶來的愉悅和舒適的物品運用，同時又以無常的教訓以克服對物件的執著。

慈濟早期的口號裡即標明「知福、惜福」，但不單只有慈濟鼓勵心靈園地的保護，昔法鼓山住持聖嚴（1930-2009）亦在1992 年推動「心靈環保」之觀念。他提到「心靈環保」的名詞

根源來自於《維摩經》所說的「心靜國土淨」；他認為若人心染惡，人間社會災難連連；若人心淨善，人間社會有康樂境界，所以他提倡「提升人的品質，建設人間淨土」（釋聖嚴 1997，3）。[12] 他的佛教團體並於 1999 年整合了歷年來提出的重要觀念與方法，提出「心五四運動」。此運動取名來自五四運動的帶來各方面的改革，現代中國因該運動而誕生。「心五四運動」活動的命名也在其體系裡包含了五四的精神——將我們生活細節的道德守則作成易於記誦的口訣，[13] 以作為廿一世紀人類的生活標竿。其中之一即是好運或有福氣：「知福」、「惜福」、「培福」、「種福」。人之所以有福氣，部分原因是知道、珍惜及培育自然資源並保護它們。

然而心靈環保並非每一個人都認同。楊惠南，台灣一位著名佛教學者，即批評證嚴或聖嚴的環境運動強調從心的改造，而忽略社會結構面的問題，譬如大規模的工業及核廢料，就社會層面而言，未能有效地帶動有意義的轉變。他呼籲在內部心靈發展之外，應有更為平衡的做法去加強具體結構上的改善。楊教授認為證嚴強調去除掉「心靈上的垃圾」，但並未演繹到需要的外在改

---

12 聖嚴是一位在佛教界頗有代表性的人物，一生傑出，著述甚豐（釋聖嚴 1997，294-301）。

13 「心五四運動」之名是參考 1919 年的五四運動。此運動是第一次世界大戰後簽訂了凡爾賽條約，所發起的一連串抗議中國政府的作為，學生要求歐洲帝國主義撤出中國，以及反對政府對現代化的消極態度。併隨而起的是中國的白話運動取代古典中文作為主要的溝通工具。在 1999 年，聖嚴法師創立「心五四運動」致力於推動心靈環保的理念，是 21 世紀之初的一種新生活型態，其中包括有心靈環保、禮儀環保、生活環保、自然環保，以「四環」來積極改善人類生活的品質（釋聖嚴 1999）。

變，而這方面需要社會和政府政策結構上的轉變。因為慈濟過於著重回收及在地方上種樹，楊教授發現這樣的效果不足。對他而言，工業帶來劇烈變化損害環境，需要政治行動介入政府政策，但這是慈濟會員不會去做的（1994, 32）。

這樣的批評絕非偶然，慈濟認為政治活動將導致社會衝突，乃刻意避開任何需要集結大量政治支援之舉，譬如抗議工業污染及核廢料。取而代之的是，採取心靈的方法，促進社會變革，提升環境意識並促成生態保護行動。

慈濟在這個領域工作已超過三十年，卓有成績。包含培育西方人所謂的「公民道德」（civic virtue）。社會學家 Richard Madsen 描述說那是慈濟對台灣民主最重要的貢獻（2006, 47）。人類學家 David Schak 和中研院社會學研究所蕭新煌研究員研究了台灣六個佛教團體，發現慈濟透過對教育、文化、慈善及環保的使命，創造了相當大的社會資本，對於國內社會的成長貢獻良多（DeVido 2010, 115）。

關於批評慈濟的民間活動未能觸及轉變社會結構面的環境議題；事實上，慈濟的重點不在於此類議題，它主要關注在宗教與人心改變，它的社會活動也都維持在這一前提下。它的方法及目標因此就不符合於有些發起比較激烈的運動來做社會改革的期待。[14]

證嚴強調培養內在價值，和清理內心垃圾源自於她對覺性優先的信念，促進以佛教來改革社會，幫助人類進步及改善世界

14 楊惠南教授提出一些強有力的批評，但我們也了解到慈濟以不同方法來促進社會改變和環境發展，它範限住它的支持者去用政治手段採取行動。

（DeVido 2010, 99）。在這樣的信念影響下，慈濟和其他佛教組織如法鼓山等帶領台灣人民關懷家庭範圍以外的事物，並將關懷與資源帶給他人。這樣創造出來的公共意識對真誠的公民社會是至關重要的。

慈濟廣為普及的關鍵即在其強調將友善環境的習慣融入日常生活之中。它為這個團體建造了情感的結構，為社會運動另闢新徑。依據慈濟的想法，改革必須起自於內心的轉變。它的運動者不是鼓動政治運動來加強環保，而是尋求精神和個人根本上的轉變做為開始。就如張維安所言，許多個人的實踐逐漸改變了社會的結構。這就像下棋一樣，一方適時的一步，就有能力扭轉整盤遊戲的局面（1995, 77）。

證嚴曾說「環保日不落」，此話衡諸今日亦然，慈濟的草根環保志業已擴展到全球，包括不同宗教、種族的國家，如小琉球、菲律賓、美國、加拿大、馬來西亞、約旦（2006, 149-166）；另外在印尼、香港、中國、南非、斯里蘭卡等國都有慈濟的國際環保回收運動（何日生 2012，263-64）。對慈濟來說，它對社群的展望早就超越單一家庭的狹隘觀念，延伸至社會的各個面向與世界各地。因此，儘管個人活動通常會反映出傳統的社會結構，但也可能同時是改變結構的一個契機。張維安提出的理念（1998, 8）：雖然慈濟會員不參與激烈抗爭行動，其運動仍然被界定為強大的，儘管是「寧靜的」社會改革運動。

證嚴與慈濟會員在改變宗教視野以及婦女在社會的角色上做了很有意義的工作。幾千年來佛教倫理強調的道德守則以及個人內在的解放，要高於外在結構上的改變，因此佛教宗教倡言社會改變是意義深重之事。慈濟以家庭為中心的做法，事實上頗為進

步。它透過自己所創造出來的方法找到了解決方案，調和了佛教內省及進行廣泛變革所必須的社區行動，一起建立有利於生態的無數家庭。

慈濟強調宗教可以作為帶來社會改變的工具，提供一個可以動員的群眾社會網絡，證嚴曾說：「我們每一個人都可以成為大地的守護者，我希望我們每一位都能採取行動來拯救山脈，回收資源並清潔地球。」（1996, 9）「否則，」她說：「惡性循環的結果，氣候愈來愈極端，災難愈來愈大，使得人類備嘗苦果。對治的方法，唯有人人做環保。當人人都有疼惜大地的這份愛心，這片土地才會健康；土地不再受毀傷，人人也才會平安。」（2013a, 2）

》 女性領導

證嚴是自 1990 年開始發起環境保護運動。此首源於她對「惜福」觀念的了解。當環保運動開始在台灣興起時，慈濟成長的很快，需要龐大的組織系統及可行的計畫。

從那時直到現在，慈濟的跟隨者即努力從事於環境保護。他們的動機與態度不同於其他的環境工作者。不單只是被諸如「我們只有一個地球，所以我們最好努力去拯救它」這樣的理念所感動，慈濟人保護環境，也還因為他們真正愛戴證嚴，相信她的指示和命令是最好的途徑。他們並不是盲目的跟從，而是因著她的教導培育起個人與環境的關係並採取相應的行動。實際而言，他們也以回收資源以換取金錢。證嚴常以中國傳統提醒她的信徒，人不應浪費物資。一項簡單有力但非常務實的訊息，藉著回收再利用，不但可獲得金錢上的利益，還可以幫助環境。（盧蕙馨 7/29/2000）

我請教曾美玉因慈濟投入多項不同的計畫，她是在什麼時候聽到證嚴法師確切提到環境方面議題的？她回答說證嚴在許多場合裡都提到環境議題。有時是在環保幹事精進研習會，如在一系列有關「尋找環境工作的根源」的演講，該系列每年舉辦三次，一次一到兩天。另外慈濟環保志工會去拜訪花蓮的精舍，在志工早會作志工工作報告，證嚴會給予開示並給予更多的指導。另一場合是「推動環境工作日」，每半年分別在好幾個社區舉行。證嚴有時也會走訪一些社區看環保站、探問「環保菩薩」給環保鼓勵（7/25/2000）。證嚴在 2010 年，慈濟投入環保整整二十年時，做「全台環保感恩之旅」，親自走訪 143 個環保站後曾讚歎說：

> 小小的環保站，卻有大大的道理在。……老菩薩說出的一口環保經，都令人歎為觀止。環保站是老年的清安居，中壯年人滋養慧命的所在；也是孩子的教育站，人人在此學到尊重物命，與天地共生息的智慧。（2013a, 3）

另外，特別是發生了天災，如典型的土壤侵蝕流失、洪水或地震，證嚴不但把她的跟隨者帶去幫助受災戶，同時也闡述有關環保的議題。

在追隨證嚴的路上，弟子們尊敬她的毅力以及獨特的觀點。他們承認單只讀她的書並不一定會說服他們跟隨她，但是她個人的行為和成就卻成為如何貢獻社會的最佳典範。她以女性溫婉的

文化觀念來吸引女性會員。[15] 因此，當婦女在家工作被認為是天職，在社會上公開工作就成為好事。因此婦女藉著證嚴的組織志願服務，獲得成就感。

慈濟大部分的會員多是有著穩定家庭的中年婦女，透過該組織，她們為自己在社會上創造了一個空間，有別於她們在家庭的責任，所賦予的任務絕對在她們的能力範圍內勝任愉快。更重要的是，此任務其實是家庭工作的延伸，且更為強化，而非拒絕擔任她們原本照顧者或養育者的角色。舉例來說，慈善工作是照顧他人，這就像母親對家庭的照顧，環境保護類似於家中的節儉，節省金錢與物資來幫助別人。

證嚴常鼓勵這些婦女，說：「對的事，做就對了！」她對弟子們情感上的需要都很照顧，此時證嚴轉變成為一位照顧的母親及嚴肅的紀律者。「『家庭』——從傳統儒家的觀點而言，是社會角色相互依存的系統，由上下的道德責任維繫在一起，這是證嚴辭章中的一個核心。」（Madsen 2006, 25）她以傳統的態度來面對人類關係，與儒家的家庭價值觀有所共鳴。

證嚴的意志堅定，而且嚴格督導她的核心幹部。舉例來說，如果有人在組織忙季時想請假，若證嚴要求她留下，信徒當然多半會服從她的意志。[16] 何況尊敬並服從長者是儒家另一個主要特色。藉著融合佛教慈悲的價值觀與儒家崇高的倫理相結合，慈濟

---

15 此概念源自於中國傳統認為男人是陽，女人是陰；代表陽的男人表示力量，而代表陰的女人卻代表軟弱，女性特質的溫柔被認為是來對照男性的剛強。很有趣的是，近幾世紀以來，女權運動者將女性相較於男性柔弱這個概念，運用成啟動強而有力的行動主義。

16 就如盧蕙馨所提，這樣的跟隨者是「不敢離開的」（7/29/2000）。

鼓勵會員將他們對家庭的關懷延伸至陌生人或敵人。因此，生態家庭主義就包含了這些理念，把對家庭的關懷擴展到社區、國家、世界、甚至更遠（見第一章）。

根據 Richard Madsen 的研究，儒家的主題—家庭—廣泛的影響了慈濟的社會視野。一般人習慣將自己與原生家庭聯繫起來，而家庭是一個「非自願加入的組織」。但慈濟會員一直將自己與這個廣大的家庭連結起來，證嚴即是他們的師父及共同的母親。藉此，會員因共同的情感與責任維繫在一起（2006, 18）。

基金會的會員和幹部經歷到家庭中關愛與承諾的聯繫。他們奉獻給「菩薩道」來廣施同情。他們也視證嚴為儒家的大家長／父母，他們可徵詢她對各種問題的意見；她的說法就是最後的定見。其實儒家與佛教的思想均影響證嚴至深，佛教婦女研究歷史學家 Elise Anne DeVido 就說，慈濟的愛是由兩個重要觀念激發出來的，也是離不開中國的傳統：「第一，賢妻良母理想；第二，觀音菩薩信仰。」（DeVido 2010, 66）

有些反對者則認為強大的母愛對社會不盡理想。如果一個人經常受到母親羽翼的保護，將導致他的依賴與不成熟。但是蘆蕙馨卻提醒我們，並不是只有被動式的依賴，女人可以接受性別差異，只要她們藉著各種家庭角色（母親、妻子、女兒）和社會角色（勞工、專業人士……等）進行協調，她們就能得到渴望中的權力及地位（7/29/2000）。

另一些慈濟人則強調個人的修為及動機，個人修為的起始即在身心的陶養，每一個個體將因陶養使得群體臻於完整。因此，慈濟領導者的角色較是心靈導師與典範，而非僅僅是一位管理者。

身為一個人，證嚴看重人的覺性和動力。她的開釋特別吸引

人，從傳統到創新等層面，明顯的為婦女生活增添了意義。在解釋慈濟對環境志業的呼籲為什麼能在台灣社會產生如此巨大的迴響與成長時，宗教覺性和對婦女的吸引力是不可或缺的二要素。

證嚴為會員呈現的是一個清晰、獨特的典範，當她談到要有所作為時，她會直接提她以前做過的事。她僅要求會員們做到個人生活情形範限內可以處理到的事，從年輕高學歷的到僅受小學教育的資深長者無不例外。

在大型組織裡難免會產生一些內部爭執，有些人對慈濟有所批評，因為台灣有很大一部分可用的慈善資源都捐到該組織。另外，有些批評也指出慈濟從未批評政府政策，還暗指該組織與某些財團關係匪淺。盧蕙馨辯護說慈濟是一個慈善機構，沒有權力去排除任何人的捐款。而且該組織也沒有這個能力去詢問捐款從哪裡來，或確定該款項是否清白（7/29/2000）。的確潛在的衝突與批評在大組織難免一路遇到，調查每筆捐款也超越了慈濟的範

圖 2｜慈濟會員在小學教導學生如何做資源回收（2005 年）。

圍與資源，但捐獻給慈濟的人卻對該組織頗有信心，也極為尊敬
證嚴的無私。

他們所見的領導者及法師們是不接受供養，以作蠟燭、木門
及其他可賣的東西來賺其生計，秉持「一日不作，一日不食」的
精神自力更生。他們知道他們所有的捐款都匯流到慈善計畫與造
福環境，實在很難說慈濟的成功是否真正傷害到較小的機構。無
論如何，還是有人質疑慈濟或類似的組織有無可能膨脹得過大而
因此犧牲了原規模的功能？不管將來會如何，慈濟，以其環保計
畫而言，目前仍持續在社會服務方面貢獻卓著。

除了為社會提供寶貴的慈善與環保事業，慈濟並在各個方面
嘉惠他的會員，其方式難以勝數。譬如說給會員目標感、教育以
及新的信念。舉例言之，資深志工林翠雲家裡開洗衣店，從
1990 年認識慈濟後，抓住機會就熱心宣導，影響個人與公家機
關做環保實踐。她晚上洗衣店打烊後與志工沿路街道收取環保資
源，還在洗衣店對面空地闢建一個環保回收站等，她在志工工作
中獲得強烈的成就感。1997 年林翠雲還獲選為「全國推動環保
有功義工」。即便只有小學的程度，她發現慈濟提供了人文學科
方面的非正式教育，因為一直有不間斷的課程及講座。她說：
「慈濟就像一所宇宙大學，你可以學到有關生活的各樣事情。」
（7/25/2000）

又比如許多中產階級的婦女藉著成為社區領導而延伸了她的
家庭價值及其在社會上的地位。舉例來說，楊粉提到她的轉變：

> 我只有高中畢業，但一直致力於環保工作，有一次我被
> 要求在一群各學校校長、教育家、政府官員及大報社的記者

面前演講，由於這是我第一次公開演講，我非常緊張，不知怎麼講，我就寫了兩頁的演講稿。

不知何故，我讀了第一頁，卻緊張到無法翻下一頁，停頓了下來，一位女記者發現我的困難，過來幫我翻頁，為我解圍。這是我的第一次經驗。但是現在的我可以從容的在各個大型場合演講，觀眾來自各個層面，甚且還包括軍人的聚會（6/23/2000）。

過去幾十年來，越來越多的婦女在台灣宗教團體及組織裡擔任領導的角色。她們給領導者提供了動員群眾的主要管道，在傳統父權制的中華文化裡，能有這樣的組織規模殊具意義。

台灣婦女較為強調自然的哺育層面。這種聚焦於哺育讓她們視地球為「母親」及「生病的孩子」。在傳統中國社會裡，女人生育子女是綿延家族煙火的主要途徑。[17] 但現今的台灣，這樣的壓力就相當少了。其結果是許多婦女進入社會和公共運動，強調當前家庭更甚於未來血統，並將養育範圍從自己的孩子擴張到整個地球（Lu 1991, 34）。她們從最廣義的角度將環境的保護和改善視為母性和公民義務的一部分。舉例來說，慈濟的一個宣傳手冊描繪了一個婦女推著一輛輪椅，上面坐著一個綁了緞帶的地球，封面寫著：「婦女照顧受傷的地球」（Lu 1991, 35）。受傷的地球也是我們未來世代子孫的家，它訴說了婦女對環保運動的高度關懷。

---

17 傳統中國社會的這些觀念深受儒家文化的影響，將婦女的主要社會地位視作家庭與家族中的照顧者。參見 Raphals 1998，亦見本書第六章。

》環境的延展

　　證嚴是在 1990 年代開始她的環保運動，她要求她的聽眾用鼓掌的雙手來保護地球。自此以後，每年的計畫穩定成長，將新的參與者和活動整合到運動中，並特別關注所謂的「**環保五化**」，宣示環保理念轉而更為落實。

　　有些轉變像**環保年輕化**，希望更多年輕的慈青、慈少會員認識環保、深入環保。**環保生活化**，呼籲會員轉變為對環境友善的日常生活方式。當時鼓勵會員使用自己的環保碗、環保筷、環保杯，現今已成為全民能接受的共通理念。他們的順口溜朗朗上口，如環保餐具「一日沒帶，一日不食」；環保購物袋「一時沒帶，一物不買」。日常飲食更要避免浪費。**環保知識化**，主張多了解環境污染物，如電池含有汞、鉛、鉻，都是毒性很強的金屬，不要隨意丟棄，需有專業處理。此外**環保家庭化**，鼓勵已做

圖 3｜從 1992 年，慈濟開始推動自備環保碗、環保筷、環保杯。

好內心轉變的會員能影響自己的家庭及家庭成員一起做環保。

　　環保心靈化，認為萬物都有生命氣息，環保活動是對地球萬物的尊重與保護。慈濟基金會宗教處環保專員甘萬成指出雖然這些原則是再次強調慈濟推動環保工作的初衷，但所有這些理念與改變都來自於證嚴，讓更多人、更深入做環保（1/20/2009）。慈濟基金會推動「環保五化」始自於 2005 年證嚴在靜思精舍志工早會時的開示呼籲；隨著環保意識的增長，基金會後來又提出「**環保七化**」。增加的呼籲為「環保精緻化」與「環保健康化」。**環保精緻化**，力求在環保站運作實務中，各項資源用心分類，更有利回收應用，更能延續物命價值。**環保健康化**，盼清淨大地，也要清淨自我身心。[18]

　　就組織本身而言，慈濟的志業範圍越來越大，根據右頁表格一，可以看到 2006 年慈濟徵募並納入組織的環保志工在全台灣有 57,097 名，到 2015 年基金會已有 107,070 名志工。徵募的志工註冊來幫助慈濟，若要成為受證的環保志工必須達成一系列要求，比如說要遵守十誡，並且大約為期兩年的訓練課程，[19] 其中包含參加八場大型的回收活動，或是每月參加一次環保活動（甘萬成 1/20/2009）。

　　此外，慈濟在社區裡建立了環保站（EPS）來營造社區。2006 年全台灣有 4,500 多個環保站。慈濟的環保站是用於垃圾

18　〈環保七化〉，慈濟環保全球資訊網，5/1/2017，https://www.tzuchi.org.tw/epa/index.php/2016-08-11-02-32-30/2016-08-11-02-39-6/563-201704-2。

19　「十誡的內容包括：一、不殺生，二、不偷盜，三、不邪淫，四、不妄語，五、不飲酒，六、不抽煙不吸毒不嚼檳榔，七、不賭博不投機取巧，八、孝順父母調和聲色，九、遵守交通規則，十、不參加政治活動示威遊行。宗教信仰與實踐都可以運用在環保上。」（何日生 2012，265）

的回收、分類與循環利用、環保教育，也讓佛教走進社區與大眾。在 2015 年全台灣有 316 個環保站，有 8,626 個社區環保點。[20] 環保站吸引不同年齡層的志工來參加，從 3 歲到 104 歲都有，各行各業，各種社會地位的志工們也都有。「環保站是一個新的大家庭，能夠提供新的溝通方式，……能夠體驗心靈的提升。」（何日生 2012，254，272）這裡說的環保站大家庭，再次印證「家庭」對慈濟來說是提供心靈支持的所在，周轉大愛。

我們從環保五化或七化，還有日益蓬勃的環保站，可以看到慈濟如何帶動人們為環保付諸於行動。從以下的表格一中，更可以看出慈濟在回收逐年所做的實際貢獻：

綜觀慈濟的回收貢獻如下：

年度	環保站	社區環保點	環保志工	資源回收總重量（公斤）	紙類回收量（公斤）	紙類回收相當於 20 年生大樹
2006	4,500		57,097	152,362,067	84,080,873	1,681,617
2007	4,500		62,126	148,332,517	95,714,325	1,914,287
2009	4,500		67,246	125,561,560	72,920,943	1,458,419
2010	5,413		72,164	119,654,024	69,194,122	1,383,882
2015	316	8,626	107,070	100,051,876	50,608,230	1,012,185
2018	279	8,536	88,964	80,596,612	37,786,123	755,722

表 1 | 慈濟相關年度環保工作進展（來源：慈濟相關各年度年鑑）

---

20 「社區環保點」多由慈濟志工在自家社區某一定點成立，邀集住戶一起做環保，整理好回收物之後再送往「環保站」。譬如說台北市大安區的瑞安公園每週固定有一天鄰里的慈濟志工會去該公園分類整理回收物，捆紮後送往八德路的慈濟環保站。

　　從慈濟相關各年度年鑑統計，自 1995 年至 2018 年紙類回收總重量 1,400,142,302 公斤，相當於 28,002,847 棵 20 年生的大樹，意即透過回收總共挽救了 28,002,847 棵大樹。[21] 這對環境的貢獻是相當巨大的。

　　慈濟也曾補助台北，每週三晚間舉辦一大型回收活動，名為「星光下的約會」，期能激發更多人參與。有些志工甚至把一般公園整理成整潔舒爽的環保公園，使環保活動做得更為愉快。志工以往是從垃圾裡分類並找出可回收的物資，現今則能享受到綠色環境及更為愉快的園地。所有這些都是持續不斷努力整合社區，投入環保志業的明證。根據前環保署署長陳重信表示，慈濟對全國資源回收及減少廢棄物方面有相當大的貢獻（王一芝 2010，142-43）。環保站與回收中心已不侷限於台灣，在 2019 年，已經發展到其他 16 個國家了。[22]

　　慈濟賑災，是另一項主要工作，舉例來說，2008 年 5 月 12 日四川發生八級的汶川大地震，三天之內，慈濟已捐出四萬張毛毯，這些毛毯是由回收的塑膠寶特瓶製造的。[23] 他們還送出

21　50 公斤回收紙＝1 棵 20 年大樹（慈濟年鑑 2002，474）。

22　慈濟基金會表示，「慈濟將邁入環保三十週年，環保志工遍布全球，16 個國家在當地有環保站、回收中心（另有資料顯示，17 個國家學習慈濟回收模式，見結論）。透過研發將回收的資源再次循環使用……，最重要的是減少對地球資源的使用。」王志誠與周貞伶，〈聯合國氣候變遷大會 慈善環保力獲肯定〉，《台灣新生報》，12/10/2019，https://tw.news.yahoo.com/%E8%81%AF%E5%90%88%E5%9C%8B%E6%B0%A3%E5%80%99%E8%AE%8A%E9%81%B7%E5%A4%A7%E6%9C%83-%E6%85%88%E5%96%84%E7%92%B0%E4%BF%9D%E5%8A%9B%E8%A1%8C%E7%8D%B2%E8%82%AF%E5%AE%9A-160000985.html。

23　慈濟將回收的塑膠寶特瓶，應用科技抽絲再製成柔軟溫暖的毛毯來賑災。可能也是因為慈濟資源回收站與環保志工的努力，「當全世界寶特瓶回收率只有四分之一，台灣至少達百分之九十。」（釋德傅 2012，318）。

10,200 個救生包，總計有 60 噸重。基金會對於災難的反應非常快，總是在第一時間到達現場。特別令人印象深刻的是，慈濟是賑災當時第一家在現場將溫暖毛毯分送給災民的組織之一（林弘展 2008）。

這在 1990 年慈濟初將環保一詞落實到行動時，志工們約莫沒有想像到他們能把慈善事業的承諾與對環境的願景這兩項目標結合起來。

所有這些新志業和計畫都是直接來自於證嚴的話語。她曾在 1995 年歲末祝福立下新春三願：「淨化人心、祥和社會、天下無災。」[24] 受訪者鄭清媛援引出這三願連結到它環保上的意義：「整合你的身心來關懷地球，心靈就會得以潔淨。社區若能結合起來保護生命，社會就會祥和。當人們願意捍衛地球時，蒼天之下就不會有災難。」（12/20/2003）是以，這些訊息強調對地球的保護，也可以幫助實現和諧的宗教精神目標。

≫ 廣大迴響

慈濟從證嚴鼓勵大家用鼓掌的雙手做環保，回收運動開始一路蓬勃展開，於 2020 年迎來了三十而立之年。面對下一個三十年的新環保，慈濟基金會執行長顏博文說：「『不只是做回收』，未來的目標還在於地球永續、資源永續。慈濟將致力於『以經濟循環、精神循環來迎向資源永續；以清淨在源頭、簡約好生活來邁向地球永續之路』。」（顏博文 2020）經濟循環如塑膠寶特瓶

---

24 〈新春三願〉，《慈濟月刊》339 期，1/14/1995，https://web.tzuchiculture.org. tw/tpenquart/monthly/339/339c4-13.htm。

製成毛毯的創新，精神循環如證嚴始終強調的內心淨化到大環境淨化的宗教力量，都是值得持續關注的。

綜觀慈濟超過三十年的寧靜的社會運動，而論其特色，可歸於「心靈環保」。證嚴一開始就鼓勵大家去除心靈五毒，共創一片清淨的人間淨土；以至於後來的「心室效應」、「清淨歸源頭」等都是一脈承繼印順法師人間佛教的發展，帶來許多的貢獻已如本文前述，如使用環保碗、環保筷、環保杯成為日常生活方式，回收所拯救的大樹客觀的數目，志工在環保點、環保站做環保，而落實身心靈的安頓與成長等等，不一而足。

然而作為一個研究台灣宗教婦女環保行動的重要例證時，慈濟更提供了一個闡明人們是在什麼樣的動機下變成社會運動參與者的重要依據：婦女們參與環保，並發展出激勵其他成員的策略，這都顯示出她們是如何成功地依靠家庭和宗教來動員彼此。

與其將社會運動視為大規模的抗爭與異議，慈濟的例子顯示出它雖是一個民間組織，其力量卻堅定到足以倡議社會行動。大量的志工受到慈濟的

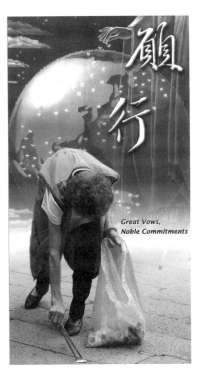

圖4｜慈濟海報：對慈濟人而言，回收的行為來自一份誓言，高貴的承諾（2001）。

Great Vows, Noble Commitments

訊息和工作的啟發，進入環保界中，使其備受關注。因此，研究慈濟宗教精神以及慈濟對女性的吸引力，不僅可以解釋為什麼這些社會運動會蓬勃發展，更解釋了慈濟活動的獨特性。慈濟從覺性上激勵其會員愛護地球、疼惜彼此，而且他們採取一種草根性的活動方式，由下而上，逐漸將無數的小的改變匯聚成大規模的轉變。

此外，用來詮釋社會動員的理論也必須能指認什麼樣的議題和緣由在參與者間引起迴響。慈濟案例的獨特性，在於訴諸於佛教覺性與在動員家庭和婦女為地球行動一事上的成就，這解釋了慈濟為什麼能在台灣社會引起廣大的迴響。

作者後記：

2022 年 12 月 22 日，有機會再度拜訪本章提及的慈濟資深環保志工林翠雲。此際，她已退休，將洗衣店交給了女兒女婿，全力以赴投入所喜愛的環保志業。目前的重心是做減塑（減少塑膠用品），他們最常用的口號是：愛護下一代，少用塑膠袋。她說：「三十年不改初衷做環保，餘生能一直為環保盡心力就很幸福！」

圖 5｜左為作者，右為慈濟資深環保志工林翠雲（2022）。

Chapter 3

為弱中之弱發聲：
關懷生命協會

一旦投入社會運動，雖非身處禪堂，

不自覺中仍培育了膽識，接近無我。

——釋昭慧（6/28/2000）

　　父權制度、男權至上和人類中心主義是當代社會中不易拔除的強大力量。尊重每一個人的價值，無論是男性或女性，是對自然界非人類個體建立尊重的第一步。大自然也有其權利，也許不是道德哲學家所謂的權利，但整體而言萬物都被認為有其固有的價值（Zimmerman 1995, 142）。

　　時至今日，國家和機構並不盡然都能尊重與保護個人的權利。是以，要說到動物與自然的權力就更是牽強了。然而，仍有許多人為此努力。他們認為有強烈需要來全面檢視權利的議題，包含人類與非人類的生物。如能開拓出這樣的觀點，以新的態度來對待動植物是很重要的。雖然生態女性主義倡議其主張可以解決生態正義，但仍有它的侷限性。Jay B. McDaniel 在 1990 年代初指出，我們必須檢視生態女性主義者對包容萬物的了解。他的疑惑如下：

　　　　從生態女性主義者的觀點，試問「公正」包含了動物嗎？「愛」包含了對動物的愛嗎？「對地球的愛」包含了對這些離我們最近的生物系種的憐憫嗎？生態女性主義者曾就上述幾點在網路上發表過意見嗎？（1994, 58）

　　生態女性主義行動派學者 Marti Kheel 也甚有批評。她指出整體而言，一般學界的生態女性主義者對非人類的生物關心不

足，也很少探討動物或素食議題；少數例外的學者是 Carol J. Adams, Greta Gaard, Lori Greun（2008, 20, 22）。

Marti Kheel 特別主張應對動物極盡關切，因為，就像人類一樣，牠們是大自然的一部分（2008, 1-2），應被視為無所不包的地球生態系統中的一部分。理由很簡單，McDaniel 說道：「深層生態學（deep ecology）如果忽視了如何對待每一個動物，就深得不夠。真正的深層生態學對於個別樹林與對整座森林是同樣有興趣的，對待一個點就像對待一個網。它將超越現今父權二元對立的思維。」（1994, 57）（二元對立思維討論見於本書第一章）這正是生態家庭者所倡導的生態整體主義，應該重視的是整個地球生態系統，要讓多元主體共存，而且不同生命主體，包括非人類動物，也能和諧相處。

有關「動物權利」的概念原是西方意識形態的一部分，比如西方著名主張動物權利的倫理學家 Tom Regan 就指出非人類動物具有權利，因為動物具有「本有價值」，且有作為「生命主體」（subject-of-a-life）的特徵（Regan 2004, 243）。[1] 具體而言，動物權意味著動物具有兩大基本權利：受到「尊重對待」的權利，以及「不受傷害」的權利（釋昭慧 Shi, C.H. 2016）。雖然這是在文化全球化之下引介而來的西方思想，但這個概念並不是完全的異

1　Tom Regan 不同意哲學家 Immanuel Kant（康德）把擁有權利的無上價值建立在實踐道德的理性與自由上；如此將會排除某些還不具有、或缺乏這種理性與自由的人類，比如嬰孩或智障者等。Regan 主張凡有「生命主體」，即擁有信念與慾望、感知、記憶與未來感……的存有，便有一種崇高的價值，並進而能夠擁有權利。這就將康德所沒有包含的人含括進來，還能包含將非人類動物，甚至為動物權利找到根據（蕭戎 2011，46）。

數，且與傳統中國思想相呼應（Yang 2010, 131-32）。二千年前，儒家學者就隱含了對動物的關懷。舉例言之，孔子說：「子釣而不綱，弋不射宿。」（《論語・述而篇》7:27）[2] 同樣，哲學家孟子諫梁惠王：「數罟不入洿池，魚鱉不可勝食也；斧斤以時入山林，材木不可勝用也。穀與魚鱉不可勝食，材木不可勝用。」（《孟子・梁惠王篇上》）雖然這兩段文字的原意是儒家在訂定政綱與國家政策上需要個人應有的陶養——孔子談的是君子之行，而孟子所言則是國君如何吸引人民來到他的國家，但是其中亦可見儒家式的「生態智慧」，啟示人可以從自然界獲取生存資源，卻不能傷害滅絕物種，這也是我們保育自然資源不可忽視的觀念。

佛家，傳統上也是對動物慈悲為懷，人類學家 Robert Weller 指出，「眾生平等」這個思想連結到佛家禁殺生，在中國虔誠的佛教徒誓不食肉（2006, 31），反映出佛教悲憫眾生的重要理念。[3]

傳統中國雖然意識到保護動物的需要（詳見 Tucker 及 Berthrong 的書，1998），當今的作法卻非常不同，中央研究院生物多樣性研究中心曾指出，台灣每年消費 790,000 噸的海鮮類，在世界排名第十二位，而其人均總消費量排名第四（張瓊方 2012，94）。以台灣總人口數來說，這個數據是很帶警訊的，因

---

2 「子釣而不綱，弋不射宿」：孔子釣魚，不用大繩繫住網來捕魚（用魚竿釣魚）；用帶生絲的箭來射鳥，不射歸巢栖息的鳥。這些行動都是孔子心懷仁德，主張取物以節，不濫捕濫殺鳥獸動物。

3 「慈悲」是佛教重要的教義：慈愛眾生並給予快樂，但亦同時憐憫眾生並拔除其苦。我們了解，每一個有知覺的個體都渴望擺脫痛苦。因此，對佛教徒而言，追求免於痛苦的自由是宇宙中每一個生物的本能，故佛家有禁殺生的來由。

為濫捕魚類產生環境危機。

　　動物福利在台灣社會不被看重的另一個原因是，一般百姓飲食會以瀕臨滅絕的稀有動物來進補。[4] 傳統中藥藥劑師以虎骨來治療關節炎等關節疾病，犀牛角用於治療發燒、癲癇、譫妄等症；並以熊膽膽汁來治療多種疾病。針對這些處方，立法院在 1989 年通過《野生動物保育法》，並在 1994 年修訂，反映出對於進口犀牛角的譴責以及國內環保主義者努力遊說的結果（Ho 2010b, 299）。

　　關懷生命協會（Life Conservationist Association, LCA）在台灣保護動物不遺餘力。[5] 當時是由釋昭慧法師與悟泓法師、基督教盧俊義牧師、天主教王敬弘神父與台北延平扶輪社吳武夫、賴浩敏、張章得等社友於 1993 年元月成立。[6] 關懷生命協會有與基督教、天主教的合作，卻不是一個正式的宗教組織，但是大部分會員是佛教徒，還有一些基督徒以及一些非宗教界的環保專家。所有會員的共同關懷就是保護動物。該協會發起者兼董事長（1993-1998）釋昭慧法師說：「佛教與政權或財團應保持一定距離，並拋開不同信仰的成見，而與其他宗教攜手合作，為『悲憫

4　雖然傳統中醫仍然使用瀕臨滅絕的稀有動物作為藥材，但這種做法近幾世紀以來已逐漸減少。甚且，現今大多數的中醫師拒絕使用瀕臨滅絕的稀有動物入藥。舉例來說，中國醫藥大學已設法在藥材中使用可替代動物的藥材（陳仲嶙 2001，26-27）。

5　悟泓法師在 1993 年至 1999 年期間擔任關懷生命協會的秘書長。在 1999 年他另成立一保護動物的組織「台灣動物社會研究會」，以推動「人與動物、環境和諧互動」為宗旨。這也是一個努力推動動物保護的團體，欲了解更多相關資訊，可參看其官方網站 http://www.east.org.tw。

6　釋昭慧法師的全名，就跟中國佛教出家人一樣，包含了她的姓，釋，是佛家中的宗系。同樣的，其他幾位關懷生命協會的領導法師都喜歡被稱為「釋」。

眾生』的共同信念，結合而成為『社會正義代言人』的第三股力量。」（1995, 213）

關懷生命協會創立之後，即從各方面致力於愛護動物的社會教育，更重要的是要求對現行動物福利法規進行根本性的轉變。

以身為台灣第一個動物保護組織，關懷生命協會向政府層級大力推展動物保護運動，呼籲人們對動物給予人道待遇，雖然是在佛教的理念基礎上建立的，但它較少做個人的開悟，而是在於促進和執行保護動物的立法。與佛教慈濟基金會相比，關懷生命協會規模小多了，從 2019 年至 2021 年，三年平均關懷之友約 400 人。[7] 他們在創會與政府機構之間的關係緊張，後來較常與地方政府合作。

❯❯ 起源和思想基礎

昭慧的社會運動是從 1992 年的「反挫魚」開始。這是在挫魚場流行的一種娛樂。這個遊戲在當時台灣形成風潮很受歡迎，有些父母親還把它當成娛樂，甚至鼓勵孩子們去玩，因為他們認為挫魚除了好玩，說不定還可以轉移青少年沉溺於電動玩具的習性。昭慧覺得這種遊戲毫不體會魚兒的苦難，非常殘忍，等於是公然虐待魚兒，把自己的快樂建築在其他的生命上。

昭慧找了一些佛教法師、居士及其他有影響力的人士一起聯署「反挫魚聲明」，並召開幾場記者會，表達抗議。這個「反挫魚運動」得到廣泛的各宗教、藝文界、媒體與民眾的支持，時任

7　傳法法師表示：「關懷生命協會近三年平均捐款人數，約 400 人。捐款人（含會員）通稱『關懷之友』。」（電郵通信 1/26/2022）。

行政院長郝柏村先生順應民意，指示嚴格取締挫魚業，因此逐漸平息了挫魚風潮（參閱關懷生命協會簡介）。從那時起，昭慧法師開始注意到台灣動物悲慘的處境，越來越投入改善動物的對待，並隨後成立關懷生命協會，是台灣第一個保護動物的社會宣傳團體。她撰寫有關人類與動物關係的系列文章，重新定義傳統台灣對待動物的觀念。她對動物保護的支持代表了「當代台灣第一個從宗教觀點，表達對非人類生物的公開關懷」（Lin, Y. 1999, 234）。

在宣導反挫魚的過程中，昭慧同時發現如果沒有立法的根據，該運動的影響力無法持久，去挑戰任何一家成功企業是否本著良心做事是很困難的。那些經營挫魚生意的有誘人的利益，有

圖6│協會結合動保團體成立「搶救公立收容所流浪動物行動聯盟」，發起十萬連署運動，籲請政府即刻改善公立收容所（2002）。

時候一個月約有 40 萬到 120 萬台幣的利潤。昭慧認為她無法說服那些人為了道德良心來放棄這樣的利益。

　　1992 年昭慧法師協助連署法案，在營業上如有虐待魚類將依法罰鍰，這法案的作用像是心理上的威懾，它讓這些商人覺得自己好像是觸犯法條了，最好小心不要再犯（釋昭慧 1996a，75）。自此，昭慧學到經驗，利用立法程序加上傳統道德壓力來確保動物福利法的成功執行。

　　關懷生命協會推行動物保護運動最主要的動力來自於昭慧法師信奉的佛教，尤其是佛教的基本義理——緣起論（the law of dependent co-arising）（Macy 1991a, 25-27；Schoening 1995, 214-26）。這是指共生的概念，眾生之間的相互依存，有生命的世界也因此而構成一個整體（Devall 1990, 162）。昭慧法師在她的著作《佛教倫理學》裡，深刻地闡述了緣起論的相關性：

　　　　是同為空間的一切法——物質、心識、生命，看似個別獨立，其實都是相依相存的緣起法。既然必須是依托因緣，才能產生現實的存在，這就使得人與世界、人與人、人與動植物，乃至人與無生物之間，結成一個綿密的網絡。……既然都如此密切相關，自然會升起或多或少的同情。……由此而產生親愛或關切之情，甚至擴充而為與樂或拔苦的慈悲心行。（1995, 76）

　　這就是緣起與慈悲的關聯。是以，眾生都需要互相關聯與關懷，不預設在同一家庭、同一區域、同一族類……等範疇才能發生，所以佛教有以慈悲為本的人生觀，也有「無緣大慈」的胸懷。

而「緣起論也適足以作為『護生』心行的最高倫理原則。」
（1995, 80）若「緣起」是根本義理，「護生」則是根本精神，一
種倫理精神的實踐。在萬物都彼此連結之際，至少要避免彼此傷
害，即使其中一位受到傷害，其他所有也直接間接地受到傷害；
就像珍珠項鏈中一粒珠子滑落，就整串散落。因此，現世即或不
能改變弱肉強食的問題，也要相對的改善非我同類的處境，使得
生於弱勢的生命相對滋生善念，得到善的循環。也因此，一個佛
教教義中有兩大要點：緣起論與護生觀。當護生的實踐者從與眾
生相依相存關係的共同意識轉強，過程中就擴充了慈（利樂眾
生）、悲（救濟眾生）的心行（1995, 62, 79）。

昭慧對佛教倫理的討論過程中，也普及「眾生平等」（great
compassion for all）。[8] 這一句話，以至成為台灣許多動物保護活
動的重要口號。她所謂的「眾生平等」是主張生命均有感知能
力，應平等尊重生命的苦樂感知，以及其離苦得樂的強烈意願，
所以每一個生命都值得關懷。換句話說：「命命等值。沒有那個
卑微的生命必須成全那個尊貴的生命；這種生命尊卑的階級意識
提不出任何道德上的理由，它只能解釋生態環境裡弱肉強食的現
象。」（1996b, 269）昭慧適當地諄諄教誨大眾理性的思考，也藉

8　昭慧法師說明「平等」原是佛經用語，日本依此以對譯英文之 equality。在佛
法中的「平等」有三種層次：眾生平等、法性平等、佛性平等。而眾生平等之
要義為生命均有感知能力，應平等尊重生命的苦樂感知，以及其離苦得樂的強
烈意願（2007b）。眾生平等一般翻譯為 Existence being equal, all creatures are
equal 等；我認為英文亦可用 great compassion for all 來表達，因為平等尊重不
同生命的苦樂感知與離苦得樂的意願，根本上就有「悲憫眾生」，或「對所有
眾生有無量的悲憫情懷」的意義在內，故依上下文「眾生平等」英文用 great
compassion for all 來表達。

著立法來加強對動物的保護。她之所以這樣做，不但反應了她的經驗學養，同時希望民眾藉由不同管道激發出憐憫之心。

如果閱讀昭慧著述或聽其演講，可以歸納她常把握住的三個原則。首先，就是方才提到的「眾生平等的精神」。昭慧常提醒大家，同是生命，同有好生惡死的本能，同樣會呼吸、會玩耍、有感情、有知覺情緒，有感覺痛楚的神經系統（1994, 12）；卻沒有選票、不會說話、不能抗議示威，算是弱者中的弱者，可是難道牠們不應該有屬於牠們的權利嗎？（1996a, 182）昭慧的主張比較接近 Peter Singer——人應將道德主張擴大到動物身上，平等對待動物。任誰只要了解到動物與人一樣會感受被宰殺、虐待的痛苦，就足以構成平等對待動物的理由。昭慧認為這是最接近佛法之慈悲或「護生」精神的（2002a）。

人類對動物的道德有以上的討論，昭慧法師也談到動物權與人權的關係。她說：

> 一個不重視動物權的社會，人權也會被漠視。試想：只為我們的口腹之慾，雞鴨豬牛就必須犧牲牠的血肉之軀，那麼為了我們更大利益與權勢，我們是不是也可不惜踩在弱勢人群的頭上，壓榨他們的體力呢？如果我們對同為人類之奴隸、戰俘、婦女、原住民的一切心酸苦難，寄以不忍之情，而認真想到「人權」的問題；那又如何能解釋自己對同為生命之種種被囚禁、被虐待、被肢解、被烙印、被閹割、被殘忍屠殺的弱勢動物之心酸苦難，可以視若無睹？（1994, 12）

昭慧法師因此主張若要落實人權的觀念，就從邁開尊重動物

權的一步開始，這也算是一種由易而難的訓練，以期達到自己與宇宙萬有同體一如的「同體大悲」的境界。

第二個原則是「合乎中道的法則」。什麼是中道呢？中道就是「在現見所及的諸多因緣裡，要找到相對最好的方式來解決問題」（釋昭慧 1996a，86）。這是順著以上的第一個原則而來的，如果眾生平等，為什麼人類要宰食動物？根據昭慧的說法，人不應期待每個人的選擇都是百分之百的正確，但是反省力足夠的話，自會取其中道，努力追尋，至少對得起良心。換句話說，在各個不同的環境下，我們應盡可能選擇相對來說比較好的方法來解決問題。

對她來說，現代人食肉的本性，本身就已經讓自己偏頗，做困難的決定需要睿智。昭慧說人如果不受自私驅策，一般來說，都會按中道（Middle Way）智慧行事。[9] 舉例來說在路上遇見流血的一頭牛和一隻流浪狗，如果只能救其中一個，你會救哪一個？養一隻老虎對嗎？牠屬於稀有動物，但如果是要殺許多牛去餵老虎呢？（1996a, 87）這些都是很難的問題，但是我們都無法抉擇，只因為我們們沒有一分為二的答案，當代任何進退不得的狀況都沒有最好的解決方法，逼得我們只有選擇不算最好的解決方式。這是智慧，也是「兩害相權取其輕」。

第三個原則是「尋求正確的態度對待動物」。人類依照利用目的，將動物分為經濟動物、同伴動物、實驗動物與野生動物

9　中道是佛家最重要的信條之一，可以從很多方面來解釋，佛陀身體力行這個觀念，在極端禁慾和放縱之間，他過好自己平衡的生活。佛教大乘學派的主張，對這一概念有更深刻的理解，它處理現實的本質，避免極端化和虛無主義，才能感知現象的本質。

（釋昭慧 1996b，265）。就關懷經濟動物而言，昭慧明白不可能期待每一個人都成為素食主義者，有時是為了營養及經濟目的需要肉食，進食動物。或將動物用在醫學實驗上，或以動物來賺錢。我們都應該時時懷抱慚愧之思，因為任何動物，不論種類，都有趨生畏死的本能。如果我們不能幫助牠們存活，那至少我們不應讓牠們死得那麼痛苦（1994, 22）。

秉持這些原則，關懷生命協會勸導民眾不要在生活中食用過多肉類。最好在每日個人的餐食中盡量加入蔬菜。2005 年他們推出一項針對素食推廣與論述的出版品：Michael Allen Fox 教授的《深層素食主義》（*Deep Vegetarianism*, 1999），讓中文讀者能從各方面認識到：「素食有理！」比如素食可以使人體認到自己是大自然的一部分，而非優越於動物與自然界整體，這有助於我們超越人類中心主義的框架。當時關懷生命協會與首都文教基金會共同推廣「一日一素」，鼓勵全民連署響應「一天最少吃一頓素食」，身體力行減低肉食量。可惜這活動並未受到廣大認同，持續不到半年（「歷年大事紀」8/4/2007）。

在實驗動物關懷方面，昭慧曾寫過一篇文章〈還有別的方法嗎？〉她提出高中生解剖活體青蛙這件事（1994, 42-44），生物課時解剖還在麻醉中的活體青蛙。昭慧質疑解剖這個動作是否為必要，如果為了教育的目的，一定要解剖，老師應提高學生尊重生命的意識，讓學生明白青蛙本能上會爭取生存及自由，應該溫和地對待青蛙，不要讓牠們受苦。她也建議可用電腦模擬取代實體解剖。其後在 2003 年，關懷生命協會促使教育部修訂高中生物課程標準，將動物實驗由必修改為選修。同年舉辦「高中生物教師研習營」，探討活體解剖之必要性並宣導使用虛擬光碟等替

代教材。2007 年研發「高中青蛙解剖替代教材」，舉辦五次座談會，研擬適合台灣高中生使用的青蛙解剖替代教材（釋傳法 2003）。

除了關懷經濟動物與實驗動物，關懷生命協會亦疾呼人們不應對同伴動物殘酷，要求實施晶片植入與犬籍登記，以免飼主一旦不再喜愛或視其為無用，即討厭、棄養、殘忍對待之。對於無主流浪犬，協會主張終身收容、絕育、送養，並譴責政府非人道處置流浪狗的方式，並說服環保單位改善收容環境及捕犬技術。舉例而言，政府花錢請的捕犬人員，用鐵箍套進流浪犬的脖子，捕狗過程中，常會讓狗狗嚴重受傷。經過許多人及關懷生命協會的會員表達關切，反對這樣粗魯的作業方式。捕犬人員的工具開始改用較為友善的塑膠包覆的材質。2009 年為了流浪貓犬的安

圖 7 | 協會主張有主家犬應植入晶片並登記犬籍（1997）。

全問題，關懷生命協會推動「禁止製造販賣獸鋏」的社會運動。由於五金行的獸鋏價格低廉，民眾濫買濫放，流浪的狗貓一踏到獸鋏就變成缺肢的小狗／貓咪，非常殘忍。「2011 年 6 月 8 日，《動保法》修正案三讀通過，禁止任何人任意製造、買賣、陳列或輸出入捕獸鋏，為反捕獸鋏運動跨出重要一步。」[10]

　　而最令人沉重的呼籲是當昭慧寫到，在 1994 年，為了保護水源與環境，政府決定坑殺十餘萬隻鴨。這十餘萬隻的鴨被活活掩埋在南台灣的高屏溪沿岸，昭慧將此非人道酷刑比喻為 1937 年至 1938 年間南京大屠殺，以致成千上萬的中國人慘死。她說，即使無法避免處死這些動物，我們無法對牠們淒厲的叫聲掩耳不聞。由於牠們不再有經濟價值，所以牠們瀕死時幾乎無人協助。她呼籲即便需要處置一隻瀕死的動物，都應該用較有尊嚴的方式來處理（1994, 81-82）。昭慧在此用她的筆作感性的訴求，來融化人心，讓人能以同理心體會動物被虐待及屠殺的苦難，而反思應該如何以正確態度對待動物。

　　昭慧相信動物和人類一樣都有天賦的權利和感情，如果我們罔顧動物的痛苦，我們也會同樣無視於別人的痛苦，甚至家裡的幫傭、女性、原住民、其他現實社會中被剝奪權利的人及弱勢人們（1994, 12）。綜觀昭慧法師的佛學學理博大精深，在動物關懷上的理論可見其智慧的主張，即是如果人能悲智雙運（悲憫眾生的胸懷，智慧的選擇合乎中道的方法），我們就可克制以經濟利益或娛樂價值來看待或虐待動物的藉口，尋求用比較正確的態

---

10 〈【主題倡議】禁止製造販賣獸鋏〉，關懷生命協會，6/9/2020，https://www.lca.org.tw/en/node/7667。

度來對待動物。

》組織結構與活動

　　關懷生命協會的目標有三：教育宣導保護動物，立法推動與行政監督，並倡議免害動物。**首先，教育宣導保護動物**。包含出版雜誌、書籍、及其他教材，來教育台灣民眾。目前關懷生命協會發行的《台灣動物之聲》已達第 69 期（2022 年刊），流通範圍廣達兩萬份，在許多城市的大書店裡都設點販售，並有《台灣動物之聲電子報》已達 438 期（至 2022 年 6 月）。這些免費出版品使民眾對台灣和世界其他地區的動物保護運動相關活動有了極大的認識。

　　關懷生命協會也製作了影音出版，如 1993 年出版首部台灣經濟動物紀錄片《生命的吶喊》，關懷豬雞等經濟動物的一生，呼籲消費者改變飲食習慣。1996 年出版台灣動物紀實影片《卑微的沉默》，片中記錄台灣流浪狗的悲情及馬戲團裡野生動物遭受的奴役與虐待。2012 《改變世界的選擇》由世界農場動物福利協會（CIWF）授權製作中文版，引導孩子們了解農場動物所遭受的不合理待遇。

　　關懷生命協會出版並翻譯國外重要的動保書籍。在哲學界與動保界最著名的兩本專書為 Peter Singer 教授的「動物解放」理論與 Tom Regan 教授「動物權」理論。1996 年協會出版 Peter Singer 的名著《動物解放》（*Animal Liberation*）。Singer 的主張建基於「平等」，因為人與動物都同有感受痛苦的能力，所以尊重動物的生命最重要的具體表現是「不讓動物受到痛苦」。在 2016 年也出版了 Tom Regan 的名著 《打破牢籠》（*Empty Cages*）。

Regan 的基本思想已於本章初始及注釋 1 提及，它並提出捍衛動物權理念的「教戰手冊」。昭慧本身也有佛教理論與實踐的相關著作十幾本（參見書目），她同時也在《民眾日報》、《台灣時報》更有長期專欄撰寫環保相關文章，並發表多篇國際會議論文。

　　除此之外，關懷生命協會也在教育方面多所努力，舉例來說，在台北市立動物園裡舉辦「愛護動物親子嘉年華」，喚起孩童們愛護動物的情操（釋昭慧 1996 a，186）。2008 年至 2012年，於全台北中南東各區辦理超過 300 場動物保護教育培訓營。受到廣大迴響的是關懷生命協會自 2016 年建立「動保扎根教育平台」，在國小中年級、高年級組舉辦關懷動物文學獎（2022 年進行至第三屆），2021 年舉辦【同理及關懷】經濟動物及動物展演教案競賽，得獎教案將於幼兒園、國小、國中、高中校園中辦理，這些項目皆致力於以活潑的方式在學校各級學生做動物保護教育的推廣。[11] 在以上不同的教育型式宣導動保議題中，無論是出版品的呈現或教育活動的內容，都可以看出關懷生命協會以創意提供不同的策略，嘗試把「愛護生靈」的觀念深植人心。其方式則有時柔和如教育引導，有時激進如促進政策改變。

　　關懷生命協會運用比較激進的策略，是長期在社會與政治層面提出動物保護的質疑與挑戰來達到該協會**第二個目標：立法推動及行政監督**。在法案的推動成功首推 1994 年 10 月三讀通過的《野生動物保育法修正案》，這是關懷生命協會結合其他環保及生態保育社團共同制定的版本。「這個民間版法案竟然取代官方

11　〈2021 年【同理及關懷】經濟動物及動物展演教案電子檔，歡迎下載！〉，關懷生命協會，動保扎根教育平台，3/24/2022，https://awep.org.tw/latest-news/963-2021.html。

版而在立法院獲得通過，
這是台灣社運史罕見的先
例。」（釋昭慧 1996b，
271）昭慧法師是關懷生
命協會的創立者並擔任第
一、二屆的理事長（1993-
1999）。2000 年在我第一
次訪問昭慧法師時，我請
教她在長達六年的理事長
任內中，她認為自己最大
的成就是什麼，她特別提
到以下兩個事件：

圖 8｜關懷生命協會杯葛馬戲團的一張海報
（1997）。

第一件是台灣新象文
教基金會在 1995 年引進
「歐洲大馬戲團」表演，
關懷生命協會與二十幾個
保育團體聯署抗議。1997 年新象又引進「美國環球大馬戲團」
表演。本來在 1997 年九月、十月有多場演出，但是關懷生命協
會帶頭抗議馬戲團來訪，他們認為把動物用來娛樂人是不道德
的。況且，這些馬戲團的動物在馴獸師及團主的手下吃足苦頭、
受盡虐待。關懷生命協會經由媒體向大眾揭露馬戲團虐待動物的
內幕、並宣導拒看馬戲等理念。結果是讓花了大把錢宣傳，也做
了萬全準備的馬戲團，得到的結果卻是鮮少民眾去看馬戲，門票
銷售慘淡。關懷生命協會也因此受到來自台灣和世界各地社會團

體的支持與喝采。[12]

事實上，關懷生命協會在法律、制度與文化教育三個方向同時並進，展開反馬戲團運動。教育方面，關懷生命協會對民眾宣導拒看馬戲團：「歐美各國都有嚴厲的法律管制馬戲團」，而「馬戲團的新趨勢是沒有動物表演的馬戲」（關懷生命協會〈馬戲團Q&A〉1997）。推動立法的結果是 2007 年《動物保護法》修正通過，禁止任何馬戲團以野生動物來做表演。任何人凌虐動物將被拘捕且判刑一年（釋昭慧 2007a）。

另一件大事，昭慧回想起來，是在 1994 年，農委會舉行動保法草案第一次起草委員會議，她正好受聘為《動保法》起草委員之一。那時，某財團希望能在台北關渡或社子建立一個賽馬場引進賭馬遊戲，還與市政府相唱和，志在必得。昭慧站在保護動物的立場強烈抗議，聲稱賽馬的馬匹受非人道訓練導致百分之七八十骨折，其藥物濫用品也會讓動物內臟出血。這些對待動物的劣行還包括：如果馬匹的表現未吸引到足夠的賭金，其下場就是遭致殘忍宰殺。財團老闆及市府官員對於釋昭慧的強烈反對，大罵「出家人外行」、「馬本來就是要跑的，不讓牠跑才是虐待動物」。

關懷生命協會以行動回應，他們就現任及有可能成為立法委員的名單展開一項調查，確認哪些人支持或哪幾位反對賽馬合法

---

12 當關懷生命協會發出一則國際警訊，世界各地的團體都提供支持，其中包括台灣的地球聯盟協會（The Earth Council Alliance）、台北野鳥協會、大猩猩基金會、環境品質文教基金會。海外則有世界保護動物協會、防止虐待動物皇家協會（香港）、表演動物福利協會，以及動物保護、動物援助、動物捍衛者主張人類應以道德規範對待動物（Van Papendorp 1996）。

化。會員將這些委員的的特定立場向媒體及宗教組織公布，希望民眾能覺察到他們選區委員的立場。關懷生命協會，希望將賽馬當作一個政治議題，激發公眾輿論反對其合法化。

此外。關懷生命協會串連 60 多個社會團體，炒熱此一議題，引發大眾關注，並發表反對賽馬的聯合聲明。活動的設計在於反應多方觀點，包含環保、保護生命、經濟、社會福利、城市交通、社會習俗、以及大眾安全。該運動喚起廣泛的社會關注。其結果是民眾的意見轉向關懷生命協會的主張，給立法委員造成很大的壓力，最後與關懷生命協會的要求達成協議（釋昭慧1996a，172-75）。之後不久，台北舉行市長選舉，當選的市長完全贊成昭慧的主張禁止賭博性動物競賽。終於在 1998 年，關懷生命協會戰勝賽馬遊說，立法委員屈服於一群「非專業的出家人」。最後 1998 年 10 月 13 日，《動保法》三讀通過，其中第十條禁止作動物的賭博性競賽——「反賭馬條款」，竟然順利過關了。因反賭馬條款的通過，台灣成為世界第一個透過民主立法程序而禁止賭馬賭狗的國家。昭慧法師欣慰這是台灣政治解嚴後，社會運動的又一次重大成就。昭慧將此一重要里程碑歸功於她的同僚，如協會秘書長悟泓法師與辦公室主任陳玉敏等五年多來的奮鬥，以及各種社運界以及學術界與媒體的聲援支持（1998a，257）。

關懷生命協會的**第三個主要目標是倡議免害動物**。關懷生命協會對於違反該會組織基本精神的公共行為，一定會採取防止措施。舉例來說台北的國父紀念館旁有一個翠湖，因修繕的需要，需移走池裡的魚。主管當局決定辦一個公開「市民公園親子捉魚趣味競賽活動」，讓參賽者走入池中徒手抓魚，這項比賽預計在

2000 年 6 月 18 日舉辦，可有 300 人同時入池。

　　佛教釋傳法法師自 1999 年起即擔任關懷生命協會的秘書長，當時她也是台北市政府致力於動物保護的 20 位顧問之一。釋傳法注意到處理這些魚的方式缺乏專業訓練，又將活動稱為「競賽」更是反映出對魚類缺乏了解，於是關懷生命協會即刻要求國父紀念館不要執行這項活動。館方表示取消活動有困難，但為表示善意，將名稱改為「愛護翠湖：認養水族帶回家照顧活動」。根據關懷生命協會的觀察，這只是換湯不換藥，所以他們決定當天在國父紀念館門口採取抗議行動。

　　最後，在經過許多次的溝通之後，活動主辦人同意撤回這個民眾活動案，改以館方工作人員下池捕撈，再請民眾領養。傳法法師最後應邀上台致辭，感謝館方察納雅言的胸襟與尊重生命的表現，並呼籲民眾應有正確的放生觀念。[13] 昭慧法師指出，這事件給關懷生命協會及其動物保護活動相當大的曝光度，讓民眾知道對待動物需要纖細敏銳。關懷生命協會因為勇於導正視聽，在動物保護方面建立起很好的聲譽（6/28/2000）。

　　在反對娛樂動物的議題上，關懷生命協會與其他動保團體持續關注運作。比如 2014 年河馬「阿河」原為天河牧場的展演動物，後因不當運輸與管理而跳車死亡，當時這事件引發大眾關注動物福利議題，進而促成 2018 年立法院三讀通過《動保法——動物展演規範修正條文》，展演動物的權益與福利因此獲得進一步保障，這也是台灣的重要動保成果。[14] 昭慧法師相信社會運動

---

13 〈動物戲謔〉，取自《台灣動物之聲》（2000b, 23: 28）。
14 取自〈好消息！「動保法——動物展演規範修正條文」今（22）日三讀通過！〉，台灣動物社會研究會，5/ 22/ 2018，https://www.east.org.tw/action/8304。

是一個改變的工具。對她來說一個成功的社會運動要就大眾被誤導的認知行為，提出解決的辦法，而且知道如何減少可能的抵制，最後能使民眾的行為得以導正。「我們的動機不在於拉很多人信佛教，我們希望援救動物的各樣事情能夠完成，事情完成怎樣有利，」昭慧說，「就用什麼方式做好，不拘泥我們是否要用很強烈的宗教形態出現。」（1996a, 84）其結果是，使得更多不同宗教背景的人認同並加入關懷生命協會，以人道待遇共同關懷動物。

培養人類的憐憫心並學習疼惜弱者，能使保護動物成為一個議題。昭慧辯解為弱勢中的最弱者發聲，不表示側重動物的保護而輕忽了人類的權利。那是對過於強調人類是星球中最重要的族類，所謂的人類中心主義作的挑戰。然而，面對這樣的挑戰，昭慧所做的動物倫理反思與西方所謂的動物權利並不完全一樣。西方的動物權利，根據昭慧的說法，是從形上學和道德義務的角度出發。

兩位著名的西方動物保護哲學家，倡議動物解放的 Peter Singer 及提倡動物權的 Tom Regan，都主張動物有免於痛苦的基本生存權，因為動物有 Perter Singer 所謂的「感知能力」與 Tom Regan 所謂的「本有價值」。前者提醒人們應將心比心，同情跟人一樣有畏死避苦天性的動物；後者提醒人類應該尊重動物生命的本有價值，有義務不傷害牠們。儘管人類已窮盡所能了解動物展現的品質、潛能或能力，但是動物仍具有不容否認的權益或內在價值（Wolfe 2003, 53）。昭慧雖然欣賞他們在哲學上的探索，但她的護生精神仍主要來自於佛教教義的「緣起論」，意思是說所有生物之間彼此相互依存，一方受苦，八方支援。人類應該善

待萬有眾生，並依「中道」原理，為動物創造出「相對最好」的條件，以爭取其免受傷害。

》 社會運動

　　三十年多前的台灣，社會運動方興未艾，但發展卻未臻成熟，處理動物保護議題也不若環保運動那麼嚴謹，當時台師大環境教育研究所王順美副教授說道：「以一個基督徒而言，當我在電視上看到佛教關懷生命協會激烈的抗爭活動，記者很少報導他們這樣做的原因。所以一般人會認為關懷生命協會對許多議題都持負面看法，他們是一個專門製造麻煩的組織，造成這種印象是很不幸的。」（9/8/2000）這是持平之見。

　　其實關懷生命協會社會運動的重要任務之一就是持反對意見的一方，揭露不當獲取社會利益者。正如釋傳法所言，那些反對環保運動的通常是攫獲暴力的企業財團和某些政府官員，而一般民眾迷眩在這些金融集團的營銷和官員的宣傳手段中（7/3/2000）。換句話說，社會運動是為大眾守護權益。關懷生命協會為大眾提供知識並且敦促民眾挑戰自己既有的定見。

　　街頭抗爭即是最常見的策略之一，這在幅員較小的國家是特別有效的，很快就能吸引廣大的注意。可是沒有廣泛的社會覺醒，問題還是攤在那裡。釋性廣法師提出：

　　　　除非必要，最好是避免抗爭，但如果實在沒有辦法，需要吸引媒體注意儘快造成社會改變，也只好這樣。但最好不要總是那樣的層次，能夠避免抗爭最好，因為它有時會造成敵意和衝突，於事無補。（6/30/2000）

一位受訪者林江鴻說到，抗爭，應該是其他方法都嘗試過以後的最後手段（7/5/2000）。另一種說法，曾經是關懷生命協會會員的蘇珀琪則相信抗爭是非常重要的：

> 如果你深信一個議題，你應該挺身而出表示你支持該議題，甚且，你應該挺身而出表達你對該議題的全力支持。（6/26/2000）

在動物福利保護團體中，抗爭的使用並非沒有批評者，但這

圖9 │ 針對野生動物，以「拒吃拒買拒養」的三拒運動，獲得民眾之踴躍呼應（1994）。

也是一種提高關注並向立法者施壓，以推動立法的可行方法之一。

大多數台灣人不會否認社會運動是有益處的，但實際在社會運動中，有些行動會有相當爭議性。比如說社會運動主辦單位有意設法改變人的價值觀與行為規範，但是不幸的有些社運領導者有時會在過程當中遭受到抨擊。因此，看起來悲憫和理智的菩薩之路，有時也會與社會運動相衝突。但是關鍵在於讓個人關係和感情服膺於運動的宗旨，而非另有意圖。舉例來說，「當你在禪宗寺廟中冥想時，你必須將貪婪、怒氣、和世俗的罣礙通通除去，以增進你的膽識，更為接近無我。可是當你一旦投入社會運動，雖非身處禪堂，不自覺中仍然培育了膽識，接近無我。」（釋昭慧 6/28/2000）同樣地，釋性廣法師亦說道：

> 當我們從事動物保護活動時，我們總會遇到不同的挫折與阻礙，但是如果你有一顆修行的心，這些狀況就不會引起你嚴重的情緒波動。舉例來說，從事動物產品製造業的人會罵你，說些難聽的話，但你不必回應，面對人間也是修。我覺得這是最能修身養性的方法，它不像坐在禪室裡告訴自己不要生氣。端看心中是否有佛法，幫助你在現場克制自己的情緒。（6/30/2000）

釋性廣，也是一位佛教女性法師，1999 年至 2005 年間曾擔任關懷生命協會理事長，認為社會運動能改變民眾的思維與行為。她說，關懷生命協會不斷嘗試告知民眾，人的利益不是最重要的前提。動物保護團體幫助民眾覺察到所有生物共同擁有這一

星球，每一種生物都一樣寶貴，而動物，也是有權力的。因此，這些保護動物的社會運動能夠對社會意識產生深遠的影響，並對動物培養出善良和尊重的情感。在談到動物保護時，她常會分享一些佛教的故事。舉例如下：

> 釋迦牟尼有很多世，有一世，他是一隻猴子，生活在群山之中，爬樹，摘果子。有一次他看到一個獵人在山裡迷了路，陷入困境，流淚哭喊。這隻猴子出於憐憫，開始帶他走出山林。後來這獵人很餓，心想可吃猴子，於是拿了石頭砸向猴子。還好猴子沒有死，牠爬上了樹，但這獵人還是走不出深山。於是不管這獵人曾經有過對牠的攻擊，猴子還是幫助他。牠在樹枝上一叢叢的跳著，由獵人在牠身上砸出的傷口滴成血徑，帶領獵人離開了森林。（6/30/2000）

接著她跟會眾們說：

> 當你去幫助人或動物時，你不可能單單只是靠同情。即使受抵擋攻擊，你還是要做你該做的去幫助他們。因為人類為了自己的利益，對動物做了數不盡，無法測度的傷害，我們現在必須為這數千年的殘酷行徑贖罪。這是菩薩精神的悲憫，我們心中應常含此悲憫。（6/30/2000）

動物保護之路有時比較順利，比如說對於同伴動物保護的議題可透過街頭遊行或議會遊說，效果顯著；但有時又很困難，比如倡議經濟動物的人道養殖常被批評不切實際或偽善，或主張減

少殺戮的動保人士卻大啖葷食（吳宗憲 2016）。走在這艱辛的漫漫長路，內心必須要有強大的力量。

有時來自內心信仰的支持或可成為從事社會運動的力量，而有時宗教間的相互合作也很寶貴。其實關懷生命協會一開始就是與基督教、天主教共同創立的。昭慧認為民眾覺醒運動的必要條件之一是加強彼此合作，讓來自不同宗教信仰的民眾能攜手共同合作，一起面對野生動物的危機，並反對動物受凌虐或戲謔的案件（6/28/2000）。

當 1997 年關懷生命協會反對傳統馬戲團的動物表演，也結合了其他團體共同發傳單〈馬戲團 Q&A〉，宣導為什麼要抵制馬戲團動物表演。連天主教修士 Albert Poulet-Mathis 都支持佛教人士的主張，並勸退其教區信眾不去買票。昭慧表達她務實的觀點：

> 雖然有些宗教信徒相信個人靈修上的精進比一般的社會工作要更為重要，但其實每一個宗教都應參與社會工作。我們實在不需要太涉入宗教的爭辯。所有這些爭論與說明都不如去好好做事，信徒為相同的目標一起努力，才能真正做出一些事來。（6/28/2000）

同情心和對生命的尊重並非某一個宗教獨有的觀點。關懷生命協會主張的議題若繼續得到宗教間的合作是非常值得鼓勵的。尤其牽涉到宗教的動保問題，比如放生是佛教徒、道教徒及其他宗教教徒的修行方法之一，將被捕獲或要被宰殺的釋放回大自然，或證明悲憫之心增加福報，或動物在危難時提供救援。若是

後者無可厚非，然而大肆捕捉原來沒有市場需求的動物做大量商業化的放生，反而讓動物遭受無妄之災。例如，「台灣人每年花近 600 萬美元放生 2 億隻野生動物。被放生的動物多種多樣——鳥、魚、蛇、蛙、龜、昆蟲、猴子，這些動物或是被狩獵者從野外捕獲的，或是從當地寵物市場上購得的，牠們被放生到台灣島上的河流、山地、森林、湖、水庫。大規模放生可能會對當地生態系統造成長期破壞。」（Awoyemi, Kraus, Li, Magellan and Schaefer）[15] 甚至放生動物不適合的環境，還會導致牠們死亡。「佛教大規模放生的儀式，客家義民祭當中不人道飼養神豬並競賽」（吳宗憲 2016），宗教間都可以相互探討，尋求啟發找出創意解決的方式。

關懷生命協會亦延展自身到與國際的合作，釋傳法說道：「我們應借鏡其他國家的經驗；並且積極主動地向我們地方及中央政府施壓或作行政監督。這比我們自己的團體在這跳來跳去要有效多了，因為台灣很看重其國際形象，國際上的壓力比國內的要有效得多。」（7/3/2000）國際合作策略一直在關懷生命協會持續運作，比如說 2006 年在「物種存續聯絡網」（Species

---

15 這是國際保育生物學學會（SCB）、宗教與保育生物學工作分組（RCBWG）宗教與保育研究合作小組（RCRC）針對「宗教放生」問題，共同發表聲明呼籲宗教放生體現保育原則的其中一部分（Stephen M. Awoyemi, Fred Kraus, Yiming Li, Kit Magellan and James Schaefer 2016，〈針對「宗教放生」問題發表聲明呼籲宗教放生體現保育原則〉，國際保育生物學學會（SCB），https://www.east.org.tw/sites/east/files/content/upload/File/2016-ISSUES/20160705-1.pdf）。這篇文章提到「台灣人每年花近 600 萬美元放生 2 億隻野生動物」是援引自：Agoramoorthy, G., and M.J.Hsu.2005. "Religious freeing of wildlife promotes alien species invasion". BioScience 55: 5–6.

Survival Network, SSN）會議上，串連全球 12 個國家 28 個保育團體，呼籲共同請求台灣政府全面禁捕鯨鯊；2018 年 8 月 31 日，關懷生命協會與 WildAid 野生救援於台北舉辦「2018 世界無（魚）翅宣言」記者會，宣布「世界無翅宣言」連署平台正式啟動。同時在與國際接軌時，會觀察其他國家是如何處理國內相似的問題。這項國際合作策略被證實非常有效。政策研究策略學家 Allen Hammond 表示，公民團體，包含致力於環保的團體，當他們參與國際合作時，會變得很有效率，且「擴展了僅只管理自己團體的模式。」[16]

今日，台灣的環保運動仍持續面臨社會及政治的挑戰，它的會員們仍掙扎著在台灣多元社會背景下建立一個永久的基地。姑且不論這些挑戰的數量及性質，仍有許多團體投入環保和動保運動，有時會衝撞到政府的既有政策，有時會在傳統與當代的文化之間出現不協調之處，此時若得泛宗教和國際間的共同合作，台灣社會運動便能從中受益。

》》性別議題

美國的生態女性主義者以及動物權利的倡導者 Carol J. Adams 以二元對立（男性／女性；人類／動物等）挑戰一方控制

16　Allen Hammond 是世界資源研究所（The world Resources Institute）策略分析主任，這是華盛頓一個超黨派的政策研究中心。他指出以國際禁雷運動組織（簡稱 ICBL）為例，該組織連結了世界上七百多個公民團體，ICBL 在 1997 年最大的成就是發起禁止地雷國際公約（Mine Ban Treaty）。ICBL 幫助協調有關該條約的國際談判，在短短的兩年期間能說服許多國家簽署此公約。該組織創始協調員 Jody Williams 女士，以其致力於地雷的消除，在 1997 年獲頒諾貝爾和平獎（Hammond A. 1998, 245-46）。

另一方的概念。在她的書中 *The Sexual Politics of Meet: A Feminist-vegetarian Critical Theory*（書名暫時中譯為《食肉的性別政治：素食女性主義者的批判理論》），她認為以較低階的稱謂或語言來對待婦女和動物，係源於父權文化對女性及動物的輕蔑。她將肉食與男性的雄壯連結起來，並以這比喻來顯示虐待動物就等同於壓迫女性（2010, 81-82）。

　　Adams 的主張也適用於台灣，性別歧視不僅只存在於英語環境，也在台語之中，最明顯的就是農家諺語之中。舉例來說，「雞母啼是禍不是福」，意思是說母雞啼叫而非公雞啼，是表示家道要中落了；同樣地，「一隻若豬母」指的是一位婦女一直在生孩子，或是太過肥胖。[17] 類似的諺語「鴨母裝金也扁啄」指的是醜女人怎麼打扮也不會美；「老猴無粉頭」形容女人上了年紀，縱使化妝也不漂亮。「狗母若無搖獅，公狗毋敢來」（母狗不搖尾巴，公狗就不敢來），引申如果不是女的勾引，男的也不敢輕舉妄動。這幾句台灣諺語都是帶有輕蔑的語氣，以動物來指涉女性。而傳統上台灣的農業社會以男性為中心的思想，導致父權制度的心態將婦女置放次於男性的地位。Adams 連結了女性與動物，並且為這弱勢的生命共同體發聲，是有其道理；然而在我所有的訪談過程中，無論是男性或是女性的受訪者，鮮少提及農業社會文化裡的女性與動物地位低下的問題，倒是多談到農業社會裡，人與動物的密切關係，也比較主動關切到海洋文化裡台灣

17　湯九懿（2007）《從農業諺語中看女性在台灣農業社會的地位》，説明諺語記錄了台灣人的生活，反映出他們的經驗、觀念及思考的方式。但是也有諺語如「驚婦大丈夫，打婦豬狗牛」，顯示出即使是在男性主導的社會裡，還是有一定程度的良心來對待他者。

島嶼特有的生態系統海洋生物。

人與動物的關係在農業社會裡中是很密切相近的，甚至是生命一體感。比如說，在我們古老的文化裡所有的動物都有好處，所以樹上最頂端的果實不摘，留給鳥兒吃。田裡留一塊地不割，留給田鼠吃。田鼠的故事是葉寶貴修女從老祖母那兒聽來的：「有次大饑荒，稻穀全被吃光了，第二年沒有辦法播種。問老人家怎麼辦？老人家教他們挖地洞來找；結果在田鼠洞裡找到，因此又可以播種了，以後就有留一塊地不割、留給田鼠的傳統。」（6/20/2000）然而這種人與動物相互惜命的傳統，曾幾何時卻變得，「用電網電魚，大點的魚給人食，小的則丟棄？小時候到海邊看熱帶魚、海螺；長大後看到的海邊卻是浮著石油、瀝青？海中生物被弄得奄奄一息，再也看不到海域之美。」（葉寶貴6/20/2000）誠哉斯言，根據國家實驗動物中心邵廣昭主任說台灣四周的海洋有 2,400 種魚類。其中約有三分之一是稀有物種，在 1,500 種珊瑚魚中，約有一半的珊瑚魚是稀有或瀕臨滅絕的（釋傳法 2000，7-8）。

然而釋傳法說，「台灣人逐漸承認他們非常依賴海洋生物，可是我們實在沒有給予這些物種太多關注。海岸的過度開發、油漬的污染、核廢料、過度濫捕、在魚類棲息之處非法毒魚或炸魚都造成海洋中這些魚類的銳減。」（2000, 8）對於台灣居然很缺乏有關如何保護海洋野生動物的研究的這一點，許多受訪者感到很遺憾。受訪者葉寶貴修女指出部分原因是，雖然台灣聲稱是海洋文化的一部分，但大部分研究的心力都放在大陸及其文化之間的關係，而非周圍的海洋（6/20/2000）。

關懷生命協會近二十年來為挽救海洋生物而努力的主要倡議

在於鯊魚保育。2002 年關懷生命協會與 WildAid 野生救援共同發起「2002 攜手保鯊魚」系列活動；關懷生命協會與各界的努力之下，促成農委會於 2007 年 9 月宣布，2008 年起將全面禁止捕撈、販賣鯨鯊肉及其產製品。2010 年亦推出《鯨鯊全紀錄──謝謝您不吃我豆腐鯊》的光碟，其主軸從全球性的動物保育觀點出發，並記錄台灣歷年禁捕鯨鯊的保育行動。

關懷生命協會同時致力於教育宣導工作，如告訴民眾鯊魚在海洋生態中扮演重要的角色，但人類長年濫捕鯊魚已嚴重危害海洋生態平衡，並且食用魚翅也危害人體健康。[18] WildAid 野生救援更以「沒有買賣，就沒有殺害」的口號，前往世界各地進行宣傳活動，宣傳效果之一是魚翅消費市場最大的中國，市場需求量就已經下降 50%至 70%（陳姍姍 2018）。2016 年，關懷生命協會與 WildAid 野生救援合作發起一系列在台灣的拒吃魚翅行動，如在國際鯨鯊日（National Whale Shark Day）每年 8 月 30 日，在台北舉行「沒有買賣，就沒有殺害」廣告，廣告代言人為周杰倫，在當時曾引領風潮。雖然目前國人食用魚翅量已下降，但台灣仍是消費魚翅的主要國家之一，如 2017 年就進口大約 500 噸的魚翅，又有過度捕撈鯊魚的情況（陳姍姍 2018）。如是社會運動實在需要民眾繼續群策群力，一起合作，保護海洋。

總的來說，關懷生命協會對於任何生物不公平的受難，絕不袖手旁觀，他們或利用社會壓力影響立法委員，或通過合法管道

---

18 關懷生命協會第九屆理事長張章得表示，一般人以為魚翅是餐桌上一種高價的美食，但其實魚翅是沒有營養價值的。美國曾公開警告魚翅含有大量的汞、鉛等不同種類的重金屬；而香港也曾在魚翅與魚唇中檢驗出超標的重金屬含量。因此站在食安的立場上，實在應該讓魚翅在餐桌上消失（陳姍姍 2018）。

致力於整體社會的思維和結構的改變。昭慧在訪談中坦承此做法得力於西方模式，因為東方一般較支持主權和服從主體；而台灣佛教教育上有些落後保守，思維跟不上新的社會與政治環境，甚且不太敢談論敏感性議題（6/28/2000）。所幸「佛教界思想覺醒，一直不斷地在變遷和發展」（江燦騰 Jiang, C. 1997, 109）。昭慧欽佩基督教可以將正義與愛的宗教觀念，納入西方世俗立法體系以形成政策的方式。因此，她支持以佛教的哲學宗旨來關懷社會中弱中之弱者，以此作為改進政府政策與法律的基礎之一（2003, 36-37）。

關懷生命協會能夠致力於政策的變革，領導人釋昭慧一無所懼的努力，功不可沒，成員對其評價甚高。因為她能出世潛心修道，追尋宗教目標；一旦需要，她即入世，重新與社會接頭。又比如說，基於「不忍聖教衰，不忍眾生苦」，昭慧法師於 2001年，在從事伸張動物權告一段落之後，繼之提倡佛門女權運動。[19]「她們不但發誓與動物結成地球夥伴，而且發誓將與比丘們『平起平坐』。」（2001b，《自由時報》）她清晰的思維與超強的說服力吸引民眾。即便是對手也嘆服她的膽識與正義。[20] 佛教弘誓學院的信徒們視她為難能可貴的好老師。《戒嚴法》解除以

---

19 此運動最重要的重點是反對「八敬法」，是佛教中八則男尊女卑法。昭慧法師認為此法使佛門健康的兩性關係受到扭曲，也使得比丘傲慢、尼眾自卑（2002c, 160）。她在印順導師九六嵩壽的學術研討會上，以行動宣告「廢除佛門男女不平等條約」（《自由時報》2001b）。

20 昭慧面對他人的批評回應說：「許多人誤以為筆者對政治很有興趣，其實筆者只對『實踐佛法』有興趣。基於護法或護生的理由，而不得不過問相關的政治課題；其他純屬權力分配或意識形態的政治問題，筆者是不感興趣的。」（1996b, 274）

後，政治氛圍改變之際，她是第一位佛教女法師帶領社會運動保護動物，該項運動各方面成就卓著，深受社會敬重。

》 相對觀點

根據佛教學者江燦騰教授的研究，台灣的佛教有兩個主要流派：保守派與革新派（1997, 109）。保守派強調的是追求彼岸期待達到涅槃的極樂世界，以崇拜淨土之佛——阿彌陀佛為核心。在實踐中，則注入了傳統宗教倫理的護生和惜福的部分。在這方面表現最傑出的為慈濟功德會與法鼓山文教基金會（1997, 108-09）。本書第二章最好的例子就是慈濟，他們鼓勵從個人的心淨開始，幫助家庭主婦及其家人實行友善環境的做法。它並不直接對抗政府，而是專注於組織內部的潛移默化，進而影響到國家，甚至國際，在回收與愛惜物命等環保工作上收效宏大。

革新派，相反地，以佛教教理基礎，不畏挑戰傳統觀念，在運動策略上，以立法與教育為兩大主軸，前者，介入公共領域，力促環境保護、《野生動物保育法》、《動物保護法》之立法，監督中央及地方行政機關有否落實法案之執行；後者，則透過出版、演講、研討會、展覽會等軟性活動，將人類社會制度化虐待動物的事實公諸於世。

革新派的環保健將有楊惠南教授、釋傳道、釋昭慧、（釋性廣、釋傳法）……等（江燦騰1997，109-10），他們的呼籲改變人們對環境的意識與做法，在環保、動保工作上導引了極大的成效。

慈濟較為關心的是能在精神與環保之間做出連結，並把關愛自然作為實現其精神目的的手段。慈濟是在領導一場「寧靜」的

社會運動，組織較著重感化個人以改變他們的生活型態，藉著去除內在「心靈的五毒」，自宗教中得到啟發去心動而行動。關懷生命協會則關心重新思考人類與其他萬有之間的關係，鼓勵政治當局做政策上的改變，同時影響到社會的改變。關懷生命協會率領的社會運動積極進取、政治活躍。

以組織而言，慈濟默默地做開創的工作，領導者以一個佛教的宗教團體而言，未對政治或資本家現狀提出異議。關懷生命協會則相反，其組織並不特殊顯示佛教屬性，經常邀請不同組織、宗教或其他團體加入行動行列。在廣泛的社會基礎上尋求合作，因此會有許多非佛教徒或非宗教界人士成為會員或贊助者。當然，組織創辦人及領導者的確大部分是佛教法師，這也就是為什麼關懷生命協會被界定為佛教團體。

從 1992 年的「反挫魚」開始，關懷生命協會努力促進保護動物的立法與行政監督，並致力於各方面愛護動物的社會教育，至今也超過 30 年了，然而動物的現有與未來的困境仍多，比如環境哲學家 J. Baird Callicott 即言：「環境倫理對家畜的重視程度不高，因為牠們經常降低了自己生物群落的完整性、穩定性和美觀性。」（1989）家養動物看起來當然不如牠們在大自然中生養那麼自然美；而從生態學來看，畜養家畜使其類失去自然中的互動，的確降低生物群落的整合度，故有其難處。然而環顧國內野生動物、同伴動物、實驗動物、經濟動物以及海洋生物等，亦均有各自的難題。關懷生命協會的關心與付諸行動對社會是必須的，因為在關懷生命協會創立以前，倡議解決這些問題的並不多。當然，台灣的民主政治也幫助改善了環保主義者的地位，並改變了環保運動中所使用的戰術與策略（Ho 2010b, 301）。然

而，關懷生命協會還是以有效率的政治抗爭／協調與基層策略來挑戰不正確的做法，成就卓著。

　　昭慧法師常在她的著作及公開演講中提到地球及文化對話，但更常撰寫為保護動物而展開的社會運動以及佛教保護眾生的理念，以自己與萬有同體一如的「大體同悲」為最終的佛教倫理精神。其實不論是支持動物權的西方理論或是佛教倫理的基本精神，都主張動物與人類均屬於大自然，人類與其他生物相互依存、所有生物平等和樂共處，形成生態共同體的核心。只要是生態家庭的一員都需要為保護生物做出努力，無論透過教育改善，或在政治領域上影響決策的手段，其目的都在讓尊重和護生的精神落實並擴展到物種界線之外。

Chapter 4

廚房的完整生態：
生態關懷者協會

讓我們深抱著為上一代傳承，為這一代贖罪，

為下一代留存的心情，來開始接受「生態文史」的挑戰吧！

——谷寒松神父（Father Luis Gutheinz, S. J. 1998, 3）

當佛教組織及其領導者倡議環境保護時，台灣社會的女性基督徒也同樣致力於此運動。台灣民眾超過 80%以上都認為自己有信仰，其中 49.3%的民眾信奉融合了佛、道的台灣民間信仰，14%為佛教，12.4% 為道教，僅有 6.8%認為自己是基督徒（包含天主教 1.3%及基督新教 5.5%）。[1] 即便人數不是很多，但有些基督徒卻成功地提升了台灣社會的環境道德意識，產生了重大影響。最主要的基督教環境組織是生態關懷者協會（Taiwan Ecological Stewardship Association, TESA），其前身為台灣生態神學中心。

》》 緣起與理論

生態關懷者協會（Taiwan Ecological Stewardship Association, 以下簡稱 TESA）的宗旨是「探討土地倫理、追求生態公義、落實簡樸生活」參與建構台灣生態文化的組織（TESA 簡介 2005）。這組織的前身是「台灣生態神學中心」（TCEC），在主婦聯盟幾位基督徒朋友的協助，讀書會的討論之中，陳慈美於 1992 年成立的。

---

1 另外，主要人口信仰還有一貫道 2.1%。這一項調查為台灣中央研究院社會學研究所在 2019 年公布所指出的。援引自〈2021 年國際宗教自由報告——台灣部分〉，美國在台協會，6/2/2022，https://www.ait.org.tw/zhtw/zh-2021-international-religious-freedom-report-taiwan-part/。

創辦者陳慈美女士是一位有四個孩子的母親，並有物理學及基督教神學雙碩士學位。1998 年至 2000 年起她擔任創始的 TESA 的董事會主席，之後即擔任該協會秘書長。促使陳女士投入生態運動的機緣來自於關懷家人的安身立命，身為一個需負責備辦全家餐飲料理的母親，市售食品中銅、汞、激素、農藥和其他潛在有害化學物質的存在使她感到困擾。她寫道：

> 因為關心給四個孩子吃什麼，我開始去了解現代食物的來歷：食物是如何從田地、到工廠、到市場、到餐桌、最後到我們的肚腹裡。慢慢地，驚喜加上感謝，我發現廚房是一個我可以腳踏實地學習完整生態知識的地方。（2014b）

在接送孩子上下學時，陳慈美發現戶外空氣嚴重污染，開始關心孩子們的健康。在備受困擾之際，她採取了行動。她發現台灣人的社會對環境議題傾向視而不見，她自己以前也不太關心。然而在生命中成為母親這個階段，她看到環境健康與她四個孩子實在是息息相關，乃開始閱讀有關環保的書籍和雜誌上的文章，並參加主婦聯盟的環保課程。她也從《聖經》及相關教導裡尋求啟示（楊貞娟 1997，6）。

最開始的時候，台灣生態神學中心開始舉辦「信仰與環境展望」研習會議（陳慈美 1998b，58）。陳慈美同時透過教會積極參與環境教育，並在主日學的班上教授環保，參加教會主辦的環保夏令營，並在中原大學、台灣神學院的環境倫理課上擔任兼任講師。

受訪者劉亞梅述說陳慈美經常到各教會分享她個人對於環保

的看法。同時，她也在協會許多出版物中介紹環境倫理的概念，陳慈美希望能培養出更多人有環保意識。她認為我們應該過簡樸的生活，只要能滿足人類基本需求的生活方式就好。舉例而言，我們應該多搭乘大眾交通工具而不需要開車。她勤於著述並將國外有關環保議題的著作翻譯為中文，她希望能向大眾傳輸更多有關環境議題的資訊並宣傳她的協會（8/5/2007）。

TESA 出版了多種著作，有些是由 TESA 的成員著述或編撰。例如：《好管家環保手冊：生態、信仰、生活的結合》（1992）、《看顧大地：參與建立台灣的土地倫理》（1992）、《自然美學》（2002）、《基督徒婦女心靈環保再起步》（2003）、《溫柔的人必承受地土》（2005）等；在 2008 年，TESA 出版品豐碩，有《深耕台灣福蔭子孫》、《環境倫理的思潮與實踐》紀念套書，其中包括四本書《環境倫理學入門》、《從土地倫理到地球憲章》、《台灣環境倫理與生態靈修的實踐》、《建構台灣生態文化的願景》。他們還翻譯並出版西方的學術著作，如 Virginia Vroblesky 的《俯仰天地間——從聖經看環保》（1995），Dieter T. Hessel 的《生態公義——對大地反撲的信仰反省》（1996）以及 Holmes Rolston III 的《科學與宗教：為年輕人寫的簡介》（2021）等。

自 1993 年之後，TESA 出刊〈生態神學通訊〉、2004 年時已出刊 80 期。2004 年，該期刊重新命名為〈生態關懷者協會會訊〉。這份新的會訊也出到第 50 期，訂戶達 900 位，它包含即時訊息，TESA 活動以及環境議題。它特別著重環保運動的概念歷史、哲學等等。評述特別尖端的環境研究，介紹地方生態的努力，如陽明山魚路古道、淡水河下游、新店溪流域、阿里山達娜

依谷、太魯閣國家公園、美濃黃蝶祭、貢寮核四預定地、生態旅遊的屏東霧台鄉等等。同時也做台灣島嶼的生態反思，比如〈生態神學通訊〉的 70-74 期，有一系列的「人與海洋系列」，思考台灣的海洋保育問題、人與海洋相處的問題。[2] TESA 積極致力於提升知識份子的環境意識，並鼓勵起之而來的社會行動（生態神學通訊 51，3-4）。

》 角色與理念

根據陳慈美的說法，TESA「扮演三種角色：思考者、批判者以及教育者」。相當於基督教的牧師、先知和傳道人的角色。TESA 的主要目標是推動台灣社會探討「環境土地倫理」的風氣，深化本土環境關懷的論述與實踐；並且促進台灣生態保育界以本土生態文史智慧與國際「環境倫理」論述與落實（TESA 簡介 2005）。其工作項目有：

1. 促進「生態關懷」與「宗教倫理」的對話；
2. 出版文宣，並譯介環保相關之外文書籍；
3. 推動教會參與社區導向的生態環境關懷行動；

2　這一系列文章的作者為蔡群騰。他詳細介紹台灣海洋資源之豐富，也感歎住在島嶼的我們，「對周遭之海洋卻那麼陌生，更談不上與海的相處，可是我們卻已經改變了海的面貌。」（〈生態神學通訊〉，71 期）至於蘭嶼島上原住民族達悟族人，雖然能與自然海洋和諧相處，卻又被不合理的政策與不肖的商人剝削，而飽受不平等的待遇。類似的批判在本書第三章與第七章都有提到。而 TESA 在 2008 年出版《環境倫理的思潮與實踐》紀念套書，蕭新煌在套書序文中亦呼籲：「政府和全民重新體認台灣是海島（生態）國家的本質；並且基於此海島（生態）的認同，從而嚴肅建構海島永續發展的上綱政策，作為國家整體發展的依據和準則。」

4. 編寫各年齡層環境教育教材；
5. 在國內、外舉辦各類環境教育活動；
6. 訓練／提供環境教育師資；
7. 蒐集／提供環境保護與生態保育資訊；
8. 國際交流，並與國內、外環保團體／機構合作。（TESA 簡介 1998）

　　台灣在環保尚未蔚為風氣之前，基督徒積極投入環保的人數相當少，這可能是由於幾項因素所導致，首先是教會團體對社會議題排序的方式。雖然教會提供了很多有益的社會服務，例如醫院探訪、慈善工作，以及教育事工；但教會並沒有將環境議題列為一項事工。事實上有些台灣的基督徒認為全球生態困境已超過教會能力範圍去做有意義的改變。

　　另一個可能的原因是受了西方觀念中人類與其他生物間關係的影響，這是由早期傳教士帶進亞洲的。舉例言之，利瑪竇（Matteo Ricci, 1552-1610）在他的教義書《天主實義》（*The true meaning of the Lord of Heaven* 1985, 175-238）中清楚表達他的觀點——人是萬物之靈。以前的台灣教會也是將人類提升到地表各種動物之上。不管是好或壞，台灣教會如今仍存在這傳統的宣教工作殖民觀念。事實證明，非西方文化值得珍惜的部分，如人與自然環境間和諧互動的關係，就幾乎都被忽視或抹殺了。

　　近代的基督教神學仍然強調個人藉著相信耶穌得到救恩；而自由主義神學家則強調需要奉獻資源來幫助世界上的貧困者，甚至幫助他們對抗壓迫的勢力，這樣的抗爭可以視為上帝國的再臨的確據。但是無論強調的重點是如何的不同，各派基督教都還是

將重點放在人類身上，而忽略其他受造之物的重要性，甚且為如此忽視環境還提供了道德基礎（TESA 編 1992，65）。

　　然而台灣基督徒對於環境冷漠的另一個原因是某些基督徒有出世的想法——對某些基督徒而言，更極端地說，不用關懷現世一切好壞，只等著過度到「那世界」，救贖與回到天家才是他們所祈求的終極目標。甚至認為生態危機的加深正可以提醒人們地球的終結，毀滅之日將得神國的曙光再現，但由此而得出這樣的結論其實並不合乎真正的信仰（TESA 編 1992，66）。

　　同樣的也悖離了重點的是一些基督徒把強調救贖視為屬世的超越，他們相信只有信心才足以確保個人得救；而認為某些參與環保的基督徒在讚美和敬拜上帝的同時，卻無視於《聖經》的整體教義與基督教信仰。面對林林總總的觀點，對今日基督徒而言，不能與社會、環境、以及世俗生活的各層面脫節，漠視大地的危機；反而應該是，相互緊密關聯的聆聽大地的呻吟和人類在暗中的哭泣，做風雨中的同路人（楊貞娟 1997，9-11）。陳慈美說：

　　　　我生長在一個基督教家庭，是第五代的基督徒，我關心教會在今日社會扮演的角色。我深信在一個非基督徒的社會裡，教會應設定他們的宣教目標在於為社會引導文化的內涵。換句話說，教會應不只關心如何增加信徒人數，我認為很多教會努力企圖增加信徒人數以追求表面上的成功。但我卻寧願看到一個基督徒的生命能與時俱進，知道社會的需要，成為非基督徒的榜樣。

　　　　為了達到這樣的品質，基督徒應肩負文化使命，舉例來說，基督徒應為環境需要發聲：我們應珍視並保護每一個生

命，台灣已不再貧窮，我們不應停留在過去的功利態度。
（7/16/2000）

陳慈美認為《聖經》提供了很多啟示，基督徒可由其中吸取
有關環境的原則與教導。如何將基督教的宗旨與生態保護連結起
來，陳慈美提出五項建議：

第一是「反思終極意義」。人類對自然的態度源自宗教與哲
學二者的信仰，在從事環境保護時，陳慈美建議她與支持者應該
想到上帝創造的自然與救贖的計畫。自然的意義與目的是什麼？
在這世界上自然與人類角色相互間的關係為何？

第二項建議是「發展生態神學」。這個神學需要教會回到
《聖經》中去查考有關大自然的啟示，並嘗試建立結合創造論、
救贖論與末世論。接下來是她的第三個建議，「從三位一體到道
成肉身」。教會強調聖父、聖子、聖靈三位一體的抽象概念多過
於道成肉身。其實上帝化作有血有肉的耶穌基督來關心這個世界
的需要；基督徒應該在抽象的教條之外，關心這個世界和當前的
問題。

她的第四個建議是「做一個好管家」。人類是按照神的形象
創造出來的，他真正的使命應該是負責做地球的管家。第五個建
議，也是最後一個，是：「傳福音的責任」。台灣教會因身負基
督教責任，有義務參與環境保護，否則就失去向環保主義者傳福
音的機會。正像薛華（Francis Schaeffer）五十年前語重心長說過
的：「當教會錯過搶救地球的機會時，我們同時也錯失向二十世
紀（現在是二十一世紀）的人傳福音的機會，而這也正是教會在
我們的世代裡顯得無足輕重、軟弱無能的主要原因。」（TESA 編

1992，79-83）

　　充分了解基督教的重要面向之後，尤其是了解這些面向的教義及神學基礎之後，很難對環保無動於衷。陳慈美相信當人們發現昔日被稱為「美麗島」的台灣擁有上千種生物棲息，已逐漸淪落成「垃圾島」或甚至於「貪婪之島」，他們不得不思考自然的價值，逐漸對環境保護產生了嶄新的態度。

　　談到思考自然的價值，根據文化人類學家 Robert Weller 的說法，西方三種環境意識的形態對台灣產生了影響。第一是將自然視為人類利用的作物，這在二十世紀中期的台灣普遍都是這個想法，這也反映在「人定勝天」這個否定環境的口號中。第二是把自然視為逃避都市的田園。第三則主張「自然就是自然」，倡議自然本身有其價值，不應將其視為為人類服務的工具。幸運的是，最後一個看法在二十世紀末期已逐漸獲得世人的認同（2006，46-61），亦可見於陳慈美對自然的概念。人類不應再漠視、誤用、或者是濫用其他生物及地球，且應努力保持健康、美觀及永續的自然。

》 目標及研討會

　　陳慈美創立生態關懷者協會（TESA）的主要目地即在提供環境保護教育，並以之作為重建公民社會的方法。她相信人們一旦受過環境教育，就會願意一起參與心靈重建、環境再造的行動中。TESA 強調永續的信念是生活中發展環境友善具體行為的根本。TESA 的會員應當：

　　1. 建立一個信仰架構明確蘊含生態學的觀點。
　　2. 確認當地及全球環境問題。

圖 10｜TESA 會員與原住民部落族人一起崇拜聚會（2004）。

3. 將環保概念應用到日常生活之中。

4. 提倡簡樸生活。

5. 與他人分享生態倫理的理論與實踐。以及

6. 鼓勵團體參與、討論、及行動。（TESA 簡介，1998）

　　為了推廣這些觀念，TESA 經常與台灣基督長老教會合作，部分原因是他們的人數眾多，他們擁有台灣最多的基督徒人口。[3] 長老教會各會堂在他們的教育與社會部門裡設有環保工作小組，希望能鼓勵教會的全體會眾參與環保工作。

　　TESA 與長老教會合作，推廣生態關懷與社區活動，例如黃

3　台灣基督長老教會的宣教士是第一批會說台語的宣教士，是以吸引了許多人去教會。與其他教派比起來，長老教會甚為關切原住民的需要，因此吸引了許多原住民基督徒（陳慈美 電郵通訊，8/7/2007）。

鶯計畫，鼓勵教會舉辦以環保為主題的詩歌創作比賽，讓年輕人創作歌曲，為獲獎者錄製歌聲成 CD，使其更能深入人心。TESA 最重要的成就之一是設立環保紀念日。在 2000 年，TESA 與長老教會總會共同舉辦「生態研習營」，促成長老總會「生態環保事工小組」的成立，並在每年六月的第一個主日訂為「環境紀念主日」，於全國各長老教會宣講環境保護的重要，並推動生態關懷之落實。TESA 不但提供資料給牧師講道，也差派代表到各個教會解說環保紀念日的價值與意義（生態神學通訊 46，3）。

同時，陳慈美為教會領袖預備講義，以作為撰寫生態靈修特別講座的參考資料。這份講義包含以前的主日生態講壇以及擴展教會環境運動範圍的資料，因此，TESA 得與長老教會在更多的環境倫理上合作。TESA 的成員相信透過與其他團體的合作，他們能更有效率地達成使命。團體間的共同支持更加強了環境保護的價值。

TESA 與長老教會總會的合作關係從未間斷，陳慈美在 2021年她翻譯「環境倫理學之父」羅斯頓（Holmes Rolston III）的著作《科學與宗教：為年輕人寫的簡介》，並與屬於長老教會的台灣教會公報社合作出版。另外，TESA 在二十週年（2018）系列活動（共十場）之後，開始投入能源轉型教育。[4] 陳慈美協助促

4　中央研究院地球科學研究所汪中和研究員指出：「以能源來說，台灣 98%都靠進口，脆弱度實在太高，加上我們溫室氣體排放量名列世界前茅，已經無法逃避大幅提高能源效率、減少溫室氣體排放的壓力，我們只有努力配合聯合國氣候變化公約的規範與要求，去快速推動整個的能源系統的改革。」（2012, 57）TESA 看到這樣的需要，也投入能源轉型教育，在 2019 年辦理能源教育種子師資培訓課程，從三月到六月舉辦了七場講座的研討會。而同年 12 月 12 日台灣基督長老教會宣告：「我們參與發綠電了」（綠主張綠電合作社主辦，生態關懷者協會協辦）。

成在長老會總會辦公大樓屋頂建置 50 KW 太陽能發電裝置。此外，TESA 亦曾在國內主辦多場大師講座、研習營及國際學術交流會議，吸引了許多來自不同宗教、學術機構的參與者，還有許多環境教育學者、專家及政府官員。

　　第一位應邀出席的國際學者是柯倍德（J. Baird Callicott）教授，身兼國際環境倫理協會會長（1997-2000）及聯合國環境顧問，主講 1999 年 TESA 兩場研討會「自然保育與原住民文化研討會」、「定根台灣看顧大地——跨世紀土地倫理國際研討會」。柯倍德教授長期研究並發揚李奧波的土地倫理，也非常肯定台灣進行土地倫理的建構，藉著促進實踐、鼓勵人們對自己的家鄉發展出更多的感情，並越來越有智慧疼惜這塊土地。

圖 11 | J. Baird Callicott 柯倍德教授（後排左起第七位）參與「傾聽台灣山林的聲音」國際研討會。

2000 年再度邀請柯倍德教授來台，舉辦研討會「生物多樣性面面觀」、「中西生態哲學思想對談」，總計持續三週之久，進行了六場討論會以及到台灣各地進行田野調查，之後出版了六冊研討會論文集：《環境倫理與生物多樣性》、《土地倫理對基督教信仰的挑戰》、《原住民狩獵面面觀》、《傾聽台灣山林的聲音》、以及《邁向台灣環境倫理的建構》等（生態神學通訊 59，3）。

2004 年、2008 年、2016 年，「環境倫理學之父」Dr. Holmes Roslston III 教授，在宗教界和學術界都擁有極為崇高的地位，三度受 TESA 邀請訪台。訪台期間就環境議題舉辦了多場講座／研討會：如「宗教、倫理、與環境政策」、「國家公園與保育政策」，以及「自然美學與環境倫理」、「自然與靈性」等，並廣泛地與台灣學術界、環境組織團體、原住民代表及基督教教會交流，帶來寬闊又深刻的生命思考。

TASA 能夠邀請到國際著名學者柯倍德教授與「環境倫理學之父」Dr. Holmes Roslston III 教授數度來台講習，實屬不易。研討會和會議的主題演講、討論和參與者的紀錄都成為台灣生態史的建構基石。這些研討會也為環保倡導者提供機會，讓有能力及影響力進行變革的社團成員發起有意義的辯論和討論。尤其我們可以觀察到 TESA 研討會的主題隨時代演變，反應了 TESA 關注議題的演化，從研習西方生態學術到建構台灣專屬的土地倫理。協會專注的焦點也因此由西方理論的學術研究移轉到該理論的落實應用，並且調整環保的做法以適應台灣的特殊情況。比方說在陳慈美的著作中，常常提及西方三大主要理論對她的影響，第一是 Aldo Leopold 的「像山一樣的思考」（thinking like a mountain）。[5] 對整個生態系統有更全面性的了解，並重視生命彼此間的關聯，這一點引導出一個信念，人們應該做好自然的管家。第二個對陳慈美很重要的西方理論來自於西方環境倫理學之父 Holmes Rolston III 的思想：「生命在地方落實」（life is incarnate in place）。第三個重要理論則是神學家 Larry L. Rasmussen 提出的觀點，即「我們是地質社會的生物，同時也是生物社會和生態社會的生物」（We are geo-social creature as well as bio-social and eco-social）（陳慈美 2013）。這些思想影響到 TESA 從 2003 年至 2005 年間，在台東的鸞山及卑南溪部落的村莊中，為國際大專學生舉辦過好幾場部落遊學營會（immersion camp）。這營會的目的是幫助學生了解山岳生態，就像 Leopold 的教導以及明白當地原住民的部落智慧。TESA 也鼓勵學生利用這些知識來改變他們自己的生活方式，並培養環保的價值觀（TESA 2006, 2）。

還有鼓勵理論落實在台灣的做法之一，就是 TESA 鼓勵年輕人在研討會及刊物裡面去發掘／發表地理史與生態關懷之間的關係。這類的研討會如李順仁在 1999 年「定根台灣、看顧大地——跨世紀土地倫理研討會」中發表的〈新店教我們什麼土地

5　Aldo Leopold，是一位自然主義者，常被譽為「荒野生物生態學之父」。他在 1949 年創造了這個名詞「像山一樣的思考」（Leopold 1970）。簡言之，他述說有一次在山中獵狼的經驗，在射殺之前，Leopold 以前認為射殺狼將會增加鹿的數量，這對像他這樣的獵人當然是再好也不過了；但是有一次親眼目睹他射殺的狼死了，他才了解到以前的想法太過天真，他領會到要「像山一樣的思考」。射殺山中的狼群，也許鹿就會增多，雖然對獵人是一項福音，但過多的鹿對山岳本身是一大威脅，破壞山的植被，以至剝奪了山的生命。在這樣的方式下，Leopold 強調他在山上領悟到生命與生命之間的關係，我們應看整個的生態網絡而不是個別生命體。

倫理〉以及潘忠正的〈觀音文化工作小組在桃園觀音村的調查〉
（李順仁 1999，112-13；潘忠正 1999，114-15）。

　　TESA 規模並不大，是以鼓勵參加研討會的人都能成為其會員。除此，為了擴展其社會影響力，該組織並成為「台灣地球憲章聯盟」（ECI）的一份子，並於 1999 年成立「台灣地球憲章聯盟」（ECT）。ECT 有六個部門：教育、學術、宗教、商業、原住民，以及非營利組織。雖未立案，但透過這樣的夥伴關係，得使 TESA 與台灣地球憲章聯盟能一起主辦大規模活動，如 2002年舉辦的「聯合國地球憲章教育推廣宣導活動」。[6]

　　TESA 的規模較小，這也說明為什麼該協會印行的生態神學通訊僅流通 900 多份。[7]但是儘管小規模，TESA 卻在台灣環保運動中繼續扮演其舉足輕重的角色。

》 集體行動

　　陳慈美發現在台灣所謂的「經濟奇蹟」背後仍有活得備極辛苦的百姓和飽受創傷的社會。她形容台灣的文化是一團混亂、糾纏錯結，有時富有天良、信守承諾，有時卻蒙昧無知、不可理喻，甚至遲疑困惑、裹足不前。然而陳慈美卻相信這些艱困的期間，能對台灣人民開展出絕佳的機會，參與並發展具有開創性的永續文化。

　　TESA 的活動有兩個層次。第一是鼓勵基督徒努力參與環境

6　TESA 於 2007 年出版《從土地倫理到地球憲章》一書。所謂的地球憲章，標示未來世界所需之價值觀與原則有：尊重生命看顧大地，維護生態完整性，社會正義經濟公平，民主、非暴力、和平（詳見 TESA 地球憲章簡介）。

7　陳慈美 電郵通訊，8/28/2007，5/3/2015。

保護、並擴大對環境挑戰的認識和教育。舉例來說，TESA 會員提醒大家做環保思考，除了漂白衛生紙，或以使用過的食用油來做肥皂之外，還能做什麼？（林貴瑛 7/7/ 2000）。第二，TESA 成功的與其他組織及運動者串連，藉以引起人們對台灣生態危機的關注。

在創立 TESA 之前，陳慈美即參與台灣主要的環保團體「主婦聯盟」。1987 年主婦聯盟環保基金會（以下簡稱主婦聯盟）成立，陳慈美於 1991 年春天加入。當她於 1992 年開創 TESA 時，許多主婦聯盟的朋友一起支持 TESA。新的組織與主婦聯盟共同規劃了許多活動，他們也樂於得到雙方會員的支持。

TESA 與主婦聯盟會員多為家庭主婦，在傳統儒家文化之中賢妻良母為人所稱頌。家庭主婦雖身兼社會運動者、社會工作者、企業家、老師等角色，但也不能卸下她家庭主婦的重責大任。這項認知凌駕於傳統宗教和社會的各個階層之上。身為社會運動者的家庭主婦將生態環境融進家庭的範圍，沿著生態家庭主義的軌跡擴張了傳統家庭責任的界線。

會員在自己家庭裡實踐個人環保行動，但也參加集體運動。TESA 會員與其他宗教組織聯合行動的成功案例之一，即是保護宜蘭縣台灣稀有物種「台灣檜木」，該物種生長在棲蘭山中，「是台灣世界遺產潛力點中唯一的生物遺產」（行政院新聞局 2004，32）。棲蘭山檜木林擁有「珍貴『活化石樹』，度過數次冰河期，在生態演化上具有指標地位」（行政院外交部 2013，64）。生態環境保育學者陳玉峰更指出「檜木幼林長成巨木林的過程，正是台灣土地的穩定化程序，代表山河的穩定化，檜木即土地自然復建的活神仙。而檜木大破壞，剷除了台灣維生生態系統的真命

脈，導致如今崩山壞水，生態問題層出不窮的關鍵原因。」（陳玉峰 1998 與《中國時報》12/11/1998）

台灣檜木在該地區獨樹一幟，其樹齡達 2000 年以上（陳玉峰 1999b，121）。一百多年來，檜木是台灣和日本最常見的家具材料，因此是很高的經濟作物（陳玉峰 1999c）。因為這樣的商業原因，山上許多林木都遭砍伐。1991 年在民間的森林運動壓力下，政府終於宣布禁伐天然林，大規模的伐木事業終告停止，但是後來退輔會森林保育處又以枯立倒木整理之名大行砍伐，使得保育人士於 1998 年開始發起棲蘭檜木搶救運動，獲得全國保育團體支持。1998 年的聖誕節各宗教代表召開聯合記者會（孫秀如 1999，153），包含 TESA 的代表，天主教修會正義和平組、長老教會以及佛教的興隆寺與香光寺的佛教徒。宗教間的合作有賴於相同的宗教情操及宇宙間追求正義的浩然之氣。無論是基督教界以「忠心看顧大地」，或佛教以「護生」原則，都一同呼籲政府通過立法和其他形式的社會教育，引導並執行真正的環境倫理。

許多人認為 TESA 是基督教致力於環保的主力，也是唯一代表基督教觀點的團體，曾邀請世界多位著名的基督徒學者來到台灣參與生態研究會議。這也是為什麼陳慈美在眾多宗教代表中被推舉出來主持 1998 年的聖誕節會議，各個不同的團體表達他們對台灣環保應走的方向。

該次會議之中，天主教修會林姜凰修女在聖誕夜說到，台灣應該是一個美麗的島嶼，不應邁向「異化的枯島」。前長老教會主席謝禧明牧師表示任何支持人民意願的教會，就當協助發起對檜木林的關懷並向政府施壓拯救這些樹木。他督促政府停止在棲

蘭山林裡濫伐樹木，讓棲息在森林中的生物有真正存活的機會。林芳仲牧師則對教會以往沒有及時肯定環保的努力表示歉意，並決心推動教會參與更多的環保工作（王虹妮 1999，8）。

與會代表咸認有需要尊重並覺察土地與人類應有相互依存的關係。會議結束之後，許多環保團體聯合抗議對森林的毀壞，並成立「全國搶救棲蘭檜木林聯盟」。該聯盟獲得 10,000 人的陳情簽名，並送交政府。

在保育與媒體的關注下，農委會終於宣布暫停枯立倒木整理。自那以後，宜蘭的蘭陽博物館林正芳說明台灣的林務政策大多著重保育而較少利用，特別是在保護檜木方面（電郵通訊6/20/2015）。2002 年林務局及宜蘭縣政府指定台灣檜木種植區為特別檜木保護區，並嚴格規定所有的檜木林儘可能減少其商業及農業用途。

2003 年行政院文化建設委員會提案申請「棲蘭山檜木林區」為世界遺產。[8] 2013 年文化部與蘭陽博物館合辦「棲蘭檜木自然教育中心」，鼓勵全國各年級學生訪問檜木林區並了解正在進行的保育計畫。

》》 從廚房到國家

陳慈美在很多方面都是一位十足的現代人，她雖是知識份

8　2012 年 5 月，行政院文化建設委員會（文建會）升格為文化部。此部依然把棲蘭山檜木林列為台灣世界遺產潛力點。「潛力點範圍：棲蘭山檜木林分屬於宜蘭縣、新竹縣、桃園縣及新北市（以前為台北縣）四縣，總面積約 45,000 公頃；以其海拔向下 100 公尺或河谷往下游 500 公尺為緩衝區，面積約一萬餘公頃。」（〈棲蘭山檜木林〉，文化資產局，https://twh.boch.gov.tw/taiwan/intro.aspx?id=9&lang=zh_tw#ad-image-0）

子，但該做的家事一樣不會少，她把空閒時間奉獻做社會服務，並以兼任講師身份在大學及研習營授課。她也在教會及其他社團事奉。身為家庭主婦及基督徒，使她能從較新穎的角度結合西方理論去促進對於環境的關懷。她說：

> 對我來說，我以前從未關心過環境問題及其對健康的威脅，直到我有了孩子之後。因此，我變得充滿使命感。但我要說的是，由於科學及神學的訓練，我較能全面掌握住環境的議題。
>
> 環保署的現任署長林俊義也是一位環境教育的先鋒，林俊義強調教育任務的重要，所以他很希望能影響到知識精英，如中研院的學者們。我也希望能在台灣所有教會及神學營活動介紹環境倫理。（7/16/2000）

陳慈美在 1992 年到 1998 年之間擔任台灣生態神學中心（TCEC）負責人時，致力於環保運動。1998 年陳慈美以其對台灣生態的年度報導，以及持續多篇有關環保的文章，獲頒第一屆永續台灣報導獎叁獎（陳慈美 1998a，56-99），文章收錄於台灣環境永續得獎作品集中。1998 年到 2000 擔任 TESA 創會理事長，2000 年離開理事會後繼續擔任該會的秘書長。她希望為台灣建構一個完整的生態倫理，其中包含西方生態思想、古老生態智慧、以及來自原住民部落的作法。

Robert Weller 談到在政治競爭的強國之間，全球化的概念活絡了相關政策的制定和全球對話（2006, 158）。TESA 就是致力於培養國際綠色對話，特別是透過翻譯西方的環保著作以及邀請

著名的西方環保學者來台參加研討會，並引介給台灣其他環保團體。然而，陳慈美更進一步將原住民的保護及與自然共存的理念融進她的哲學。在她所推廣的全球環境運動中，仍然保有她對本地的特別關注。換言之，TESA 雖然將西方理論付諸實踐，但它仍然強調台灣本土社群及其獨特性。

總而言之，TESA「全球思考、在地行動」（thinks globally while acting locally），雖然它甚少關注政策的擬定，但是 TESA 卻鼓勵台灣社會建構生態倫理系統，超越個人利益及個人主義，把對自己社群的關懷同情推展至整個宇宙（陳慈美 2014a，14-15）。

基督教與環境倫理

陳慈美常說環境倫理能幫助人們增加環境意識。對她來說，生態的關懷始自於「看見」並感覺到同情。她鼓勵會眾們效法耶穌，並行出祂對世人的教訓要去「看見」別人的痛楚與苦難，同情他們（7/16/2000）。就如〈馬太福音〉的闡釋：

> 耶穌走遍各城各鄉、在會堂裡教訓人、宣講天國的福音、又醫治各樣的病症。他看見許多的人、就憐憫他們，因為他們困苦流離、如同羊沒有牧人一般。（《聖經‧馬太福音》9:35-36）

陳慈美認為教會的基本職責應是培育環保觀念：

> 教會一定要致力於宗教教育，通過生態教育，宣揚並建

立醫療的使命，見證生態的行動，醫治地球上的病人與傷患。TESA 初創之時，《聖經·彌迦書》第 6-8 節即成為我們信仰的座右銘。畢竟，《聖經》上說：「世人哪、耶和華已指示你何為善。他向你所要的是什麼呢。只要你行公義、好憐憫、存謙卑的心、與你的神同行。」（《聖經·彌迦書》6:8）

她也說到她對環保的關心始自於看到別人的受苦。人們受苦是因為環保問題造成，舉例來說，母親受苦因為孩子沒有可以呼吸新鮮空氣的地方，找不到無農藥的蔬菜來下廚。所以對她來說環保就是固定的宗教習慣，生活中選擇的路徑（7/16/2000）。

慈悲並非單純的宗教觀念，這個觀念也可在別的領域裡找得到。譬如經濟。「慈悲的經濟觀念」對台灣是很貼切的。在這樣一個繁榮與自然毀滅相伴隨的島嶼上，1960 年以後快速的經濟成長造成嚴重的環境創傷。陳慈美在一篇文章裡同意 Peter G. Brown（2012）的觀點，即是今日的經濟學家應具有「慈悲退讓」（compassionate retreat）的精神，人民在追求經濟發展的同時也應維護其他物種的福祉。只有在這樣的態度下，人類才有可能醫治受傷的大地與人心（陳慈美 2014a，14-15）。

靈性更新

1998 年生態關懷者協會（TESA）向內政部正式登記為社團法人，[9] 陳慈美提到的環境保護即見於時任長老教會總幹事羅榮

---

9 自此之後，該組織將其名稱由原來的台灣生態神學中心改為生態關懷者協會（TESA），去掉名稱中與基督教相關字眼「神學」。此一進展使該組織得以接受政府的部分資助和監督。

光牧師的一篇講道。羅牧師在講道中對基督教的環保態度做了反省，他提到即使台灣的學者、非政府組織以及一些基督徒在環保及生態保護上做了很大的努力；但是教會並未對該議題作適當的關切，更遑論帶動足夠的支持。「基督徒非但未將環保視為應背負的十架……更糟的是，我們有意無意間違背了環境倫理，且成為環境污染及虐待動物的幫兇。」

他更批評教會總是以一種對環境問題無動於衷的態度，甚至「畏縮在屬靈追求的氛圍中，自求平安」。他特別引用德瑞莎修女的名言：「愛的相反不是恨，而是冷漠。」他鼓勵基督徒為這樣的罪過懺悔，並且在心中決志參與環保行動。我們雖然生長在天父創造的豐饒世界，但我們應該節制、分享資源給需要的人並表達基督徒愛鄰舍的精神（生態神學通訊48，3-4）。

台灣基督教歷史中，信徒的宣教與慈善工作高度被尊重，但是慈善工作並未對瀰漫於各處的社會不公（含生態不公）提出解決辦法。生態正義是一個概念，執行者既需關注生物圈的健康，亦應關注個別生靈的痛苦（Cobb 1992, 82-88）。陳慈美說明在基督徒的靈修生活中如能增加生態正義，將更為增強信徒與這個世界及其上生物的連結。

陳慈美也多次提到簡樸生活是基督徒及生態關懷的重要條件及理想基礎。「簡樸生活不只是外在生活的一種方式，它進入我們心靈的最深處，唯有內在豐富的實體才能湧流出簡樸的外在表現。」（1999, 85）信仰提供簡樸生活的根基與內涵，例如：從專注於默想、禱告、崇拜、禁食、學習、安靜、服從及服務，而能得到祥和、恬靜、自由、自然，建立一個豐富有有秩序的個人生活，去尋求公義的制度與架構。所以簡樸生活涉及個人，也涉及

群體生活，它與獨處有關，也與整體牽連（1999, 87）。基督徒要藉著內在、外在兩方面的訓練來面對過度消費的社會，重建家庭倫理，分享上帝的創造。

　　陳慈美說環境保護不是社會的時尚，而是一種根深蒂固的價值體系和信念的表達。在她的著作裡，她教導家庭許多加強簡樸、環境友善的生活方式。包括去餐廳時攜帶自己的環保餐具、用舊月曆紙來折疊盒子和垃圾容器，而不需購買一次性容器，並避免在辦公室做過多的影印。她強調需要讓孩子練習健康的環保習慣，她經常表示希望所有的小孩都能成為「環保小尖兵」、「綠色小天使」（TESA 簡介，2005）。這樣他們就會意識到保護環境的需要。一個簡樸，環境諧和的生活不單只是思想的改變，而是日常生活的反省與實踐。

　　總體而言，TESA 簡樸生活的實踐之道就是落實深層 4R。美國國家環境保護局（The United States Environmental Protection Agency）積極推動 3R 原則：減量（reduce）、重複使用（reuse）和回收（recycle）。台灣的環保署 4R 是：減量（reduce）、重複使用（reuse）、回收（recycle）和再利用（recovery），增加了一項「再利用」。

　　陳慈美認為這些還走得不夠深遠，她較欣賞基督教環境主義者提出的四項原則（張力揚 1991，48-50），並在 TESA 簡介中進一步闡釋其 4R：悔改反省（repentance）是人們徹底檢討生活習性裡貪得無厭的心靈。心靈復甦（rebirth）以憂傷痛悔的心來清潔內在，活出新生命，追求生態公益。減低消費（reduce consumption）能惜福愛物，切實過出簡樸生活。參與再造（restoration）積極投入維護生態、再造環境，參與建立台灣的土

地倫理。

在南韓的莎林（Salim）社會運動，是在 1997 年成功結合關懷生態與經濟的運動。莎林廣義來說是要朝向一個可持續性生存的地球而生活，其中包括 5R 的原則：回收（recycling）、再利用（recovering）、和解（reconciliation）、悔改（repentance），和責任（responsibility）（Oh 2018）。

其實不管 3R、4R、5R，都是藉著由內而外，從覺性／靈性更新落實到生活改革，創建本土生活的新特質，善盡大地管家之責。

說到「大地管家」，其實陳慈美念茲在茲的目標是說服基督徒成為這個世界「忠心的管家」，而不單只是為自己的家庭謀福。傳統來說，婦女在台灣的家庭就是管家，但陳慈美希望每個人都能擔負這個角色，關心環保。在她的眼裡，以神的形象創造的人類應該擔負起地球管家的責任。

健康、美麗與永續

TESA 認為環境的保護來自於人類與自然恢復和諧的關係，二者皆為神所創造的。會員們認為恢復和諧的主要管道是在於人類開始培養出內在的簡樸，這樣他們才能更為感受到他們與自然的連結。舉例來說，現代人選擇不管日月星辰的時序變化，而是把自己的生活習慣強加其上，因此就造成「人照光源」的大量需求。結果是，人們不僅與自然脫節，而且與自己身體的基本週期和本能也脫節。對於已發展的社會來說，放棄電力是不可能的；但是人們在日常生活中視為理所當然之事，卻深深地改變了人類與自然的關係。

圖 12 │ TESA 會員出席 2015 年全球生態完整性小組會議（GEIG）。

　　人類與自然的關係脫離不了如何運用經濟的思維。2015 年在義大利帕瑪舉辦的全球生態完整性小組會議（Conference of the Global Ecological Integrity Group），[10] 陳慈美在一篇論文中強調了具有國際影響力的經濟思想家 E. F. Schumacher（1973）的觀點，並倡導「健康，美麗和永續」的概念。在她看來，Schumacher 永續發展的工作屬於傳統的有機經濟學，其中包含「公社、手工藝、部落、行會以及與新石器時代文化一樣古老的鄉村生活方式」（陳慈美 2015）。Schumacher 對經濟、環境與文化的智慧洞見，指引了陳慈美十多年的工作。

　　在國內、外共同努力，促進地球與自然之間的和諧時，

---

10 自 2013 年起，TESA 每年參與「全球生態完整性小組」（Global Ecological Integrity Group）年會交流報告。2015 年環境法學家 Klaus Bosselmann 教授受邀來台與台灣人民共同尋找與大自然和解的契機。2016 年大師來台的是流行病學家 Colin L. Soskolne 教授，他來台一起探討當代如何選擇決定人類健康與世代正義。

TESA 提供年輕人體驗自然之美以及大地美學的機會，透過推廣自然美學等的外展計畫以推廣「健康，美麗和永續」的概念。此外，2002 年 TESA 在北一女精心策劃了一系列研討會。「為了分享我們實際生活的體驗，我們希望能擴展年輕學生的視野並培養與自然有關的新生活方式。學生在身體、靈性及心智的平衡上有了進步，他們的生活自將充滿活力和創造力。」（陳慈美 2003a）陳慈美希望年輕人這樣的擴展能提升學生對簡樸生活的認識，並鼓勵他們越來越有意願去實踐這樣的生活，這將使每一個人盡力去達到與天地人和諧共存的生命目標。

另一個台灣的基督教組織，基督教學會（The Christian Learned Society, CLS）也有類似的作法，他們宣稱西元 2000 年為美學年，這一點支持了美學是環境運動重要的一環。因為許多人發現公開討論地球倫理非常困難，但是談到土地美學卻沒有這樣的拗口。所以陳慈美也參加了基督教學會的自然與美學活動，同時也為大專院校及一般讀者編輯土地美學的教學材料，實踐環境倫理的基層組織需要資料的教導及授權。具備有這些適當的資源與訊息的輔導之後，這些基層組織做得相當好（陳慈美2003a）。由此亦可觀查 TESA 所關注到人與大自然的關係，隨著歲月的進程產生了不同層次的變化，帶動了他們的環境教育的項目包含著土地倫理、生態靈修、簡樸生活，到自然美學。

》 相互連結

陳慈美在環境方面的想法多傳承自美國環境保護運動，以及 Aldo Leopold 的著作。他認為，所有土地倫理都源於人類和其他物種形成的相互連結的生態共同體。當人們體認到相互連結的重要時，他們就不再只是單單思考經濟的發展，而是必須將生態系統——就如土地、水、植物和動物納入他們的思考範圍。因此，土地倫理改變了人類與非人類之間由一方控制另一方，而到相互連結的關係上（Leopold 1970, 237-64）。

所以陳慈美主張當代環境倫理應該先由人類開展出去（8/7/2007），藉著逐步內化的環境倫理，人類才有可能有一天實現正義、和平、環境保護的社會目標，讓保護環境作為技術發展與政治事務的關鍵元素。

1999 年是台灣的森林文化之年。這一年中，環保各單位促進對自然、動物及人類生命的尊重。當時長老教會楊啟壽牧師說：「我們不應吹噓台北擁有世界最高的 101 大樓，而應該更在乎台灣公園裡是否有 100 年，500 年到 1000 年之久的樹林。」楊牧師還在 TESA 的演講裡說：「個人總以為自己力量微小，但若所有的人都認為『不差我一個』，世界就不會改變。好人不一定能造就好社會，但社會結構正義的實現，一定要有好人配合才行。」（生態神學通訊 53，3）他鼓勵大家積小善也能成大善，要以責任感投入環境事工。在那一年裡，TESA 創建了佈道、樹仔腳禮拜和戶外生態等多項活動，教堂禮拜可以在樹下進行崇拜。他們還展覽了北台灣第一位現代傳教士馬偕博士著作《台灣遙寄》／《台灣六寄》。馬偕的珍稀文獻包括台灣社會、地理、

歷史以及台灣島的地質、樹林、植物及花卉、動物、人種等相關資料（生態神學通訊 53，6）。

對陳慈美而言，相互連結的精神也需要注意到是由先祖延伸到現在及至後代的。自 2000 年起，TESA 的首要任務即在建構土地倫理，依據 Aldo Leopold 的說法，「擴大土地社區關係的範圍，包括了土地、水資源、植物和動物，或是總結來說就是土地。」（1986, 203）根據同樣的理論，柯培德教授（J. Baird Callicott）將土地倫理視為一系列關係的整成。土地倫理正是包含人類與非人類，以及那些生長在同樣土地上人與各色人種的關係。其實這一位望重國際士林的環境哲學家柯培德教授那時正訪台灣，時值中元普渡，引發他的靈感，談到人與非人類的關係，所謂非人類可以指在鬼月裡被祭祀的孤魂野鬼，他們也是我們這塊土地上共同居住的「好兄弟」。柯培德教授認為不管人類還是非人類、是未來還是過去的成員，都可以在同一個基礎上維護這些關係。「背後的最高倫理要求，正是在於完整（integrity）、穩定（stability）與美麗（beauty）。」（林益仁 Lin, Y. 2000, 1）柯培德教授對 TESA 的會員說：

> 西方因社群關係的論述而展開跨世代責任的環境思想，似乎太過於強調後代子孫的福祉，卻輕忽了對祖先的崇敬，以及對他們所遺留的土地智慧加以探索與檢討。然而，這或許是台灣這塊土地一貫強調尊敬祖先這個傳統，能夠具體對西方環境思潮提出貢獻的可能地帶。（林益仁 Lin 2000, 2）

　　陳慈美認為與其對環境的反撲感覺悲傷之外，人們應該去探索祖先是如何與環境達到和諧共存的境界，再將所領會到的知識傳承到下一代。陳慈美常引用這句話：「從古老的智慧中甦醒，尋找可持續的未來。」古老智慧源於祖先傳承的地理歷史，也源於土著智慧中的環境意識。因此，人類的連結是超越了當下的領域，理想而言，應該包含了過去及將來的世代。

　　舉例來說，TESA 領導人李順仁帶領「拳山堡文史工作室」的學員們到新店觀察土地倫理。一般來說，土地倫理要素是山、水、聚落及族群，而人與環境的關係即稱之為「生態」。學員們在觀察活動中，仍然可以從新店不同的山脈、水文、流域、沿岸聚落名稱設想當時不同聚落的活動，或今日所稱之生態互動，加之以新店的地方誌、文獻史料，還發現了 200 年到 300 年前的不同的族群。人們對於地方的生態是會觀察的，這些具有歷史與文化的素材也能幫忙建構生態文史。這使學員們進一步思考新店土地的發展有什麼值得全台灣未來借鏡的？而過去新店不同族群間對於所產生的土地文化，又給現代人在族群互相尊重上帶來怎樣的啟示？（李順仁 1999，112-13）這樣的研究其實已經結合了過去、現在與未來，來自於祖先的傳承，也成為我們永續發展土地倫理的動力。

　　以上再一次說明，在擁抱東西方環保主義之際，台灣得能有獨樹一幟的作法。

　　同時可見，TESA 把台灣的環境行動理念與西方的生態女性主義的理論區分開來，也在於 TESA 有橫向和縱向相互聯繫的思想體系。「橫向」指個人的責任應包含環境、土地、動植物、社群等，而成更為寬廣，更為完整的生態家庭觀念。TESA 以同情

心與生態正義作為精神引導，來保護自然的健康、美麗和永續。
而做法上 TESA 也與長老總會與其他環保組織及運動者串連一起
推展環保、辦大師講座與國際接軌。擴展了大眾對台灣生態危機
的覺醒、投入環保活動。「縱向」則指祖先的傳承生態智慧與關
懷下一代連結起來。生態家庭主義關注的不單只為子孫後代保護
地球，同時還希望能尋求到先民、原住民部落的古老智慧、肯定
原住民的生態智慧並深耕台灣生態文史的研究，做為當今環境管
理的參考。在這些觀察之下，顯然，人類責無旁貸要照顧好生活
在同一片土地上的同胞，包含不友善的、較為弱勢的、非人類的
以及尚未出生的，一代代傳承對環境的關懷。他們縱橫兩向延展
拓擴是生態家庭主義的理想，也給建立生態家庭的社會做了佳美

圖 13｜「會走路的樹」──2018 年 TESA 二十週年活動之一，在台東巒山布農族部
　　　落參訪，與當地山頭盤根錯節蔚為奇觀的千棵原生白榕樹──「會走路的
　　　樹」合影。[11]

的典範。

無論過去或者未來，生態關懷者協會一直將「深耕台灣、分享國際」當作核心價值。除了如上所述的深耕本土，也串連國際。希望做到接軌全球・達成公民永續教育。在分享國際上，一方面在柯倍德教授（J. Baird Callicott）的引薦下，開啟了協會與「國際地球憲章總部」（Earth Charter International, ECI）的長久關係，[12] 不但參與在澳洲（2001）、荷蘭（2005）ECI 的大會，在2002 年，邀請了澳洲 Dr. Nancy Victorian-Vangerud 前往台灣主持 TESA 所規劃的「國際地球憲章教育推廣宣導活動」，發表「環境意識啟蒙經典作品──瑞秋・卡特（Reachel Carson）《寂靜的春天》出版 40 週年的回顧與展望」，並主辦「生態靈修──人與土地、海洋的對話」研討會。也在台灣舉辦國際青年部落遊學（2005，2006）。更組織了「台灣地球憲章聯盟」（ECT）成為正式簽署的夥伴（2009），並受託承辦「地球憲章十週年亞太地區大會」（2010 EC+10），深受國際友人的肯定。

另一方面，從 2011 年起，TESA 也獲邀加入「CEI 國際環境守護組織」（Caretakers of the Environment International），每年積

---

11 台東鸞山部落的布農族，世代原居於高海拔的中央山脈，慣見的是高聳的針葉樹，也有以樹為家族領地界線的習俗。日據時代，布農族從中央山脈內本鹿被日本政府強制遷移到低海拔地區（比較容易管理）。他們當時看到的樹不再是針葉樹，而是「白榕」；並且發現地界會因榕樹鬚根長成幼樹，而移動原來的地界，於是稱這種樹為「會走路的樹」（陳慈美 電郵通訊，2/8/2022）。

12 國際地球憲章組織成立於 2006 年，致力於推動地球憲章倡議（Earth Charter Initiative）。「該倡議凝聚了民間社會的努力，參與者包含許多許多國際機構、國家政府、大學社團、非政府組織，和以社區為基礎的各種團體及成千上萬的個人。」（〈地球憲章 Earth Charter〉，TESA，http://tesa.org.tw/earthcharter/）

極聯繫並甄選中學生代表團參加年會。並爭取到 2014 年在台灣舉辦第 28 屆 CEI 年會，在宜蘭主辦「自然、文化與未來」年會，共計來自 17 個國家、約 300 名師生與會，以民間組織為軸心，結合政府、企業與學校之力，也成就深耕台灣的外交行動。

這些持續的參與，不但讓台灣的青年學生和老師拓展國際視野，分享成果並有合作機會，TESA 也希望透過在地培訓及國際交流，促使台灣環境教育邁向「生活化、在地化、國際化」的新境界。

女性會員

TESA 的婦女成員將個人的責任範圍從單一家庭擴展到生態社區。她們探索各種新的方法與管道來幫助社區，為環境負起更多的責任，期能做更好的環保實踐。TESA 的強項在於它能夠吸引婦女深入思考環境運動。它為婦女提供了擁抱自己熱情的管道，同時也提供論壇，讓個人目標融入大眾運動。

舉例來說，TESA 的會員王昭文是台灣最大的教會新聞報業《台灣教會公報》的編輯。1993 年起，該公報即設有固定的環保專欄。TESA 會員多為其撰稿，以提升讀者的環保意識及地球倫理。雖然報社對環保議題的重視程度不夠理想，但至少每個月都還有一篇環保議題的專欄。王昭文仍鼓勵記者報導有關環保議題的文章，即便這些報導與教會無關。有些時下的議題包含反核運動以及保護原住民土地，舉例言之，有一篇專欄是關於屏東魯凱族抗議水壩的建築，他們控訴該水壩將吞噬他們祖先的遺跡，尤為甚者，若是水壩潰堤，將置整個族群於險境，諸如這樣的專欄

終於激起大眾注意到原住民土地保護的議題。[13]

TESA 是一個很小的團體，但是它的會員卻投注甚深。不論是全職或志工，會員都效法陳慈美的榜樣，分享她對環保的熱誠。因此，儘管該組織規模不大，但會員努力致志，發揮出對環保議題的最大影響力。

有兩位 TESA 的會員劉亞梅與楊貞娟表現特別傑出。劉亞梅從事有關瀕臨滅絕的原生物種的生態錄影，包含台灣的櫻花鉤吻鮭。她花了兩年的時間記錄該種鮭魚，專注特定世代由出生到死亡的整個週期。劉亞梅以編輯及錄影製作人之一的身份，獲頒蒙特婁國際電影節野生動物紀錄片獎（Montreal Film Festival's Wildlife Video Contest）。她的團隊亦獲頒全國賴國洲先生紀念獎生態紀錄片獎第一名（7/4/2000）。

楊貞娟受了很好的教育，在環保與靈修這個議題尚未在台灣被討論之前，她即在其碩士論文《台灣基督徒生態靈修》述及此議題。當被問及她寫作這碩士論文的動機時，她說：

> 我覺得孩童時期的經驗是我環保主義的根源。我五歲的時候，一場大洪水把我們在溪邊的家整個沖毀了，於是我們搬到員林，我們家四周都是樹，附近還有一間尼姑庵，終年濃蔭密佈清幽安靜。多年後我生了場重病，發高燒的時候，我沒有意識地說了又說：「爸爸不要再砍樹了，爸爸不要再砍樹了！」病好了以後，家人跟我說我的夢囈，我這才覺察到深藏在內心的罪惡感。我記得常常看到我爸爸把樹砍下

來……我感覺我就像是森林的孩子，爸爸做的事，雖然是迫於生活上的需要，但仍然傷害到我。（9/6/2000）

現在身為一位老師，楊貞娟不斷想方設法來幫助保護環境。舉例來說，她發給學生們 700 多株小樹苗，學生將會看到它們長成為茂密的大樹，並擁有他們自己的樹木精靈——只要樹有足夠成長的空間，就自然會發生。

大自然之愛薪火相傳，不只於教室內，也在參與 TESA 所舉辦的部落遊學營會中。年輕學子體驗原住民部落的自然生態與其獨特的人文歷史，無形中累積出來的山林感動也會回報於山林，一如年輕女會員何佳怜，她參加完大專部落遊學所寫下的心聲與訴求：

我把手伸出來
就可以摸到一片石壁　一管榕樹氣根
彷彿他們就在我身旁　呼吸　說話
你視而不見嗎？
當你想要　當你張開雙手
大自然就在等你
等你點頭　等你接受　等你去愛……
勇敢去愛　大地萬物（2005, 11）

》結 論

就如同佛教的組織慈濟（Tzu Chi）和關懷生命協會（LCA），生態關懷者協會（TESA）為挑戰現代台灣的方向提供了精神基礎，所有這些組織致力於培養宗教責任感，均積極建構地球與自然之間的和諧。雖然各宗教的義理與做法不同，但是它們的基本主張是相互共鳴的。也如同慈濟與 TESA 得力於一群關注精神生活的婦女，她們之所以從事環境保護，是希望為家庭創造一個更美好的世界，並希望以照顧家庭的方式照顧地球。為了擴展她們的使命及影響力，TESA 也如關懷生命協會（LCA），盡力將它的活動和其他信念一致的組織串連在一起。甚且，TESA 持續調整並拓展它的信念，將社會變革的重要性置於任何宗教的社會動員或性別導向的議題之上。

TESA 的工作與慈濟及 LCA 最大的不同在於 TESA 專注在建構新的土地倫理。慈濟致力於改變個人生活習慣並鼓勵大眾從事實際的環保工作。LCA 為弱者中之弱者發聲，積極對抗既得利益者和政府當局而尋求更合理的政策。TESA 則對台灣土地倫理的建構深具概念與使命感。

TESA 所舉辦的教育活動、研討會、會議以及國際外展等工作目標都有所聚焦，且達成使命。相較於慈濟及關懷生命協會，TESA 是一個相當小的組織並且面臨財務上極大的窘迫。在我與陳慈美的幾次專訪及電郵通訊中，她表達 TESA 最大的困難就是財務：這個團體連辦公室房租都是有了這個月沒有下個月的。儘管他們規模小且缺少經費，TESA 卻對台灣的環保運動貢獻卓著。

　　中國傳統社會大多以農業耕種為主，所以他們自古以來得有機會觀察自然，也懂得配合自然生存。科技工業社會如歐美國家，快速發展所產生的污染及廢棄物，不但對自然造成嚴重的損害，且阻擋了人們從感覺與欣賞的角度了解自然。TESA 呼籲大家實踐簡樸的生活，重返自然，期待向學習自然美學並與自然和諧共處。過程中，TESA 在打造環境倫理方面獲得相當大的成功，特別是融合原住民的環保智慧與西方的環境思想體系相結合。

　　綜合觀之，TESA 的行動和陳慈美的領導方式顯示了傳統的母性與現代公民的交織。她從為人母以後，為了孩子的健康，才開始從廚房出發，即時的關注飲食與環境的安全；頗為類似於生態家庭主義所說的從家庭為圓心點作為延展。爾後二十多年來，步履不停歇地與基督徒婦女和一群青年展開了環境理論的追尋與實踐生態的完整性。可以說，TESA 最大的成功是在喚醒大家台灣建構其土地倫理的需要，並且分享接軌於國際，其間融合了追尋原住民智慧、深耕生態文史、環境發展的軌跡以及挑戰。TESA 在生態方面結合學術、信仰與原住民文化的動員，讓更多民眾思考他們的未來，並一起為下一代建造一個更好的世界。這種反思、自我覺醒、大眾教育以及行動的過程，對於形塑台灣當代環保的特質至關重要，同時仍尊重到台灣豐富多元的歷史內涵。

Chapter 5

從家庭走向環保世界：
主婦聯盟環境保護基金會

當我們嘗試讓地球得到療癒，地球也治癒了我們。

——Joanna Macy（1991b, xii）

1987 年我國廢除《戒嚴法》，帶動整個台灣社會的婦女團體激增，她們代表著社會——政治議題和大眾利益的廣大光譜。當我們檢視婦女社會運動及環境保護的歷史，主婦聯盟環境保護基金會（以下簡稱主婦聯盟）脫穎而出，它在環保工作上是連接過去與現在的重要橋樑，同時也是「生態家庭」的典範。身為最早又擁有最多婦女力量的組織有其重大意義，她們關懷社會的需要，為社會變遷付出行動。它是是台灣第一個全由婦女領導倡議的環保團體（張茂桂 1991，64-67），也是本書談到的六個民間團體最早成立的一個。2007 年，主婦聯盟以其在環保及生態保育的努力獲頒第四屆總統文化獎鳳蝶獎；2018 「第六屆國家環境教育獎」獲團體組優等。[1]

1987 年時值《戒嚴法》廢除之際，彼時反污染及消費者權益運動風起雲湧。主婦聯盟的創團成員是一群不滿環境惡化、教育缺失、空氣污染等種種問題的家庭主婦。她們認為有必要從日益普遍的工業文化中教育自己和他人關於環保的必要性。她們以「勇於開口，敏於行動，樂於承擔」自許，從自身做起改善環境。主婦聯盟逐漸由非正式的行動團體，1989 年申請成為正式立案的非政府組織，成立「財團法人主婦聯盟環境保護基金會」（Homemakers Union Foundation, HUF）（主婦聯盟簡介 1999）。其成員到各公共場所透過教育及抗議，提高人們的覺醒。有時她

1　更多主婦聯盟的殊榮請參閱其官網：https://www.huf.org.tw/about/honor。

們會展示如何做資源回收的分類，抗議美煙進口及速食工業，此外，她們會與其他理念相同的維權團體相結合。1990 年，主婦聯盟成立台中分事務所（台中分會）；2014 年成立「主婦聯盟基金會南部辦公室」，在台灣的北部、中部、南部共同推動環保、食品安全、公民健康等公共議題，分工行動，努力與堅持台灣環保運動。

組織與主張

創會以來，歷任的會長們一棒接一棒的帶領著組織前進。其他類似組織的創辦人多半擔任該組織的領袖多年，主婦聯盟卻相反，她們沒有創辦人做長期領導，她們每年都選舉，直到 1999 年，由於策略改變才將領導者任期改為一次兩年，並可以連任一次。因此，當有些組織側重於創辦人本身時，主婦聯盟讓它的組織比一個耀眼的領導者更為重要。

前董事長陳曼麗，在 2007 年 8 月的報告，主婦聯盟大約有 1200 位會友，其中 90% 是婦女，包括家庭主婦、職業母親，10% 是男生（8/22/2007 電郵）。該組織有五個主要的委員會，包括：環境保護、教育、婦女成長、消費品質、自然步道等，以及會訊編輯小組。至 2021 年，會友人數累積至約 14,007 人（含台中分會 1,803 人）。[2]

環境保護委員會最為活躍，參與者信守保護環境的初衷，藉

2　資料來自於前董事長林貴瑛。她也說明主婦聯盟基金會認同者加入稱「會友」，不是協會不稱「會員」。主婦聯盟的會友與合作社的社員區別在於前者重在環保運動，後者重在生活資材方面，當然二者會有重疊之處（林貴瑛 1/2/2022）。

著廣傳環保訊息，推動環保理念，主辦研習課程、訓練並培育環保宣導人才，教導民眾將環保觀念落實於生活習慣中，以提升生活品質。此委員會的主要功能包含：

1. 監督政府落實「垃圾分類、資源回收、垃圾減量」政策的執行。
2. 舉辦「環保媽媽營」、「生活環保動手做」課程，鼓勵更多主婦加入推動生活環保行列。
3. 透過電台、報紙等媒體或應邀至社區、學校、公司機關，宣傳綠色消費、辦公室做環保、生活環保、簡樸生活等理念及做法。
4. 推動使用再生紙，自備環保隨餐包、購物袋。
5. 推動家庭有害廢棄物回收處理，共建無毒的家庭。
6. 推動廚餘落葉做堆肥。
7. 推動回收廢油做肥皂。
8. 調查環境現況。例如：環境衛生燈號評估、全國環境社區考核（進行公開評估）。
9. 結合社區共同推動社區環保工作。
10. 結合環保社團關心環境議題，共組「反核行動聯盟」、「生態保育聯盟」等跨團體組織。（主婦聯盟簡介 1999）

在上述十項功能中，回收是非常重要的。1987 年的中秋節時更與天主教社會發展委員會、佛教靈山講堂、基督教青年會共同舉辦「中秋節惜福」活動，宣導「垃圾不是廢物，是資源」的觀念。受「中秋節惜福」活動啟發，主婦聯盟舉辦了好幾場成功的資源回收計畫。主婦聯盟創辦多年，由其他國家的經驗學得推

圖 14 │ 主婦聯盟會員參與反核計畫聯合抗議行動（1998）。

動雙軌制系統，即政府與非政府部門均致力於環境保護。該系統
成功的促使政府部門和非政府組織對環境的保護一起負擔責任。

　　根據主婦聯盟前任董事長林慧貞的說法，主婦聯盟代表一些
回收並重複使用資源的私人公司及個人，遊說政府。政府部門審
核主婦聯盟提交的請願書，並決定是否通過立法（6/29/2000）。
在 2002 年，主婦聯盟的遊說重點包含了促進兩項法律：《再生
能源發展條例》及《資源回收再利用法》。

　　主婦聯盟成功遊說環保署與立法委員通過具體立法，促進保
特瓶（PET）的回收利用，並禁止使用保麗龍。之後，環保署即
強制執行政策，嚴禁食品和飲料工業使用保麗龍餐具（湯雅雯
2015）。多年來，主婦聯盟反基因改造行動在台北、台中、台南

及高雄等許多縣市也獲得充分支持。[3]

　　主婦聯盟環保委員會最主要的活動之一是向全國立法委員施壓，要求其通過一項法律，強制性要求對包括鋁、紙和塑料瓶在內的各種材料進行回收。由於主婦聯盟的努力，2006 年全國採取回收作業，現在民眾將垃圾分類丟入可回收、不能回收以及廚餘等不同的容器。由此，「主婦聯盟的婦女已經能夠超越傳統上作為家庭主婦的有限角色，從而影響公共政策。」（林慧貞 6/29/2000）

　　婦女成長委員會也是主婦聯盟非常活躍的委員會。在其發展的初期，對於主婦聯盟的主要任務充斥著兩派辯論：是否集中資源透過政治來主張婦女權利而直接對抗社會上男性的主導控制？還是應該採取較溫和的途徑，提供資源來幫助婦女在其社會背景下能夠更加獨立？最後，她們選擇了後者。

　　婦女成長委員會成立後，即提供一個相互支援系統，以成長團體的形式，提升婦女解決問題的能力，改善與家人的溝通、並鼓勵在社會服務中發揮積極作用（林秀琴 1999，22-23）。比如說，有一位主婦聯盟「綠人」到社區自然環境擔任解說員，分享自身經驗：

3　〈非基改的推廣與行動〉，台灣主婦聯盟生活消費合作社，https://www.hucc-coop.tw/topic/issue5。文中指出：「合作社從 1998 年開始反對基因改造，選用非基改食品級黃豆，製作了台灣第一塊非基因改造的豆腐，而後持續開發使用非基改食品級黃豆的豆製品；2008 年進而遊說農民成立無基改農區，成立無基改農區推動聯盟；2017 年推出以非基改飼料養成的『善糧放牧雞蛋』……對於拒絕基改是持續不間斷的參與和推動，從餐桌開始拒絕基改、共同守護台灣糧食主權。」

以前覺得不該「拋夫棄子」外出去做環保事，現在覺得
不應該如此想，讓先生跟孩子單獨相處也很好。雖然讓先生
與孩子建立關係只是一個小小的動作，但是對自己的傳統思
維上有很大的改變。（引自王順美訪談 7/14/2007）

不但改善了家庭的溝通方式，而且主婦聯盟的目標是期待婦
女能「結合女性力量，關懷社會，以提升生活品質，確保生存環
境可持續性」。為達成目標，委員會籌辦迎新活動，建立婦女的
信心，增進社會參與的能力，討論婦女權益問題，並對外交流
（黃菊秋 1994）。

婦女成長委員會主辦過許多很受歡迎的節目。舉例來說，她
們為婦女和兒童開設課程以提升婦女的數學能力（李美玲
1999，24-26）。以台中分會事務所為例，她們還組織了書香小
組──透過讀書會型式交流討論，希望這些活動能促進婦女成
長，推動書香社會。此外台中分會還有性別平等小組，旨在了解
中部地區婦女型態，培訓婦女人才，關懷婦幼安全及權益。

在組織內舉辦活動之外，主婦聯盟亦與許多其他團體組織抗
議活動，拒絕成為色情國家。她們反對報紙上刊登露骨的色情新
聞和色情內容並抗議「色情污染」（主婦聯盟會訊 1988：12）。
1988 年，在一場拯救雛妓的社會運動中（「救援雛妓，抗議販
賣人口」）主婦聯盟亦不缺席（主婦聯盟會訊 1993：63）。1989
年會員們舉辦一系列的研討會為兒童福利法催生。

之後，彭婉如於 1996 年底被選為下屆董事長後不久發生遇
害事件。主婦聯盟環境保護基金會隨即設立婉如專線，讓婦女發
現治安死角可以立即通報，保護女性生命安全。同時在協助籌備

彭婉如基金會期間，「舉辦系列『媽媽治城公聽會』，從『建立安全的城市與社區』談到『建構生態城市』，是台灣女性意識抬頭的里程碑。」（潘偉華 2012）

　　從教育到抗議到維安，這些例子在在顯示，主婦聯盟運用各種策略來達成目標。在環保工作方面，運動抗爭更是常用的策略。舉例來說，新竹關西精密機械工業園區是第一件通過環評而後抗爭成功的案子。於此事件，主婦聯盟會員在參與生態保育聯盟帶頭的抗爭中，表演行動劇、座談會發言、發文投書，「13 年後（2011）已闢建成佔地近一甲的世外桃源——『鳥居』。」（潘偉華 2012）主婦聯盟的成員參與廢核運動中，一位會員曾這麼說：「我們不是為抗議而抗議，也不是抗議政府，我們的抗議是為了保護孩子。」（主婦聯盟會訊 1992：59）為了下一代的未來能更好，主婦聯盟一點一滴具體而行。

　　在舉辦抗議活動之外，主婦聯盟運用軟性訴求作為環保社運的策略，從教育到綠主張，與亞洲其他國家的作法極為類似，舉例來說，主婦聯盟成立生活消費合作社，[4] 其功能就像一間綠色商店，藉著出售當地農民種植的有機食品而將市民與環境聯繫起來。這個做法多少受到日本 1965 年成立的「生活俱樂部」的啟發，他們由合夥購買 329 瓶牛奶開始，「生活俱樂部」逐漸成為頂尖的消費合作社，他們的主要對象就是瞄準家庭主婦成為參與者（岩根邦雄 1995，51-53）。據台灣主婦聯盟生活消費合作社企劃部經理邱俊英的追溯，第一次共同購買起始於 1993 年 1

4　合作社成員必須對商店進行資本投資作為經濟的合夥人。然後，她們才有資格參加主婦聯盟的會務，並在會員大會有投票選舉的權利。

月，100 多個家庭共同直接向農友訂購米和葡萄；2001 年向內政部申請成立合作社。當時經過討論，以後均用「主婦聯盟生活消費合作社」這個名稱，因為合作社的主張源自主婦聯盟環境保護基金會消費品質委員會，所以大家就在主婦聯盟這個大傘下共同努力。年復一年，至 2010 年合作社有三萬多個社員，即台灣有三萬多個家庭受惠於合作社（邱俊英 2011）。

　　據前董事長林貴瑛說，台灣主婦聯盟生活消費合作社，截至 2021 年 11 月參加合作社已有 83,422 名社員，社員取貨站所全國有 54 站，全國分五個分社（林貴瑛 1/2/2022），可謂發展迅速；亦可見主婦聯盟生活消費合作社（以下簡稱合作社）是由地方開始，逐漸擴展到整個社會。

　　受到歡迎的因素來自於家庭主婦擔心蔬菜的營養品質，乃繞過超市，直接向農民購買。其結果是合作社保證店裡的所有食材都是有機、不含農藥，藉著持續供應健康的有機食材，幫助農民提高對永續環保農業的認識，消費者與土地都同蒙好處。

　　此外，合作社直接將農民的食品供應給消費者，所以農民可以從這樣的商業模式中免除經銷商、中盤商，保留下較多的利潤。擔任一家合作社店長的林慧貞說，這種合作模式幫助有機農業在經濟上更為可行。在台北，這些店家不只是提供有機蔬菜，同時也經營下午茶及餐廳，許多居民經常來此。合作社也是主婦聯盟的會員，所以會員不只是參與環保活動，同時也經營店家賺取利潤（8/6/2007）。

　　林又說賺一點錢是好的，但，「個人認為，在過去，我們是被動的教導消費者拒買不安全的食物。現在透過合作社我們能直接賣有機食物及安全食品，正面務實的貢獻給家庭及社區。」

（8/6/2007）合作社從早期關注食品安全，發展共同購買有機食物及安全食品，逐漸也重視到糧食的在地生產，在品項開發時，優先考量本土生產。這樣就可以帶動整體產業鏈的發展，因為大家喜歡本土生產的糧食，農村也更會去注意友善環境與食物安全，注入農村更多的新活力（李建緯 2013）。

諸多計畫顯示主婦聯盟是社會變革的成功引擎。藉著嘗試改變個人的消費意識、觀念與行為，主婦聯盟主動將所接觸到的每一個人變成改變的力量。是以，主婦聯盟不需要僅只依賴立法強迫改變。藉著驅使立法與社會改變的結合，主婦聯盟試圖為環境保護問題提供一種更為周全的解決方案。

》 社會效果

本書導論曾提及社會心理學家楊國樞教授對社會運動的定義，其定義之一便是它必須產生廣大的社會影響及有效率地達成結果（楊國樞 1996，313）。以這個定義來看，主婦聯盟在台灣社會進行了有效的社會運動，因為它的確促進了從基層到政府政策等級的社會變革，以有意義的方式影響社會。

成員們開始做環保時，她們有一定的策略要遵循。首先，找出困難所在，接著嘗試運作先鋒計畫尋求解決方案，如果解決方案在小範圍內成功，她們將推行到較大的社區，或城市來執行，最大的目標是行之於全島。實例包含一開始的垃圾分類，後來的堆肥計畫的實施，大城市環境健康的評估以及自然步道的保護等等。

談到垃圾分類，我們可以從主婦聯盟創辦人之一王保子女士的經驗談中，一窺主婦聯盟後來的持續做法。她說：

　　十三年前（1987 年）在台灣還沒有生態環保運動時，日本人垃圾分類已經有十到十五年的經驗了。我透過在日本的姐姐給我資料學習之後，統整日文資料。我與主婦聯盟發起人之一許慎恕女士等數位會員一起訪問台大教授做規劃，在台大教職員宿舍區（全社區 81 戶住民）成立「垃圾分類，資源回收」示範社區。我們畫海報，請人來聽宣導，分發資料。以十家做一單位來研習，宣導闡明垃圾分類的目的，如何做分類；不能來的人則一家一家、一位一位的拜訪。大家盡量徹底施行實施垃圾分類，資源回收，就這樣造就了垃圾分類的模範社區，並逐漸演變成一個很好的模式，足以向政府說項，加上各種遊說活動的助益，群策群力，台灣慢慢開始推動這個政策了。（7/17/2000）

　　主婦聯盟三四十年前初創垃圾回收的流程，推動政策的實施，如今仍繼續延用，其遠見令人敬佩。

　　類似推動政策的方法，再現於 1998 年，台北主婦聯盟的家庭主婦發起「有機廢棄物製作堆肥計畫」（林碧霞 1999，35），她們將可生物分解的廚餘，倒入堆肥桶中，這些廚餘運抵兒童育樂中心裡設立的小型堆肥場，腐熟的堆肥不但提供綠化，隨後還送到三芝鄉用於蔬菜的種植。蔬菜長成後送到店裡販賣，最後端到當初參與的主婦們的餐桌上。消費者對這循環過程的理念反應良好（林貴瑛 7/7/2000）。

　　「廚餘做堆肥」計畫獲得成功後，使主婦聯盟的會員增加，由原來的 300 位增至 620 位社區成員。從那時起，主婦聯盟提案尋求政府補助來擴大「廚餘做堆肥」。政府核可後，主婦聯盟即

圖 15 │ 主婦聯盟會員示範如何將廚餘做成堆肥（1998）。

將核撥的經費用於擴大計畫。內湖區兩個鄰近的西湖里及西安里參與堆肥計畫，2002 年參與的家庭主婦有 5000 位（林貴瑛 7/7/2000）。2003 年政府認為該階段計畫成功，行政院環境保護署（環保署）開始全面實施堆肥計畫：

> 本署自民國 92（2003）年起，補助地方全力推動廚餘回收工作，包括教育宣導、購置清運機具設備、設置再利用廠（場）設施、僱用臨時雇工以及開拓後續通路等……廚餘回收後，生廚餘送民營或執行機關自設的堆肥場再利用。執行至 95（2006）年底，獲致初步成效，廚餘回收榮獲行政

院「94 年國家永續發展獎」（行動計畫執行獎）。[5]

　　根據前主婦聯盟董事兼台灣婦女團體全國聯合會理事長陳曼麗的舉例說明，台北市的居民必須將濕廚餘（熟廚餘）丟進紅桶，可分解的的有機廚餘（生廚餘）則丟進藍桶子裡。台北市的垃圾車每週三次回收廚房濕廚餘及有機廚餘。2006 年 1 月台灣大多數縣市都參與此計畫。這項對市區所有家庭實施強制性堆肥處理，顯著減少了市區垃圾的總量。其結果是政府可減少垃圾車出勤的次數，也因此減少人力、能源及經費（5/18/2008）。

　　以個人經驗來說，旅居在美的我每當回到台北時，觀察到市區居民的確認真遵從當地規定，分類出一般垃圾、資源物、廚餘及巨大廢棄物。一聽到垃圾車的音樂，都奔出去倒垃圾，這項經常性活動，可稱之為「垃圾社交時間」。在倒完垃圾之後，鄰居的寒暄交談還真是給社區帶來親切感。回首來時路，主婦聯盟的從初創、再檢討、再評價而逐漸把結論置入政策，而後成為人民生活中習慣的一環，是很了不起的。一如岩根邦雄所說：

　　　　將已實踐的事具體化，其次將已具體化的東西進一步理論化。持續地做這樣的工作，過程中即可以慢慢地制定出政策。如果不是這樣的話，制定出來的政策就不能「扣人心弦」。（岩根邦雄 1995，147）

5　〈廚餘回收再利用〉，行政院環境保護署，https://www.epa.gov.tw/Page/2442029F48FB5D42/1b871f08-462c-4eeb-aaec-7ac1ca29cc7d#accesskey_c。

　　廚餘回收在政策上雖已確立，但無可否認執行上仍有下列困境有待突破：一、廚餘回收管道建立未臻完善，比如說環保署公告廚餘應分類為熟廚餘（可給豬隻食用）、生廚餘（葉菜果皮、臭酸食物、硬殼果核等）兩類，但在不同縣市卻明顯不同調。二、有些縣市收運垃圾的方式致使民眾回收配合度不高；三、社區大樓的多樣態收運，常因缺乏管理成為廚餘回收的漏網之魚等等（陳信安 2019）。當然廚餘政策的制定者有進步的空間，而產生廚餘的民眾需要有意識的配合與努力。舉例而言，民眾可以的努力，如行政院環保署前副署長蔡丁貴就曾希望一般民眾能從源頭減量做起，響應「綠色飲食」的觀念，即在家裡「吃多少、煮多少」，上餐廳「吃多少、點多少」，如此可以讓我們的生活更環保、身體更環保。[6] 當然處理廚餘的清潔隊員／業者也責無旁貸需要一起繼續努力。

　　推動廚餘回收工作的政策頗有成效之外，1995 年，「主婦聯盟」環保委員會與清華大學環境暨資源管理研究室還共同合作「環境情況評估」研究計畫。在當時還是台北縣的七個縣轄市執行環境衛生調查，調查者將評估結果以交通號誌來份類標誌七個縣轄市。以「紅燈」表示環保工作低於標準，「黃燈」表示尚可，「綠燈」表示當地衛生與環保超標。各縣轄市收到調查結果後，需改進其衛生與環保系統，八個月後複評（王俊秀 1998，349-59）。

　　主婦聯盟與清華大學剛開始這項計畫時，政府的支持度並不

6　〈垃圾強制分類實施第二個月，廚餘回收率較去年提升 17.6 倍，顯示民眾配合分類已具成效〉，行政院環境保護署廢管處，3/18/1995，https://enews.epa.gov.tw/Page/3B3C62C78849F32F/a5444f26-b2d0-4f52-8ca1-a36e1abb1f17。

高，但是該計畫在七個縣轄市受到歡迎後，其他縣轄市，如高雄地區也開始加入。環保署乃採用此策略與主婦聯盟、環保媽媽環境保護基金會（詳第六章）合作來評估許多大城市。儘管主婦聯盟與政府的公共政策有時馬上合拍，有時也有分歧，但是並不阻礙與政府單位在重要計畫上的合作。

1991 年主婦聯盟的自然步道領航計畫是士林的芝山岩自然步道，至 2007 年該計畫已建置 6 個自然步道。民眾漫步在步道上可觀察地方生態，體驗並親近自然，她們應「細細地看、靜靜地聽、輕輕地摸、用鼻子嗅一嗅、用心去感覺」，與大自然有情感上的連結。該計畫的宗旨之一是相信森林擁有台灣的各種潛能：只要它不被干擾，它就會成為動物及植物的家（謝碧如 2015）。後來主婦聯盟的自然步道分出去，1999 年誕生了「中華民國自然步道協會」，旨在專心推廣自然步道，落實生態保育。此步道協會於 2015 年至 2019 年屢獲殊榮。[7] 無論是主婦聯盟或自然步道協會都期望，能讓每一個走在步道上的人更能欣賞到生態系統，讓保護生態系統帶來更正面的效果。

主婦聯盟前董事長林慧貞主張，未來在經濟發展和環境保護之間一定要尋求一個平衡點。當台灣傾向發展前者而非後者之時，她相信這個國家將會在環保方面付出更多的代價。在處理環保議題時，她認為台灣應該發展雙軌制度，政府與非政府組織（NGO）都致力於環境保護。她希望能看到二者之間更多的合作。舉例來說，政府的公衛人員加入環保的非政府組織，即可增

---

7 更詳細的中華民國自然步道協會資料，可參看其官方網站：https://www. naturetrail.org.tw/article.php?id=132。

強基層的效果。同時政府亦應在宏觀的格局下將社運的各項議題及其策略結合起來，進行整合的工作。例如籌措資金以支持環保組織（6/29/2000），許多組織可以強力動員但是缺乏資金挹注，這個困難政府可以補足。二者合作無間，將引導經濟發展及環境保護上更大的成功。

更擴大言之，台灣環保運動成功的指標之一是政府採行國際環保節慶。世界環保社群越來越為耀眼時，民眾也開始跟其他國家一樣在同一天慶祝西方節日。兩個特別的節慶是地球日及世界環保日，這也是主婦聯盟特別有興趣的。

地球日是在 1970 年 4 月 22 日由美國首先制定，超過二千萬人參加，是美國歷史上最大的單一民間活動。由於地球日的成功，輿論的壓力使美國國會通過一系列環保規定。台灣於 1990 年加入對地球日的認可。那一年，有 141 個國家的二億多人慶祝了地球日（陳曼麗 2000，3-4）。其實無論多少國家、多少人、多少內容與長短期間參與這環境盛會，最重要的是：「每一天都是愛護地球的日子，教會每個人都應該投身參與。」（汪中和 2012，115）

另一個著名的環境覺醒日是世界環境日。這節日的靈感來自於 1968 年聯合國第 23 屆大會上，一位瑞典代表就溫室效應與其他緊迫的環境問題發表了一篇演講。三年半之後，1972 年聯合國在瑞典召開有關人類環境議題的高峰會議。130 個國家的代表群聚一堂，同意將 6 月 5 日設為世界環境日（陳曼麗 2000，3-4）。台灣雖然自 1971 年之後就不是聯合國會員國，但 1987 年成立環保署之後，台灣民眾每一年都舉行世界環境日（陳曼麗 2000，3-4）。

在這些國際觀察日之間，政府及非政府組織補助志工的服務

計畫。譬如淨灘活動，吸引了許多民眾參與。主婦聯盟特別主辦了一些活動，舉例來說，在 1998 年的地球日呼籲民眾不要使用漂白衛生紙，並提倡口號「如果您真的喜歡森林，請從臀部開始」（主婦聯盟會訊 1998, 28：3）。

　　主婦聯盟在每一年的地球日都會創辦一些特別的活動，2000年她們主辦研習營教導民眾，如何將廚房剩油回收來製作所謂的「環保肥皂」。回收油加上自來水、氫氧化鈉、鹽、麵粉、檸檬汁和糖攪拌在一起。會員也鼓勵參與者寫下一句話來祝福地球（主婦聯盟會訊 2000, 149：3-6）。從這些活動中可以明顯看出，台灣的環保主義者與世界的環保主義者有著共同的關切。她們紀念共同的觀察日，以將自己的努力納入更廣泛的國際環境。

圖 16｜主婦聯盟會員成功的從用剩的食用油製作出肥皂（2000）。

▶▶ 婦女領導

　　上文已提及主婦聯盟的會員 90% 是家庭主婦及職業婦女，還加上一些單身婦女。其他的 10% 則為男性。雖然所有會員一同參與運作該組織，但是主婦聯盟的法律規定只有女性可以當選為組織的董事會或監事會。這樣做是給女性機會發展領袖潛能，主婦聯盟的決策機構完全由女性組成。前任董事長林貴瑛說：

> 　　在台灣的機構、社會或國家之中，男性較之於女性有更多的機會來做重大決定或研擬決策。在這個女性為主體的機構裡，如果仍然讓男性來做這些相同的事，也許他們會做很好的決策，但這樣女性就會缺少磨練成為領袖的機會。也許我們會做錯，但我們會從錯誤中學習，我們會從每一段決策訓練裡得到更多的歷練。（7/7/2000）

　　因此，主婦聯盟的女性不會阻擋男性參加，但希望能與他們切磋出平衡的夥伴關係。雖然該組織是從家庭主婦開始，主婦聯盟認為環境保護和倡導的責任是我們大家的責任。「我們需要環保媽媽，我們也需要環保爸爸，因為環境保護有它集體的特性，所有公民都應參與環境保護的行動。」（主婦聯盟會訊 1990：36）

　　主婦聯盟的董事長任期以往嚴訂一年，但後來可以連選連任一次，且每次任期二年。頻繁的領導轉換需要出現大量合格的領導者，但當適任又能幹的繼任人選難尋之時，也的確是個麻煩。此外新任董事長有時也會令出難行，因為仍有前領導人的深刻影響。林慧貞說：「成為領導人上台靠機會，下台身影要漂亮。」

換句話說，主婦聯盟的董事長們在自己任期結束後，心存謙卑，卸下職務後照樣可以繼續在組織裡共事（6/29/2000）。

主婦聯盟成功之處在於它有能力將一個傳統上安靜、在政治上被邊緣化的人群，轉變成一個積極活躍的社會倡議團體。它之所以能做到，是因為特意標舉環境保護為一項社會義務，以及賦予家庭主婦擔任領導的模式，竟得以實現這一目標。

主婦聯盟的宗旨是結合女性力量，關懷社會，以提升生活品質（主婦聯盟簡介 2007）。主婦聯盟基金會主張以合作的模式，婦女分享個人經驗，互助合作，彼此學習。其最終目標之一是幫助婦女有效地參與各種社會運動（黃菊秋 1994，31）。根據主婦聯盟的模式，每個人都具有在團隊中向他人學習並成為領導者的潛能。

女權身份認同

葉為欣的碩士論文中有一份問卷訪問了台灣專注在環保及女權的非政府組織 36 位領袖，在諸多問題之後，她請教她們是否認為民眾應將環保問題納入到婦女問題的範疇？69%說「是的」，10%說「不行」。但她再請教這些相同的領導者是否會在環保運動時談到性別議題時，只有 48%說「是的」，而 40%卻說「不必」（葉維欣 1997，48-49）。

因此，那似乎是說，女性組織支持環保活動，但是環保團體卻對性別議題較為冷漠。這樣的態度反映出，「基本上環保團體談對於兩性的不平等認同度非常低，這是一些研究（反映出來的）。」（王順美 2000）

台灣社會對於性別議題越來越為敏感，但是民眾仍然多認為

強調性別不公平是激進的，或不想將環保運動太過政治化，或不想陷入性別辯論可能帶來的複雜性（葉維欣 1997，49）。由於中國傳統上講求和諧的關係，環保團體的成員如被貼上女性主義或生態女性主義的標籤，有時會覺得不自在，同時也擔心淪於性別公平議題的爭議可能會岔開了環保的事件。這樣的態度顯示為什麼西方生態女性主義的觀念在東方文化中無法得到廣大的關注。在一篇題為《再看主婦聯盟》的論文中，作者翁秀綾指出：

> 有（共同購買）班長表示，主婦聯盟「政治立場明顯、常上街頭、一群女性主義者，很可怕」。……但是在諸多婦女團體中，主婦聯盟常被歸類為溫和、「主婦個性」；主婦聯盟甚至被批判為「最不女性主義」（的團體）。
>
> 不管其他人的看法如何？激進者的或一般民眾來看，主婦聯盟還是主婦聯盟。她是一群可愛的家庭主婦（及少數的主夫）所組成的。（1999, 5）

主婦聯盟是女性主義者嗎？翁秀綾說：「我們必須承認大多數的會員並不是有很清晰的女性主義意識。所謂女性主義意識是指，意識到緣於性別所遭遇到的差別待遇。」所以，「我們無法將主婦聯盟定義為女性主義團體，但是當她的成員們隨著社會參與面的增加、新資訊的接收、信心的建立……，是很有潛力成為一群女性主義者的。」（1999, 6-7）

雖然主婦聯盟的成員有 90%為婦女，但它並未活躍投入女性主義的議題，也不標識其為生態女性主義者。甚且，主婦聯盟的宗旨與目標均強調家庭發展並關切以家庭為本的環保主義，在

在都顯示它跟「生態家庭」同在一個屋簷下。

對西方女性主義的冷淡

　　主婦聯盟自 1987 創始運作至今三十多年了，我們看到的主婦聯盟一直促使婦女進步，成為領導、決策者、運動者以及行動者。在一個多數傾向以負面角度去看待女權運動和激進主義者的社會中，主婦聯盟銜接了文化對於婦女的期待、她們個人覺知的強項以及義務之間的鴻溝。她們的形象是一群溫和、豐潤和關懷的母親，「長期吸引有環保意識的人們參與」（楊國樞 1996，312），所以她們的社會運動非常強大、有效率。但是我們也注意到，這些成就並非主要從女性主義運動而來的貢獻。

　　王順美是台師大環境教育系的教授及主婦聯盟的董事，在 2000 年接受筆者的訪談。她說她觀察到姑且不論主婦聯盟親女性的活動，許多會員，包含卓有績效的社團領導人及大學畢業生，似乎並不太熱衷於女性主義運動，也不多參與高舉女權的活動。

　　在農村社區中可以發現一股更強的反女性主義情緒，特別是一些頗負眾望的母親們，她們像被女性主義惹惱過似的，公開反對被貼上這個標籤。雖然她們受的教育較其他主婦聯盟會員為少，但她們廣受愛戴，負責組織活動來幫助鄰居和其他母親。王順美觀察到那些母親，是一些被地方尊重的領導者，對所有人與事常出於悲天憫人的情懷；但是認為女性主義容易引起爭議，她們可能覺得女性主義者在某些細節問題上會與男人「爭吵不休」（9/8/2000）。

　　王教授舉女性財產權為例，這是全世界女性主義被關注的一環。由於婚姻的共生性，社區中的一些妻子並不認為財產權是造

成性別衝突的主要理由。因為在台灣並沒有法規或文化上的教條阻止婦女擁有財產或企業，[8] 而且婦女在進入婚姻之後不需要放棄其個人財產。這些文化和法律趨勢給予台灣婦女較其他許多國家更多的獨立。不過在地方上，還是有一些母親不願起心動念去爭執婦女的財產議題，有人問到：「我們女人真需要要求分配財產權嗎？夫妻不是共同體嗎？共同擁有為什麼還要討價還價呢？」（9/8/2000）。類似的提問：「夫妻不分你我地互相扶持、雙方樂於為對方犧牲，這不是比捍衛個人權利更加美善嗎？」（蕭戎 2011，52）這又是證明了西方女性主義意識形態不能成為普世性一成不變的概念。因此對於台灣的婦女運動有必要進行不同的解讀，比如台灣不少的女性似乎不是想跟男人爭什麼，而是重在能說出自己的想法，發展潛能，而且幫助人。

台灣的性別運動學者王雅各提到：

> 婦女社會運動有很多的定義，姑不論它是怎麼界定，婦女運動是對兩性之間文化、系統以及體制的挑戰、提升，也試圖置入性別平等，並取代社會制度與文化習俗裡的不平等。（1999, 258）

主婦聯盟不斷的以溫和但有效的方式挑戰傳統的女性意涵，同時栽培新一代的婦女領袖來改變以男性為主導的社會，這是值得注意的。

8　從 1990 年婦女團體開始要求修正《民法》〈親屬篇〉，主張在法律上認定夫妻財產各自擁有、各自管理、使用。經過幾年的努力，終於在 2002 年通過修正《民法》〈親屬篇〉的夫妻財產制，全面廢除聯合財產制，而是以所得分配為基礎的法定財產制。（〈「民法親屬編修法」2006 年報告〉，婦女新知基金會，12/28/2009，https://www.awakening.org.tw/topic/1965）

這是生態女性主義的團體嗎？

那我們能否把主婦聯盟想像為生態女性主義團體呢？曾任主婦聯盟董事與合作社前總經理翁秀綾引韓國金相姬的生態女性主義的定義如下：

> 自然受到壓迫與女性受到壓迫都是歷史上長期以來，以陽剛為中心的價值觀及認知所導致的，在這價值體系下，「人」較「自然」為優先，「支配」較「共生」來得重要。所以當我們今天期待與自然共生，必須同時解放女性，強化女性的認同，才可能建立一個親善自然的社會。（翁秀綾1999，7）

她的定義使人聯想到歐美生態女性主義學者們對西方哲學二元論的批判。在相異且不平等的對比裡，例如：上帝／地球；男人／女人；人類／自然。女人和自然都屬於弱勢的一方，招致壓迫。翁秀綾所引述金相姬的定義，如同將歐美西方生態女性主義的觀點置入到東方來，而且翁秀綾說：「我會定義主婦聯盟大部分的成員們為『生態女性主義者』。」然而她承認並不確定主婦聯盟的成員是否同意她的觀點（翁秀綾1999，7）。

相反的，王順美在2000年時曾就環境保護發表演講，她指出：「雖然『主婦聯盟』討論多方面不同的議題，從性別議題、環境問題到資本主義，但是『主婦聯盟成員』並不太認為二元論是女人與自然被壓制的原因。」（7/15/2000）她提到，即便主婦聯盟成員使用「生態女性主義」這個名詞，她們也並不全然是以

西方二元論來理解或論及。

　　生態女性主義一詞有幾種解釋。另外有些西方女性主義者拒絕以傳統二元論的概念來解釋，因為這樣的概念必然導致「女性」與「自然」被壓制。不過認為將女人與自然連結在一起也有一部分是可以接受的，因為她們都是生命的孕育者。西方女性主義理論家 Elizabeth A. Johnson 解釋道：「女人與自然有它象徵的意涵，也有文字上相近的意義，在於提醒我們女人、大地、以及心靈都是生命的賜予者，這是不容忽視的連結。」（1993, 27）這個看法應較能為主婦聯盟的婦女接受。

　　環境社會學學者王俊秀在描述主婦聯盟與其成員時，將「生態女性主義」（ecofeminism）一詞改為「生態柔性主義」（eco-nurturers）。由於台灣社會對女性主義尚未十分接受，許多會員害怕將主婦聯盟定位為女性主義者的機構，且夸夸其談勝過對社會的實際貢獻。如將主婦聯盟比做生態柔性主義（eco-nurturers）就去掉了直率的性別指涉。生態柔性主義在中文裡含有「柔性」一詞，意味著溫和、撫育；[9] 但是對自然保育卻有卓絕而堅定的態度，是來自於女性的角色與生活的歷練（王俊秀 2001，71）。有些成員也許不盡同意關於「生態女性主義」中的「女性主義」標籤，但是主婦聯盟會員可能都在同一個目標下同心協力：養育及保護她們的家庭與環境。

　　本書所主張的生態家庭（Ecofamilism）更適於主婦聯盟投入環境保護的現狀，以「生態家庭」取代女性主義作為環境保護的連結。家庭在很多方面都與環保相扣連，首先環保機構的參與者

9　更多「生態柔性主義」的討論，可見第一章「生態家庭主義興起」的部分。

是負擔家庭生計的成員、家庭主婦、職業母親、雙親，以及延伸家庭。

甚且，主婦聯盟的參與者在環境保護工作上投入精力、長期的努力是為了她們的家庭及下一代。家庭的定義可以僅僅是傳統的核心家庭，也可擴及所有生命。不管怎麼說，哪一種對家庭的解釋，在台灣都關係到環境的保護。因為環保組織參與者的初衷即在保護好自己核心家庭的成員。

由社會層面來說，家庭包括了親戚、朋友、同事、以及同輩；然而就國家來說，它所包含的就是整個國家。當環保組織茁壯，對台灣社會的影響力逐漸增加時，參與者自然而然就會將社會和國家視作自己的家，保護它。由宇宙來說，所謂的家庭包含了所有人類以及世界上的各種物種。總體來說，主婦聯盟能將整個自然涵括進我們對家庭的概念，希望人們能夠本能地擴展自己的責任感，將對家庭的照顧擴及到大自然，所以諸如「生態子民」、「地球家庭化」這些名詞在主婦聯盟中多是耳熟能詳的了。

》》 覺性／靈性[10]

雖然主婦聯盟不是宗教團體，但的確有些會員是教徒，她們將信仰融入環保行動。「靈性」（Spirituality），根據一位環境倫理社運工作者 Marti Kheel 的說法：「蘊含了內在的『生態良

---

10 Spirituality 翻譯成「靈性」，這「靈性」一詞在天主教或基督教中廣泛被使用，但在佛教語中，則以「覺性」一詞出現，意即「能斷離一切迷惘而開悟真理的本性」。南朝梁沈積：「莫能精求，互起偏執，乃使天然性自沒。」（《梁武帝》〈立神明成佛義記〉序，https://tw.ichacha.net/mhy/%E8%A6%BA%E6%80%A7.html）

心』。」（2008, 12）此外，雖然主婦聯盟並不是一個宗教團體，但它卻與一些宗教團體合作，因為宗教常常是驅動參加的因素。我訪談了幾位主婦聯盟的會員，她們分別是佛教徒或基督徒。

主婦聯盟的前任董事長林慧貞，是一位佛教徒，她說環保主義與佛教教理是相輔相成的，舉例來說，她有時碰到環保工作上的困境，頗受挫折，她參照大乘佛教「空」的概念，將自己個人的期望與他人的（包括世間的）需求分開來。[11] 這樣之後，她說：「我的心情立刻開朗起來，我可以永遠工作。」（6/29/2000）對林女士來說，沒有一樣事或物是永遠的，包括面臨到的挫折，這讓她較能輕鬆接受目前的現狀，好好工作。也讓她投入更多精力在環保工作上，因為她覺察到今天面臨的困難並不是永遠的，這樣她就有能力在這變化多端的世界裡開創新局。

另一位前任董事長林貴瑛則是基督徒。常說：「主的國度即將來臨！」她解釋說：「有些基督徒盼望未來的國度降臨，所以關注大部分心力在未來的救贖及《聖經》研究上，卻對現今當下，這片土地不太關心，這是不對的。基督徒應在生活上有更多的見證，關心鄰舍及環境。」（7/7/2000）林貴瑛提到與他人從事環保議題的經驗，最為人稱頌的是與陳慈美創建生態關懷者協會（TESA）之間緊密的合作。她與一些基督徒一直都參與該協會的工作並推展雙方重疊的項目。

另一位主婦聯盟的會員同時也與陳慈美合作的是王保子，她

---

11 空是了解一切事物沒有恆常，也無獨立的特性。換句話說，所有現象的發生，持續，變化和停止完全取決於各種因素，亦即由因緣和合而生。任何事物都不能獨立於他者形成或保留其特性。對此概念深刻理解後，可使人們看到自己與周圍世界錯綜又微妙聯繫的關係。

在主婦聯盟創建時即加入，她之所以參加主婦聯盟投入環保運動，來自於她親身的經歷。她說：

> 十幾年前，有一天我帶小白鼠回家。晚上剛好看到一隻蟑螂，很自然的用殺蟑螂噴劑噴一下，蟑螂死了；結果後來小白鼠也死了。我非常震驚，心想這殺蟲劑如此傷害小白鼠脆弱的生命，同時不也影響人的生命？我開始覺得不應該使用強烈的農藥、殺蟲劑。因此我開始從在日本的姐姐那裡拿一些環境保護的資料來看。比如看到日本京都琵琶湖的污染緣故，婦女開始自做肥皂運動，拒絕化學清潔劑，讓河流淨水。（7/17/2000）

訪談中談到由於噴灑殺蟲劑導致小白鼠之死，有點令人不可思議。也許是當時的殺蟲劑毒性分外強烈吧。不過這也令人聯想到《寂靜的春天》的作者，生物學家瑞秋卡森，她提出限制殺蟲劑使用的起始的原因之一，便是 1958 年，馬薩諸塞州州政府從空中噴灑除蚊的殺蟲劑，結果她的朋友寫信告訴她：對人民聲稱「無害的噴灑」（DDT），第一天就殺死我們七隻可愛的燕雀。隔天早晨，又有另外三具鳥屍，第三天又三隻鳥兒散落於地，第四天又一隻旅鶇墜落，死狀慘烈……，我們無助地站在飽受折磨的大地上，多麼令人無法接受這種做法（琴吉‧華茲沃斯 Wadsworth, G 2000, 108-09）。王保子當然不是引領二十世紀環保思潮的巨人瑞秋卡森，但是她不忍小白鼠脆弱的生命與瑞秋卡森及友人不忍鳥兒之死，同樣令人動容；而被稱為「虔誠的環保傳

教士」的王保子，[12] 幾十年來投身於環保運動的精神也與瑞秋卡森相似，同樣的令人由衷敬佩。

王保子說：「如果你愛神，你就會愛世上所有的生物，……當聖靈充滿在我們心裡面，身為基督徒的我們就會愛大地以及周遭的環境。」（7/17/2000）

在回溯主婦聯盟創建的原由，清楚看到一些創始的基督徒會員，敬天愛人，直到現在未曾脫離這個組織。她們的愛與關懷超越了家人而及於這片土地的動植物。與另一些關注新世界來臨的基督徒不同的是，她們強調「幫助現今的世界」這部分基督教教義。

主婦聯盟成為陳慈美開創基督徒環保組織的基石。陳慈美邀請主婦聯盟中的基督徒如王保子、胡雅美、林貴瑛一起創辦生態關懷者協會（TESA）。我訪談的這幾位女士，她們同時參加了較為基督教性質的生態關懷者協會與非宗教性的主婦聯盟，數十年之後再回過頭來看，她們仍然堅定支持這兩個團體。另外一些會員也會參加其他環保組織團體，如環保媽媽環境保護基金會（CMF）與佛教徒的慈濟（Tzu Chi）。環保媽媽環境保護基金會的佛教徒也會參與慈濟較為宗教性的活動。

不同機構之間相互參與，可能是會員以務實的角度實現目標，並尋找與其他社會團體一起合作來實現環保工作的進展。因為如果一般民間機構或主婦聯盟以結果為導向的團體，會較為注重一起去完成有形的目標，並提高大眾對環境保護的認識，而較

12　陳裕琪於〈「人生鏡相」生之蛹——訪談發起人徐慎恕、王保子〉一文中提到王保子是「虔誠的環保傳教士」。作者並言來自日本的保子後透過閱讀整理日本婦女環保組織的經驗，在主婦聯盟的創建期提供了莫大協助（陳裕琪 2012）。

不在意是在什麼特定意識形態的團體中去得到認可。

　　主婦聯盟與其他關懷生態組織團體共同合作，最為成功的例子是 1998 年「全國搶救棲蘭檜木林」運動。那時環保團體發現政府讓退輔會以保育之名，在棲蘭山伐除倒木、整理枯木，以利新林成長；但是政府對伐木工業缺乏監督，經過 250 萬年的棲蘭山檜木材演替成的珍寶，可能在「枯立倒木移除」中毀之一旦，生態系統也隨之瓦解。環保團體咸認為政府應該警惕，不當貿然對檜木的生命運作進行人為的干預（吳錦發 1999a，68-9）。

　　1998 年 8 月，綠色和平組織、主婦聯盟、綠黨、以及環保聯盟共同前往棲蘭森林查考實況，發現至為嚴重。主婦聯盟與關懷生命協會（LCA）發起連署請願書。同年 12 月，她們的工作已獲廣大支持，台灣許多環保團體都參與該運動並且一起合作推動。

　　在聖誕夜那一晚，許多基督徒們舉行會議，以宗教方式討論對棲蘭森林的保護，有趣的是其他宗教組織，包含佛教，也加入了，以表示宗教界對該運動的支持。相關組織均深度投入，如生態關者協會（TESA）、天主教修會正義和平組，[13] 以及本身並非宗教組織的主婦聯盟（HUF）。

　　大多數主婦聯盟的領導人及其會員提到，該組織從事環境保護的動機與其他宗教與精神團體類似。雖然主婦聯盟並非宗教組織，但是許多會員個人和整體上都分享相同的精神動機。雖然主婦聯盟中的佛教徒與基督徒的宗教教義截然不同，但是身為主婦聯盟的會員，她們都感覺有需要從以人類為中心的觀點轉變到以生態為中心的觀點（陳慈美 1998c）。

13　更多有關「天主教修會正義和平組」的資料，見第六章註釋 8。

　　這種以生態為中心的觀點是本書六個團體所認同的。另外六個團體訪談之中的相似點，也是給我印象最深的，就是環保團體之間的連結，甚至團體合作之中激發許多新的聚會形式，而新的聚會形式更加有效地激發群眾的興趣，因此集體活動不只是群眾憤怒的一起抗爭，反而是展現出感人的特殊集體活動。舉例來說，1998 年 12 月 27 日環保團體聚集，要求政府保護僅存的一處檜木林區——棲蘭森林區。該年最後一天 12 月 31 日，全台東、北、中、南有八個都會地區，更舉辦了「為台灣森林祈福跨年守夜晚會」（吳錦發 1999b，92），台灣許多環保組織，包含主婦聯盟，齊聚舉行類似的生態儀式（Eco-ritual），特別為棲蘭森林守夜祈福。

　　參加很多生態環保社團活動的林春香女士參與了其中一場守夜祈福活動，參與原因是：「如果樹林被砍伐了，我們就再也看不到它了；我們有什麼權力來破壞它們呢？過去，台灣還很窮的時候，許多這樣的樹被砍了下來賣到日本；現在台灣富足了，我們不應該再這樣砍樹了。」（7/4/2000）她也描述當晚的儀式，兩棵枯樹被運來放在現場以示過往砍伐森林的罪行。每個人手持蠟燭由共同的火源點燃，表達悔悟也點燭祈願。幼小的孩童宣讀一段立約文：

> 謝謝森林和樹林！
> 因為有你們，我們才有甘甜的水及空氣……
> 我們這一代小朋友要跟台灣森林約定，
> 長大後不再砍樹，
> 並和大家約定，
> 下一世紀要讓台灣再美麗一次……

接著，高中生表演了行動劇，他們分別飾演樹、花、蝴蝶和鳥，其他人則演商人。當商人把樹砍倒後，蝴蝶與鳥都不見了。顯示出行動與結果之間的因果關係。他們也放映了破壞森林的幻燈片，最後，被媒體譽為「台灣民歌之父」與「台灣原住民運動先驅」的胡德夫，獻唱了自己在 80 年代寫的歌〈大武山，美麗的媽媽〉。[14] 他唱著：

> 哎呀……大武山是美麗的媽媽
> 流呀……流傳著古老的傳說……
> 你使我的眼睛更亮　心裡更勇敢
> 我們現在已經都回來　為了山谷裡的大合唱
> 我會走進這片山裡再也不走了……

觀眾安靜肅穆地觀看表演，林春香表示，參加很多生態活動，但這個生態儀式格外單純平靜，令人印象最深刻。她覺得每一位在場的人似乎都與森林有了溝通，市府官員包括市長，均作出承諾將會盡力保護棲蘭森林（7/4/2000）。而不在場的人們聽到下一代小朋友的立約，或這一代的歌者唱出山林是我們的母親時，也不免願深深地向森林棲息地致敬。

---

14 胡德夫為原住民，父親是卑南族，母親是排灣族。他很多歌是為原住民而寫，這首歌〈大武山，美麗的媽媽〉背後是為了被拐賣到都市的雛妓而發聲。原住民雛妓議題見本書第一章與第七章。

》 超越性別

主婦聯盟自 1987 年創立以來，不僅僅關注自己家庭和孩子們在環保方面的福祉，主婦聯盟的媽媽們並且到許多學校及社區教導環境教育。這正符合生態家庭成為家庭與社會的更大化與更為延伸。這些婦女走出家庭推廣環保，因為她們將學校、社區、甚至國家視為家庭的延伸。

舉例言之，台師大與主婦聯盟合作。在台師大環境教育研究所任教，也曾任主婦聯盟董事的王順美教授，從 2000 年開始，領導開創了一個線上論壇，小學、國中及高中都可在線上報導各校環保計畫的進展。台師大與主婦聯盟合作將根據各校進度評出等第。評分最高的學校，可獲政府補助其正在進行的環保計畫或日後的計畫。2002 年起，政府每年撥出 2 億新台幣給 200 所綠色學校（王順美 7/14/2007）。

除了延伸到學校、家庭的教育，主婦聯盟還推動了「菜籃革命」，鼓勵民眾透過消費合作社向環境友善小農購買蔬菜。該計畫鼓勵消費優良食品，不單是保護家人健康，同時也藉著與施行有機農作的農場合作而達到環境的保護。

主婦聯盟的多方觸角亦伸到國境之外，它與斯利蘭卡及印尼環境友善農場合作生產有機、品質優良的辣椒及咖啡豆，並在主婦聯盟的消費合作社販售（主婦聯盟環境保護基金會 2013）。

自創辦以來，主婦聯盟倡導的議題由環境保護到鼓勵消費，範圍寬廣許多。當年主婦聯盟運動的諸多議題，已納入政府政策，以及成為社會習慣。舉例來說，許多大城市如台北、高雄的人民已作垃圾分類及資源回收。該組織在許多縣市鼓勵成立公園自然步道，創造了美麗與寧靜的風景區。

　　事實上，主婦聯盟為家庭帶來了很多的安心與方便，比如
「綠色生活廣場」與「生活消費合作社」。主婦聯盟有「綠色生
活廣場」於 2001 年年底開幕。它是一個二手貨的店，讓我的舊
愛物品，可能是你的新歡在這裡相遇；但它又不止於是二手貨的
交流中心，許多環保媽媽可以在這兒分享自己製作出來的成品，
如再生紙名片、卡片、廢油做肥皂、拓葉裝飾……；這兒也可以
展示廠商生產對環境友善的產品讓人採購，例如：馬桶省水器
材、太陽能手電筒、可抽換的原子筆蕊等；最後，這兒還成為培
訓中心，安排長期推動環境教育經常性的講座或系列課程（陳曼
麗 2001）。

　　不過最廣為周知的家庭好幫手還是主婦聯盟的生活消費合作

圖 17｜主婦聯盟「綠色生活廣場」（2001）。

社，提供商家銷售無農藥的安全有機食物。在 2010 年合作社有
3 萬多個社員，2021 年參加合作社已經超過 8 萬社員。社員的
快速增加也表示了以前許多家庭都害怕食物裡的有毒物質，現在
越來越多的消費者可以在消費合作社，安心的採購到自產自銷、
清潔純淨的產品。

　　目前日本與韓國也有這樣的合作社，本章前文提到的在日本
「生活俱樂部」，在 2014 年社員人數已經超過 34 萬人，分布在
日本 21 個行政區，包括東京都、北海道、京都大阪府及其他 17
縣（山下尚子 2014）。韓國最具規模的消費合作社之一則是韓莎
林「Hansalim」，是 1986 年誕生於首爾小巷弄、社員只有 70
人，至 2019 年，已是擁有 65 萬社員、全國 220 間店鋪，創造龐
大經濟規模的消費合作社（王琪君 2019）。而 Hansalim 的命名
也很有意思：Hansalim 是由兩個韓國字所組成的，「han」代表
「一、全部」，也意指地球上的生物；而「salim」有「照顧家人
的工作」與「恢復生命」的意義。兩個字組合起來就是拯救所有
的生命。[15] 由此可見合作社的初衷都始自於對個人的家庭照顧，
進而拓展出來提供新生活模式，這種合作社讓有機生產者與消費
者聯合，也使城鄉之間做生活的合作。

　　可以說，無論日本、韓國或台灣，這樣合作社的活動可以產
生「實質好處」，而非「知識概念」（林慧貞 8/6/2007）。主婦聯
盟推行的社會意識、生活習慣和公共政策已經發展成為公民社會
的種子，體現了公民實現環境保護的意願和利益。因此，這些成
功證明了社會運動的力量和家庭主婦的創造力。

15　參考〈借鏡韓國——Hansalim 合作社 夢想「城鄉相生」的生活合作運動〉，大
　　享食育協會 8/2/2017，https://www.foodiedu.org/news/97。

　　由於主婦聯盟內部對女性主義和生態女性主義的觀念存在相當多的討論。組織內部雖然有會員認同生態女性主義的概念，但其他多數人則擔心這樣的名稱在任何情況下都意味著該組織是女性主義者。

　　主婦聯盟提供這樣的機會來研究並檢視其會員對於女性主義及環境主義各種不同的觀點。多元的觀點讓主婦聯盟有機會發展出自己對於女性主義的了解，雖然有些會員鼓勵主婦聯盟致力於生態女性主義的概念，但組織中的普遍感覺是，只要成員齊心為改善人類和地球的健康邁步前進，特定的意識形態走向就不那麼重要了。

Chapter 6

母親的社會運動：
環保媽媽環境保護基金會

推動搖籃的手，也是推動環保的手。

——朱慧娟（1994, 43）

　　財團法人環保媽媽環境保護基金會（The Conservation Mothers Foundation, CMF, 以下簡稱環保媽媽基金會）對台灣母親、女性主義及環保運動的典型印象提供了新的視角。它是南台灣第一個由婦女領導的團體，專門處理環保議題。環保媽媽基金會遠離台北，是由高雄的一群家庭主婦聯合起來以因應當地的環保問題。由家庭主婦周春娣帶領一群家庭主婦們，[1] 基於「媽媽做環保，一家保健康」的理念開始（黃曉雲 1992，77），從居家環境的關懷到推動社區環保，到進行體制外的改革，期能擴大範圍作環境保護的工作，這一點正好呼應了建立生態家庭的精神。

　　在 1990 年 8 月 11 日自發性成立高雄環保媽媽服務隊，推動環保工作；1991 年成立國內首家綠色消費店──無毒的家；她們歷年來積極推動環保非常受到肯定，如 1993 年主婦聯盟及日本神奈川生活俱樂部前來參觀並交換經驗。1997 年，環保署遴選周春娣為環保署稽核認證公正團體評選委員會主委。[2] 因此，

1　周春娣，有時被尊稱為高雄環保媽媽，自 1990 年起即擔任環保媽媽基金會的董事長。其任期模式大不同於主婦聯盟環境保護基金會（HUF）兩年任期的限制。周春娣說領導模式的不同是由於沉重的工作負擔。南台灣幅員廣闊包括很多縣市，有時一早就得搭飛機去開會，晚上還要趕回家燒飯；此外社團、學校及政府間還有很多會議。這極為沉重的工作負擔，讓其他會員聞之卻步，不敢接下環保媽媽基金會的領導工作。

2　環保署稽核認證公正團體評選委員會，旨在評鑑監督環保署委託認證團體的稽核工作，受理各界對稽核認證作業的檢舉案，使環保單位施政透明化與民間充分配合等。

高雄環保媽媽從守護南部地區的環保到涉足全國性環境保護工作
（孫立珍 1997）。1998 年獲行政院經建會頒發熱心參與獎。1999
年十月正式向環保署登記，成立財團法人環保媽媽環境保護基金
會（環保媽媽環境保護基金會 1999 年年度報告）。

　　環保媽媽基金會董事長為周春娣女士，[3] 會內個人志工有
1,300 位，多半是中產階級的媽媽，也有幾位男性及單身女性。
（王美珍 2013，41）。該會能動員的會員有很多都是受過高等教
育的「知識主婦」，除了重視生活上的實踐，還可以自己收集資
料，參考國內外主婦的經驗，經過環保媽媽研習班培訓，[4] 能說
善道亦敏於理事，組織動員起來很有效率（朱慧娟 1994，45）。
2001 年，環保媽媽基金會分隊已遍布高雄市、岡山、橋頭、台
南、嘉義、台東，能動員的義工超過萬人（何貞青 2001，41）；
如此組織動員，如無效率是不可能持久發展的。

　　周春娣女士承繼她父母親愛打抱不平的個性，成長期間，父
母親教導她絕不忍受別人佔便宜的事。舉例來說，有一次她遇到
搶劫，就去媒體舉發並呼籲民眾看見搶劫要有所行動，特別是針
對婦女。這種容不下社會不公的個性使得她全心為環保媽媽基金
會付出，這也看得出她「遇問題立即反應」的信念。

　　她和身為媽媽或家庭主婦的工作同仁們為家庭、學校和鄰里
主辦了教育活動及其他與環保相關的活動。這些媽媽們都是南台
灣投入環保的尖兵，帶動環保風氣，贏得社會的敬重，譽之為
「家庭主婦也可改變世界」（孫立珍 1997）。她們從服務當地起

3　在「高雄市環保媽媽服務隊」時期，周春娣被稱為「隊長」。
4　1992 年起開辦環保媽媽研習班，推動環境教育工作，每月一期，至 1999 年，
　　累積人數超過三千人以上（環保媽媽環境保護基金會 1999）。

家，進軍成為更大的環保運動。這群「綠色世界的螞蟻兵團」（曾彩文 1999）鼓勵大眾成為環境友善的綠色消費者。她們的努力，大大改變一般人對女人能耐的看法。這些女人證明了「推動搖籃的手，也是推動環保的手」（朱慧娟 1994，45）。

▶▶ 緣起

　　周春娣，原是職業婦女，也是一家成功企業的合夥人。1990年，她為了專心照顧孩子決定成為全職家庭主婦。她認為自己是個「完美媽媽」，她的唯一職責就是愛護她的孩子，把家打理好。為了讓家裡一塵不染，她用了各種不同的化學清潔劑、漂白劑、殺蟲劑、香水噴霧等等。但是，有一天無意中看到一本書，馬以工寫的《一百分媽媽》（馬以工 1987）。

　　讀完這本書，她幾乎有三個晚上輾轉難眠，因為以這本書的「一百分」媽媽標準來看，她認為自己差太遠了，這本書把她目前的生活狀況定位成「有毒家庭」，周春娣才發現她所用的這些清潔和化學用品不只是對環境有害，且危及她的家人。最後，她決心徹底改變她的生活型態，將她的關懷擴及鄰里。她明確表達生態家庭的原則：「因為我愛我的孩子，我也將這份愛帶給其他孩子。」

　　周春娣遺憾的是，由於大人的疏忽，不自覺做出許多有害於環境，傷害後代子孫的事而不自知（蔡翠英 1993）。於是她和七位媽媽組成一個讀書會，開始依照《一百分媽媽》、《無毒的家》、《公害與你》等環保書籍去實踐環保事項，並就環保議題研讀各類文獻與報告，之後她們發展成一個環保及自我成長的訓練計畫。然後成立高雄環保媽媽服務隊，也就是財團法人環保媽

媽環境保護基金會（CMF）的前身。周春娣的用意是讓家庭主婦多有些知識，一方面是為了讓個人成長，一方面也是關心自己的家庭。她認為家庭主婦不論其年齡或教育背景，都能成功地擔任有意義的社會責任。

由於高雄環保媽媽服務隊的創始會員均為已婚婦女，新聞界暱稱這些志工為「環保媽媽」。志工們也就自稱「環保媽媽」，長久以來都這樣稱呼。即便是單身婦女或男性會員，也以此名自稱。環保媽媽基金會常務董事黃玉秋說：「環保媽媽的封號，沿用至今，環保媽媽似乎成為不分性別的環保義工代名詞，後來加入的未婚女性或男性隊員，倒也不以為忤。」（1999, 109）因她們覺得「環保媽媽」不僅僅是一個頭銜，真正想反映出來的是「一種決定實踐她們環保新生活的精神與生活態度」（黃玉秋1999，110）。

環保媽媽基金會不收會費，也拒絕捐贈，更不向政府或企業要求補助或募款。「我們要的是行動，環保並不見得要很多錢才推動得起來。」（蔡翠英 1993）環保媽媽基金會推動綠色消費，在「無毒的家」展示天然、無毒的產品，而非一般家常的化學用品。好比烘培用的蘇打粉作為油脂清潔劑，黃豆粉當作餐具洗滌劑、橄欖油用來作頭髮潤絲精。無毒的家在基金會成立之後稱為「環保生活家」，還銷售環保友善產品，如有機米、南橋水晶肥皂、黃豆粉等，所得利潤正好支應環保教育課程資料的印製費以及其他綠色消費行動的相關成本。

組織結構

周春娣看見家庭主婦很少有機會擔當公共角色，更缺乏社會

宣導的經驗及與整個社區互動的信心。她相信有兩個方法可以拓展婦女的領域：一是在家裡實踐環保並推動到鄰里，一是藉著環保媽媽基金會在高雄及南部城市各分會的基層活動來達到共同的目標。

　　但是，周春娣強調，不管環保有多重要，家庭仍然是最重要的。「周春娣永遠以家為優先，強調『家是真正的根本』，家照顧好了，才能進而做社會公益。」（蔡翠英 1993）她受訪時常常引用「君子務本」這一句儒家格言。這四個字出自於《論語·學而篇》：「君子務本，本立而道生，孝弟也者，其為仁之本與？」意為君子專心致至仁之本，而孝敬父母、敬愛兄長就是仁愛的根本。一旦「本」務好了，社會的問題就少多了。孝敬父母、敬愛兄長都與家庭有關，對周春娣而言，「本」即在說明以照顧家庭為重，再出來社會倡議環保。這想法隱含著儒家維繫和諧關係的基本主題。證嚴也時常鼓勵她的女眾弟子家庭的本份要顧好，見第一章。周春娣以她自己為例，她的先生協助服務隊發布新聞，及統籌處理行政工作。她常把成就歸功於先生的合作，但其實她本身在投注環保宣傳之前就先照顧好家庭。環保媽媽基金會秘書長陳佩靜在訪談中也是提到先生的支持。她說，就像丈夫的薪水妻子有「一半」，她能全力做不支薪的環保義工，先生也有「一半」的功勞（6/19/2020）。

　　以上的例子是家庭中相互支持的好例子。可是如果媽媽們沒有照顧好家庭，她們的丈夫和子女可能吝於支持，也不容易讓媽媽說服鄰里及社會一起合作（黃曉雲 1992，81-82）。能讓民眾與家人都能參與保護環境是重要的，因為就生態家庭主義來說，「所有生物在本體論上都是相同的，我們都是家庭的一份子。」

（Lee 2000, 8）若是我們將家庭的界限擴展到環境保護，這份對自然的責任對每個人來說都是很重要的。

環保媽媽基金會與慈濟相同的精神是致力於環保日常消費上的節約，「我們不只要求外在的環保，也要求內在的環保、純淨的心靈啊！」（朱慧娟 1994，45）換句話說，我們追求的是在個人生活型態與政府官方政策都要改變。

不管是外在或內在的行動，周春娣主張：「我們即知即行，才能有效改善環境。」（黃曉雲 1992，82）環保媽媽基金會的婦女在滿足傳統對母親的期望的同時，擴大了其作為好母親與好公民的角色。她們並非全然擁抱傳統的角色，但亦非整個捨棄。她們藉著環保工作，將傳統觀念裡婦女對家庭與社會應有的關懷做了結合。此即周春娣所認為的「家庭主婦從事公益，不但不受年齡、學歷限制，甚至可以自我成長，將家庭與社會責任兼顧」（孫立珍 1997）。

對於高雄婦女而言，知識就是力量。許多環保媽媽基金會的會員們擁有高學歷，她們熱切追求對環保的使命。她們持續參加讀書會研討環保書籍。作家傅孟麗，身為《消費者保護雜誌》總編輯，曾指出在公開演講的場合，觀眾席中大多數為女性（2001，3）。環保媽媽基金會會員們就是這樣，期待能有機會進修、渴望和追求知識的一群，她們辦理演講課程並與環境保護組織和專家們進行對話。

環保媽媽基金會的會員們分兩階段受訓，第一階段為初級基礎課程，任何有興趣並願意參加的人都可以成為會員，參加課程並在社區、教會內解說環保生活化。第二個階段為進階課程，環保媽媽基金會邀請專家說明環保法規和環保專業課程，課程均為

免費供應。一位會員完成這些進階課程之後，一年試用期滿若符合條件，即可晉身為講員。2004 年環保媽媽基金會約有 70 位講員。

　　環保媽媽基金會的環保活動中以教育與家庭為主，其間特別強調從個人和精神層面來奉獻個人時間作環保。這些也表現在她們的大目標裡，基金會的遠大目標包含在社會主流中增加新環保議題的能見度，例如擁有綠化家園、綠色消費、檢驗水的純淨以及國內的消費指標、對大眾污染的關切、期勉大眾與個人對環保的覺醒並改變自己及家庭的生活習慣（何貞青 2001，43）。這些作法都是環保媽媽基金會設法將環保理念融入整個社會的大型活動中，也是建立家庭生態的實踐。

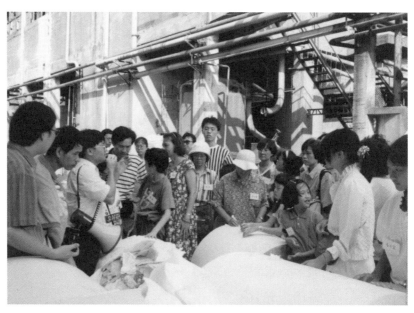

圖 18 ｜ 環保媽媽基金會在高雄的水品質檢查的行程（2000）。

》》活動

　　環保媽媽基金會是一個相當活躍的組織，當地志工籌辦許多教育活動，例如，該基金會每個月在高雄提供免費的環保及教育學習活動，包含提升民眾對環保議題的認識。每到寒暑假，舉辦親子環保營，安排參觀廢紙回收廠、淨水廠、環境受威脅的地區等等。這之間的空檔，該基金會的志工則為社區、學校、宗教團體、非營利組織以及協助民眾活動中心安排短期、單一主題的課程。該組織亦出版環保媽媽基金會會訊及不定期的環保手冊，傳單及書籍，免費供民眾索取。環保媽媽基金會的執行工作如下：

1. 協助學校社區、實施資源回收，垃圾減量以及環境美化計畫。
2. 鼓勵會員集體採購、建立無毒的家、實踐綠色消費。
3. 持續推動校園禁售垃圾食品、垃圾飲料運動。
4. 推動有機農業，藉以保護土壤及河川改善工作。
5. 持續監督選舉期間環境污染的問題、改善濫插旗幟、看板，濫發文宣等風氣。並讓大眾知曉候選人的環境立場。
6. 持續推動包裝減量工作。
7. 持續監督並致力保護水資源及改善水質的工作。
8. 協助與高雄以外的南部城市分支機構合作處理環境問題，共同推動環保工作。
9. 協助並監督政府政策之執行及廠商的污染改善。
10. 協助輔導社區參與「生活環境總體改造」工作（環保媽媽基金會 2000b）。

她們的工作收到廣泛的迴響，由學校擴及整個社會。舉例來

說，1990 年 11 月該基金會的媽媽們縫製飼料袋，交給學校以收集可回收再利用的物品。在學校，她們提供垃圾分類的課程，幫助學校實施回收計畫。學生與老師們熟悉了資源分類後，學校就能將這計畫辦得更好。

高雄市有 110 所國中、國小，該基金會協助 54 所小學與國中建立其資源回收計畫，自 1990 年 10 月到隔年 6 月總計回收量 170,000 餘公斤，金額 38 萬 5 千多元，錢都歸給學校（黃曉雲 1992，80）。由於各學校回收漸上軌道，從 1993 年後就由各校自行辦理回收工作。

環保媽媽們甚至連續兩年追蹤高雄市 54 所學校的垃圾成份。經過這項調查，發現學童食用的多是垃圾食品。為了將垃圾食物逐出校園，環保媽媽基金會勇於對抗廠商並挑戰學校規範。活動首次開展時，教育局指責環保媽媽強詞奪理、干擾學校行政；同時食品廠商也惡言威嚇要她們閉嘴，儘管有這些扯肘的事，但是環保媽媽基金會卻收到學校校長、教師以及家長的支持，終於達成她們的目標：讓垃圾食物離開校園。之後，許多學校也漸漸跟進了（朱慧娟 1994，44）。經過對政府的施壓，高雄市終於在 1993 年制定單行法規，[5] 對進入校園的食品飲料做審查。環保媽媽基金會成功提升民眾對環境保護的覺醒並動員支持。她們有時還身兼其他社會運動和社區團體的顧問。這也得力於該組織積極的市場手段以及她們創發朗朗上口的運動口號，舉例來說，有一個運動是為讓民眾處理好周遭的垃圾，口號是「垃

5　所謂「單行法規」意指對於特定事項，單獨制定的法律。若法令僅適用於特定領域的亦可稱為單行法規。此處提到的單行法規資料出自於〈高雄環保媽媽服務隊——建立無毒的家〉。

坂不落地」，意思是民眾不應將垃圾隨意放置街頭，而應該等垃圾車來才丟棄。

環保媽媽基金會打出此「垃圾不落地」口號，並宣導實施。該運動非常成功，影響所及達於台北，甚至遠至大陸，以廣州為甚。廣州長年為過多的垃圾所苦，建了一座新的焚化爐並依照台灣廢棄物處理辦法作業，該城市全面執行垃圾分類，以及同時採取「垃圾不落地」的措施，「成為大陸第一個實施垃圾不落地的一線城市」。很快的其他大城市如上海、杭州也都採取這個辦法（李文輝 2012）。

環保媽媽基金會經常參與公眾事務，在初期開辦的那幾年，領導幹部及核心會員如認為民眾或政府訂定的政策有違害環保時，她們絕不寬貸。創立六、七年之後，該團體與官方或團體的交涉越來越老練，她們的任務變得更加務實，不流於空想、空談。

舉例而言，往後的幾年，對於環境受影響的區域，她們不是直接向政府官員爭辯，周春娣及其他會員會先查閱她們自己做的環評並向政府作出建議如何改善當地的環境條件。

這種合作的策略奏效，自該會創立以來，已向環保署提供上百個建議，會員經常與高雄市長討論環保政策。環保媽媽基金會深遠的政治影響力根源於她們的知識和熱情：她們自發性唸環保書籍、蒐集資料、諮詢專家建議、直接接觸製造者、並徵詢國內外參與環保議題的家庭主婦意見，並「因常對媒體揭發生活中為人所忽略的環保問題，成了媒體的『寵兒』。」（中國時報 4/20/1997）

在大眾的心裡，環保媽媽基金會常是環保局的眼中釘，甚至是得理不饒人的兇婆娘，但是經過六、七年跟官僚體系與社區民

眾打交道的經驗後，較以往要溫和，對公司行號也較以往實際，且可以溫和協商；「多方磨練後，也能夠理直氣和，讓環保局心悅誠服接受建議。」（中國時報 4/20/1997）但是環保媽媽基金會對於保護當地環境、民眾身體與居家健康的宗旨是沒有妥協餘地的，只是該組織似乎採取更為務實的路線。

》 創造性的社會行動

　　環保媽媽基金會在運作之初，是沒有任何外在機構，包含企業、或政府單位財務上的奧援，周春娣說她的行動綱領是「從體制之外進行改革」（孫立珍 1997）。改變需透過非營利組織，這樣民眾就不需要完全依賴政府這一方來工作。這裡所說的非營利組織，就像非營利組織環球政策專家 James A. Paul 所指出的，世界各地非營利組織的數量急遽增加，許多觀察家認為這個趨勢是多元文化與民主發展的表徵，因為專制政府和受範限的附隨組織常常取締獨立的非政府組織，或以嚴重的行政障礙和騷擾對其進行懲罰。大量的非營利組織卻能反映了複雜多樣的社會現實，並幫助呈現了各種各樣的公民需求，這原是政府本身幾乎無法判別或協助的（Paul 2015）。

　　非營利組織在現今社會是必須存在的，而在眾多非營利組織由婦女組成的環保團體中，在 1990 年代環保媽媽基金會是唯一植基於南台灣的。由於自認主要任務在保護當地環境，其組織建構顯然不同於尋求國家級動員的環保倡議團體。舉例來說，環保媽媽基金會的理事長沒有任期限制，這對內部組織權力的活化影響很大。

　　甚且，由於會員遍布南台灣各地區，以致少有與組織高層溝

通的機會，這方面來說，她們不像主婦聯盟環境保護基金會（以下簡稱主婦聯盟）較多做上下溝通的機會。雖然環保媽媽基金會與主婦聯盟在彼此的會員，工作目標、策略上多有類似，但仍有很大的不同，組織之間也鮮少合作。環保媽媽基金會地處南部，而主婦聯盟則在北部，彼此都專注於當地的工作。

環保媽媽基金會為改變南部社會一般對環保的看法，有四個步驟：

1. 舉辦大眾討論會及審議會，透過媒體凸顯環保問題。
2. 運用當地組織辦理大眾教育、演講及活動。
3. 說服國會議員通過環保法案。

圖 19│南部環保媽媽熱切學習與實踐環保（2000）。

4. 直接與其他環保團體溝通，在議題上合作或經驗交換。

環保媽媽基金會最重要的行動策略就是對議題的高度專注。每一次接受訪問，會員都是宛如赴一個極度重要的記者招待會，全力以赴。她們也經常抱著「隨時可以解散」及「遇問題立即反應」的信念，[6] 因此在短期的工作事項上尤見奏效。遇問題立即反應可由二例見證，其一，2012 年 9 月董事長和徵求而來的環保青年志工在全台，北、中、南、東四區 604 家加油站進行秘密抽樣調查，最後獲得十點結果，並嚴謹提出九點要求。其二為 2013 年 5 月對「墾丁悠活麗緻渡假村違法設立、規避環評、政府的消極作為和嚴重放水」，向各單位做出嚴正抗議。[7]

她們的大眾運動甚獲媒體與網路的讚賞，這是由於環保媽媽基金會長期的努力與成果。雖然某些議題有問題意識的急迫性，但董事長周春娣卻避免舉行群眾示威，一方面是人多難控制，一方面是因為南台灣傳統政治的氛圍不樂見劍拔弩張的對立姿態，較傾向更溫和的社會變革。

舉例來說，黃玉秋就認為與其反抗政府，不如跟有關當局合作。「我認為不斷批評政府並不是一個好辦法，如果一方面幫助政府，另一方面卻監督政府，可能效果會更好。」（6/21/2000）

相同地，環保媽媽基金會前秘書長陳佩靜也說：「我不會去抗爭現場，但我會簽署抗議者帶來的陳情書，我較喜歡採取溫和

6　周春娣説，她們的非營利組織既不要入會費，也不申請政府補助，更不向大眾請求捐款，還做「隨時可解散的準備」（孫立珍 1997）。

7　詳見環保媽媽基金會的部落格，其中有許多環保即時新聞與行動之例：http://conmofo27.blogspot.com/search/label/%E7%92%B0%E4%BF%9D%E5%8D%B3%E6%99%82%E6%96%B0%E8%81%9E。

的手段，我想這樣對政府或民眾都較能接受，太過激進的行動反而會讓我擔心。」（6/19/2000）我們環保媽媽基金會的一位好朋友天主教朱妙雪修女曾說：「我參加過多場抗爭，也簽署過許多陳情書，還協助散發宣傳小冊，不過我所屬的教團，基於不擅長和政治接觸的原因，並不多鼓勵。」（6/17/2000）時值 2000 年左右，天主教的修女在南部沒有開辦她們自己專門針對環境保護的活動團體，[8] 所以藉著參加其他組職來達成她們環保的目標，不像關懷生命協會，法師們已經建立起她們自己的組織來支援環保及動物保護（見第三章）。

慈濟在抗議方面也面臨類似的問題，佛家需要寬容、同情和關懷來創造改變。在慈濟組織裡，抗議常被認為太過激進。從宗教的觀點而言，其志工多致力於慈善事工並強調遵守法律，全球慈濟志工堅持的原則是避免參加任何政治活動，他們不去組織抗議活動，是因為他們認為示威活動很容易轉移到政黨鬥爭的領域。因此，慈濟人跟隨其領袖證嚴法師一直有關懷人類和諧的原則，並著重人與自然的和諧關係（慈濟年報 2015）。

從這個意義上講，某些宗教組織較不關注公開的爭論，而較關心社會變遷下的個人與靈性層面的信仰，還因為宗教團體的屬性，不想採取激進的政治行動。這樣的情況下，使得在這種宗教

8　台灣教區有「天主教男女修會會長聯合會正義和平組」（簡稱天主教修會正義和平組），領導實踐社會訓導，改善人類生活質素。此委員會雖不是專門處理環境議題，但人類生活質素亦包括環境質素。在本書可看到此組織參與了保護棲蘭森林的社會運動，見第五章。並且當宗教界（佛教、基督教、天主教）在尋求聯署「建立非核家園」時，此正義和平組在天主教部分共收集了 2,708 人的聯署簽名（電郵通訊 10/25/2000）。

團體裡的一些婦女除了宗教團體以外，想要再投入一個（或一個以上）的社會團體來伸張社會改變，特別針對環保行動而言。

從社會行動及動員觀點而言，環保媽媽基金會成功的動員了社會裡「家庭主婦」這個原本較不活躍的區塊。這一點頗具意義，尤其就社會動員的強烈精神及其政治聲量，南部地區不若台北，北部高等教育的白領階級較早促進社會變遷，南部婦女社會上的多重角色概念蛻變則相形緩慢一些。就如同傅孟麗在演講時所指出，「1987 年台灣解嚴，在台北，一時之間，和女性議題相關的各種團體，如雨後春筍冒出頭，如主婦聯盟訴求環境保護與綠色消費，婦女救援基金會致力於雛妓救援……等，而高雄遲至1991 年才成立晚晴婦女協會……。」（傅孟麗 2001，2）所以環保媽媽基金會的媽媽們在南部開拓環保所代表的意義彌足珍貴。

她們推動一個觀念，就是即使媽媽在家裡執行一項簡單的環保任務，都是愛的行動，與媽媽的傳統社會角色是一致的。也就是該基金會推動女性不要排斥社會改革，甚至在所有層面上鼓勵她們參加社會改革。該基金會積極尋求改變廣大社會的觀念，勇敢的向既定的傳統和固有經濟利益者挑戰。

如何向社會及固有經濟利益者挑戰呢？那就是多年以來推動無毒家庭的活動。她們鼓勵民眾採用生機食品，以天然肥皂及清潔劑來取代化學清潔用品。起初，一些著名廠商及老闆都排斥這些選項，「環保媽媽腦袋有問題啊！竟然要走老祖母的回頭路，現在怎麼可能有這些東西？」（何貞青 2001，40）認為在現代世界來尋求天然產品簡直是無稽之談。但這些主婦毅然決然往前走，利用閒暇去工廠找環境友善的產品，之後可以下訂單或推薦給環保媽媽基金會的媽媽們；逐漸的，這些有機食品、無毒清潔

劑在消費者的觀念裡躋身到受歡迎的行列裡了。

　　周春娣說到：「我們給消費者一個觀念，覺得好的就請工廠去生產。如果對人體有害，就一起拒用。消費者是有主導權的，不只是廠商生產什麼，就得用什麼！」（何貞青 2001，40）這種集體消費的特性導致經費匯集到友善環境的產品，也幫助了環保媽媽基金會的運作。透過這個活動，越來越多的人了解這項議題，也選擇去買親生態、綠色產品。該活動最後成功的促使化學清潔劑一類的廠商到環保媽媽基金會訪問，查訪該基金會會員到底喜歡什麼樣的產品，廠商即可配合開發。

　　環保媽媽基金會社會動員的願景是全方位的，該組織鼓勵公眾參與環保意識和服務活動，在會員努力爭取公眾的參與和支持時為其提供協助。並且說服個人、家庭主婦以及產品製造商改變習慣，生產更好的產品。該組織給予社會邊緣人與政治弱勢者發聲及權利，特別是南部地區晚近才參與公眾辯論及社會改革的家庭主婦。

▶▶ 政府、經濟及環境

　　為了正視人類經濟發展行動不至於帶來對自然毀滅性的影響，環境社會運動是有必要的。環境保護聯盟台南分會理事長前會長陳椒華女士的說法是：[9]

9　環境保護聯盟台南分會是位於台灣南部的著名環保團體，雖然組織與環保媽媽基金會的重點不盡相同，但也有相似工作，就像環境保護聯盟台南分會主張選舉與環境保護二者兼顧，比如選舉廣告不得捆綁於樹幹上，市容更加乾淨整潔（台南環境保護聯盟 2000，9-11）。環保媽媽環境保護基金會的執行工作之一也有選舉廣告物的管理（見本章環保媽媽基金會執行工作）。

為了達到減緩對自然毀滅性影響的目的，我們必須快速行動，以免社會運動遭致失敗。

目前，我們無法預測將來會發生什麼，我們不知道哪些工業會成為高污染工業，也很難決定我們要哪些工業，或不要哪些工業。但是透過社會運動，我們嘗試警告民眾各類污染工業會產生的危害。

這類教育是真正有益於民眾的，最後，運動的具體政策目標是否達成並不重要，在發展社會運動的過程之中，社區奔放出一種活力，一種前所未有的活動力，這比任何具體目標都來得重要。（7/18/2000）

然而單只是社會運動並不足夠，政府也必須參與其中，才有可能通過環保政策並加強環境法規。

有些人不滿於政府的環保官僚主義。舉例來說，環保媽媽基金會會長張燦琴曾說，[10] 她之所以仍然參加政府的環保活動，因她覺得這是有意義的，但同時她也認為，政府在提出一個環保決策之後，需讓環保單位工作的幕僚與執行單位嚴謹配合，以提高環保效率，當然提高效率不可缺乏學習環境議題的知識與促進執行實務的熱忱。就像另一基金會的會員劉秀華也曾經提及：

有一次我們去基隆的外木山作海岸淨灘的工作，當地的環保局並未派員協助，只是在最後派了一輛車來收垃圾，那

10 環保媽媽基金會活動興盛於 2004 年早期，但是該年 5 月周春娣患病，接下來的兩年無法視事時，由張燦琴接事，對外代表該組織，負責雲林、嘉義及南台灣。2006 年 5 月周春娣恢復視事，繼續負責環保媽媽基金會的活動（8/10/2007）。

次大約有四百多位志工參與，慈濟派了二百多位，其餘則都
是當地的社區居民。（7/18/2000）

其結果是，政府單位與民眾本來可以有的正向互動就不足
了。

同樣的，有些人也感覺到政府不夠積極，他們只等到議題棘
手了，才來解決問題，而不是一開始就設法防範這類問題的產生。
就如關懷生命協會會長釋性廣法師曾指出，如果政府能根據過去
的經驗預測問題之所在，那就可以防範許多嚴重的問題於未然。

環保媽媽基金會認為，政府的政策做出太多變化也可能會導
致政策癱瘓。與其關注問題，將政府視為對手，不如與政府建立
關係，希望這樣的夥伴關係能對環保事件提出具體解決方案（蘇
佩芬 6/25/2000）。也有人說：「我們願意嘗試真誠的支持，並加
強政府的優良決策。」（陳玉明 6/27/2000）

支持政府的政策例子可從生態關懷者協會（TESA）的男性
受訪者，孫義新的舉例看出。孫認為台灣一般百姓是服從的，如
果政府制定一項政策，他們會遵守。舉例來說，騎機車戴安全帽
的規定一頒布，絕大多數的民眾就立刻遵守這項政策。在政策執
行的前一天，還沒有人騎車戴安全帽，然後，一夜之間，突然每
個人都戴上了安全帽（7/16/2000）。[11]

儘管台灣政府與人民在保護環境方面已經走了很長一段路，
但仍然存在許多問題。王俊秀教授將這些議題歸為「三 P 錯誤」

---

11 一位住在台灣的日本人王保子（同是主婦聯盟與生態關懷者協會會員），認為
支持政府的政策可能是因為台灣人服從且他們怕政府的罰款，但是在日本，百
姓參與環保是由於習慣，並不是因為害怕罰款。

亦即政策失靈（policy failure）、警察失靈（police failure）和人失靈（people failure）。他認為政府太過注重一切向錢看的經濟成長，早期國土規劃大舉侵害環境，造成環境與土地倫理的傷害是無法用金錢來衡量的（包括環境及倫理觀）。他指出這是政府政策的錯誤。警察缺乏執行環保法規的能力，導致公權力喪失，產生環境被剝削狀態。決策者缺乏「環境素養」也助長了人民的失落[12]（王俊秀 1999a，31-46）。因此生態關懷者協會會員林姜凰說：「需要促使人民對這個議題的醒悟，像母親一樣的愛這塊土地，並開創環保政策的對話。」（7/5/2000）

　　創造性環保對話不止於政策之間。2000 年 5 月，環保媽媽基金會召集座談會，邀請到台灣文學界的余光中教授與中國大陸著名的環保人士梁從誡（係梁思成、林徽因之子）討論環境與文學的關係，並且反應出在經濟發展與環境保護之間尋求平衡的困境。[13]

---

12 在 1990 年，聯合國的「國際環境素養年」中，提到環境素養的標準是，要將環境素養視為是全人類的基本教育，以「回應環境需求和促進永續發展的基本知識，技能和動機」作為全球教育重要的發展目標（楊嵐智，2019，35，http://ord221145.ntcu.edu.tw/file/7f2f9432_20200630.pdf）。

13 梁從誡曾經於 2000 年訪問台灣，可由以下二文得知他的到訪：第一，楊孟瑜，BBC Chinese.COM，5/26/2000，http://news.bbc.co.uk/chinese/trad/hi/newsid_800000/newsid_805100/805198.stm，文章提到，「大陸著名環境保護學者梁從誡在五月初到台灣訪問」。第二，陳文芬，〈梁從誡來訪・歡惋四月天〉，中國時報，5/9/2000，http://etds.lib.ncku.edu.tw/etdservice/detail?n=1&list=1%E3%80%81&etdun1=U0026-0812200911505832&&query_field1=keyword&query_word1=%E7%8E%8B%E8%95%99%E7%8E%B2&start=1&end=1。應該就是這段期間，2000 年 5 月，環保媽媽基金會召集一座談會，董事長周春娣邀請到台灣文學界的余光中教授與中國大陸著名環保人士梁從誡，討論環境與文學的關係。

　　梁從誠所領導的「自然之友」組織，關懷著許多環境與動物保護的問題。他說中國大陸可以學習台灣的環保，大陸的環保差得太遠了，主要是因為那裡太窮了。梁從誠提到一個故事，有一次他和一群種花生的農民在一起，農夫砍樹當柴火，他勸他們不要這樣做，因為明年春天樹幹就會長回來。農夫卻回答說：「如果我不燒這些樹幹，那你要我們燒什麼？燒我們的手臂嗎？」

　　梁從誠又提了另一個上海的例子，那時（2000 年）上海市區很介意重工業的污染，當局就將所有重工業遷往郊區，郊區的居民需要工作，願意與污染共存。最後，鄉村污染嚴重，地下水已不能飲用，村民必須長途跋涉去找乾淨的水。很不幸的，村民們實在找不出對當地環境沒有影響的發展方案。

　　二十多年前的兩岸情況很不一樣，台灣由於先有過幾十年快速的經濟成長，國民的平均生活水準高。其結果是，越來越多人感受到需要將環境保護的優先性提到經濟發展之前。陳佩靜說道：「如果不做改變，那麼生態環境撐不了多久。那樣的話，對任何人都沒有好處。所以如果我們必須在二者之間做一選擇，我們需要選擇環境，且必須要考慮到未來。」（6/19/2000）

　　類似新的思考方式來自於反省。比如在消費為主的社會裡，許多公司都希望擴展市場，他們鼓勵民眾購買更多的貨物，其結果是造成更多的浪費，然而，有些公司已開始呼籲回收並有效利用資源，以減少生產製造的成本。當國外投資者來到台灣，他們列入考慮的是該國是否具有環境保護所需的各種設施。這些例子都是改變的跡象。當然，在經濟發展與環境保護間是否能容易做到二者之間的平衡？多位受訪者對台灣有能力做到二者之間的平衡多表達樂觀的看法。

可是也有一些人表示悲觀，舉例言之，陳椒華這樣說：

> 國民黨全力發展經濟已有多年，對於環境已產生巨大的影響，雖然目前是民進黨執政，我們的期待仍不會太高。我們了解，這需要時間，你不可能一夕之間解決所有環境問題。民眾仍非常需要環境教育。這種情況下，當地政府就需要採取主動。如果有強有力的領導者，與強烈的需求，還可有所進展。否則，我們只有多依賴非營利組織來推動這樣的議題。（7/18/2000）

有些人則較為樂觀，如身為慈濟及環保媽媽基金會的董事楊粉說道：「只要經濟發展與環境保護雙方有意願協調，我覺得是能夠磋商的，只要人們不那麼堅持己見，或是太害怕解決這些大問題。」（6/23/2000）

由於環保媽媽基金會會員對政府角色態度上的不一，多年來她們對待政府的態度也就前後不同。有時她們支持並執行當局的決定，但有時卻表達不滿和反對。環保媽媽基金會認為非營利組織應該是政府的監督者，應該分辨出並建設性地批評值得重視的公共議題，同時與有益於社會大眾的公共計畫合作。因此，環保媽媽基金會對待政府的態度在很大程度上是務實的，立場一致時給予支持，但如公共政策對環境有害時即予以批評。

舉例來說，2002 年高雄市政府制定法規限制塑膠袋使用量，80%的高雄居民支持該政策，但有兩家不願配合，並宣稱如果客戶在他們店裡消費達一定金額，他們自會提供環保袋，但未達此金額的客戶則僅提供塑膠袋。環保媽媽基金會公布這兩家拒

絕遵守當地法令的商家，並呼籲大眾抵制它們。這就是環保媽媽基金會致力於政府法令的執行。

環保媽媽基金會與前高雄市長吳敦義的關係可歸類為愛恨情仇，該基金會讓會員對地方政府政策的批評發聲並倡導更好的替代方案。當時的高雄市市長吳敦義對於這些建設性的批判，尊稱她們為「諍友」（何貞青 2001，41），再一次展現出發展政策與環境保護之間微妙的平衡。

➤➤ 南部的家庭生態

環保媽媽基金會是南部成立最早的女性團體，當初成立目的在解決 1990 年代地方上的需要及挑戰。當時高雄尚有另外兩個環保團體，一是泰山協會，主要關懷公園及野生動物保護區。另一是文化愛河協會，注重水路的保護。該二協會均由婦女領導，她們在環境議題上的抗爭堅強有力且持續不懈（傅孟麗 Fu, M. 2001，3）。

本章追溯正值婦女參與社會運動活躍的年代，環保媽媽基金會的創建與運作成熟的過程。較之於北台灣，此地的會員多掙扎折衝於積極的環境運動者與南部傳統環境下家庭主婦形象之間。許多受訪婦女回想當初受到環保媽媽基金會的啟迪之後，感覺孤單。舉例來說，黃玉秋提到：

> 在我們成立環保媽媽基金會之後，我發現我可以學習，我可以有影響力，我可以為我想要的奮鬥，我開始關心公共政策。起初，我們會員對於環保運動的進展較小而鬧情緒，但是反省之後，我們體認到自己不過是單純的家庭主婦。我

們愛我們的家，我們的環境，我們的行動是不求任何回報
的。我們做這些事不是為了自己，而是為了環境保護。
（6/21/2000）

當環保媽媽們將她們的社會視野與個人的生活及家庭協調好
之後，她們對從事的活動與訴求就變得更加自信。

在台灣南部，高雄有環保媽媽基金會，台南有台灣環境保護
聯盟台南分會（簡稱台南環盟），都是很有名的環保組織。台南
環盟會長陳椒華接受訪談時透露，她發現只疼自己的孩子是不夠
的，應該為下一代創造好的生活環境。秉持這樣的初衷，她將自
己的生命與環保志業結合時，她覺得獲得更多內在能量，更為堅
定決志奉獻生命給環保工作。她曾提及有一次在反核靜坐中，發
現病兆進而得到醫治，所以「要以拿回來的一條命貢獻回去！」
她說：「環保有些議題爭議性多，常也可能會失敗，但是每一件
事都是訓練，讓你意志更堅定，所以覺得對，就出來做！」
（7/18/2000）陳椒華就一路為環保而奮鬥，在 2017 年獲第 14 屆
全國 NGOs 環境會議頒發的「台灣環境保護終身成就獎」。

陳椒華本身任教於嘉南藥理大學食品科技系，但是也在社
區、學校作輔導，熱心於推動廚餘回收，也是台南官田「綠色隧
道」，把樹木留下來的主要推動者，然而訪談中，她說自己覺得
目前最有成就感的是推動「選舉廣告物的管理法推動」。1999 年
在台南市成功遊說政治廣告需要監管。陳認為過多的政治廣告不
只污染市區，也擾亂地方上視覺上的美感。2000 年，在總統大
選及地方選舉期間，市政府嚴格執行新通過的規定，規定範限候
選人只能在某段時間內將選舉文宣放在社區定點，候選人並須就

上述規範簽署同意書，並體認任何違規將公諸媒體。台南環盟就此案的成功，製作了手冊「選舉廣告物設置專區管理規範說帖──台南市在 2000 年總統大選設置選舉廣告物專區的成功實例」，分寄其他地區（2000c）。許多城市也採用了這個方法。

這辦法很管用，環保署制訂正式程序以批准商業廣告並打擊任何非法廣告。舉例來說，在台南張貼廣告之前，廣告商需申請許可證，拿到許可證才能在規定的期間內張貼廣告。過期即須下架。商業廣告主要刊登在報章雜誌上。至於大幅廣告，廣告公司須租賃大型看板，這樣市容明顯變得整潔美麗。

環保媽媽基金會也在高雄防止選舉造成污染貢獻力量，她們見不得漫天飛舞的文宣，所以在 1995 年舉辦「乾淨選舉──候選人環保公約」，請候選人簽署公約（環保媽媽環境保護基金會1999），避免傳單旗幟氾濫，還實際調查公布候選人的插旗數，大部分候選人因此不得不有所節制。

在環保媽媽基金會逐漸成為社會環境行動工作的代言人之後，她以家庭為環境保護的立論基礎在社會上越來越受歡迎。環保媽媽基金會成員基於家庭的動機和群眾行動，清楚地揭示了傳統和現代女性角色的融合。儘管該組織拒絕進行大規模的群眾抗爭活動，但其勇敢無畏的作法與其他比較激進的團體一樣勇往直前，不落窠臼。

舉例而言，環保媽媽基金會成員若不同意政府官員對公眾政策的立場即直言不諱，爭辯到底。但是即便是在爭辯中，也是盡力包含愛的信息，養育以及對家的護衛，讓人回想起過往凝聚的社會。她們深信要提升志工得到社會與執政者的支持，是在於她們自己能否將母親與行動者的角色調和好。這樣，更加強了該組

圖20│環保媽媽基金會成員種樹以使高雄市更為美觀（2003）。

織的信心，也更堅定了她們的初衷。

　　環保媽媽基金會在開展格局，新增會員之際，她們接觸到高雄地區母親身份之外的其他環保人士。因此2001年起會員中有31%為男性，[14] 許多未婚女子也加入進來。會員受到真誠保護環境的目標所鼓舞而付諸行動，這個目標跨越了政治、社會和性別的分歧。

　　談到跨越性別的分歧，黃玉秋，自認不是一位女性主義者，卻認同這個非政治議題。有一次她看到一份高中女生的環保意見調查表，女生抱怨在環保議題方面女生做得比男生多

14 環保媽媽基金會「並非純媽媽的隊伍」（資料來源於高雄環保媽媽服務隊——建立無毒的家）。

（6/21/2000），黃認為校內不管男生、女生都應教導在學校做更多的環保工作。因為人不可能與自然隔絕，人類生命都源自於母親，也都需要大地的孕育。所以關懷生態不應只是一個以性別為基礎的議題。

對環保媽媽基金會整體而言，同樣重要的是盡早根植環保覺醒及關懷的種子。一位高雄來的天主教朱妙雪修女談到小時候，飯粒吃不乾淨，祖母會嚇她以後變麻子；筆記本得用到最後一頁才可以買新的；上小學時穿木屐走路去學校，手中提著裝橡膠底的運動鞋的袋子，到了學校再換上，種種都幫助養成了從小惜物的概念。現在時代變了，教導孩子惜物的做法不一樣了，但是她還是覺得環境保護運動最重要的觀念還是應在小時候就要開始，她說最好幼稚園時期即開始生命及美學藝術的教育。朱修女說：「我常常教導孩童如何使用再生資源。舉例來說，我們使用各種不同的塑膠瓶及可重複使用的木材來做手工，這樣孩子們自然就會養成這種習慣。」（6/17/2000）幼小即開始，孩子們將學會愛惜資源，為日後投入環保的努力做了前置工作。

》 覺性／靈性與生態家庭

雖然環保媽媽基金會並不是一個宗教團體，也不隸屬於任何特定宗教，但接受訪問的幾位會員有宗教的傾向，她們覺得對環保組織效力常是受到宗教的情懷及靈性上的激勵；而她們組織在為整個社會提供環境宣導時，同時也盡可能給予會員自我實踐及療癒的功能。會員因此不斷的學習，長期將時間與精力投注在環保的相關議題上。黃玉秋認為「如果你整個人身心都投入，你就會有動力去做更多與環保相關的工作」（6/21/2000）。就像身為

佛教徒的陳佩靜，同時也是環保媽媽基金會的會員，這麼說，「如果你以菩薩道行事，就能為他人行事，也就幫助了自己。」（6/19/2000）

顏秀妃是一位天主教徒，也是環保媽媽基金會的會員，說當她為環保問題工作時，她總是無條件的支持環保運動，不求任何回報。她的態度與天主教神職人員的奉獻相同。神職人員長年為年長者、病患、或是行為障礙者服務是從不求回報的。她自覺沒有神職人員那麼偉大，但是對於環保工作她是全副投入（6/14/2000）。環保媽媽基金會的會員顏敏如說道，「宗教有兩個層面，一是入世，一是出世，入世是為了社區或社會，出世則是靈魂的旅行，需借助於冥想、修練以及信仰，讓宇宙間人的行為與萬物達到和諧共存的關係；而透過環保，入世與出世都可以得到操練。」（6/5/2000）對這些志工們來說，也可以說環保工作成為外修（為社會服務）與內省（靈性提升）的泉源，同時讓社會得到發展及精神得到滿足的方法。

透過行動，有些會員展現覺性／靈性於無形。許多工作者似乎都有一種共同的覺性／靈性上的訴求，她們尊重並珍惜彼此對工作的深厚感情。張燦琴說她並不信奉某種特定宗教，但總是做些與宗教理想相關的工作。「我只是初步的邊學邊做，有趣的是，當我做這些，佛教徒會誇獎我滿有菩薩的榮光。一位天主教修女也曾跟我說，『你雖然不是基督徒，但你做事的樣子好像是神要你做的。』各宗教的信仰雖不同，但對環保的信念卻是相同的。」（6/22/2000）張女士的言論顯示，對環保工作的熱愛體現了一種超越教條的社區精神。她的觀點說明了用行動建立生態家庭時應有廣義的合作精神。

環保媽媽基金會自成立之初即與宗教社團合作，自 1997 年的 10 月至 1998 年的 6 月巡迴台灣各地，舉辦三十場宗教團體「環保新生活自我實踐」宣導活動，獲得廣大迴響（環保媽媽環境保護基金會 1999）。顏敏如還記得有一次高雄有 20 位佛教女法師主動邀請環保媽媽基金會提供課程（6/5/2000）。然而與前面各章不同的是環保媽媽基金會並未在會員之中分享宗教的要理。比如慈濟，強調掃除環境的垃圾，就像信徒除卻心中的五毒，透過環保工作得能潔靜身心靈的想法，鼓勵了慈濟會員投入環保。在關懷生命協會（LCA），佛教對眾生的慈悲激勵會員關懷動物和眾生生命。基督教生態關懷者協會（TESA）也同樣是呼籲在其宗教範圍內保護環境與建立土地倫理。

即便是一般的社會團體——環保媽媽基金會（CMF）也可在自我實踐及環境保護中找到覺性／靈性。這就是生態家庭內涵的一種展現。在家裡，媽媽照顧一家大小，未嘗要求任何回報，且以自己能有所貢獻而引以為慰。同樣的，就像家裡的媽媽，環保媽媽基金會在環保上的努力亦未曾希冀社會有所回報，她們堅持環境保護就是她們最大的回饋。覺性／靈性發展、自我涵養、以及環保媽媽基金會內部的成長等等，都可以成為生態家庭主義的特徵。

》 傳統與改變

環保媽媽基金會對高雄及南台灣社會及環境狀況的衝擊是不容否認的。儘管婦女的傳統地位受到限制，許多環保媽媽基金會的會員都以能夠成為改變世界的家庭主婦為榮。

不囿限於年齡或教育背景，環保媽媽基金會成員不斷的自我

成長，對社會貢獻未曾稍歇（台灣日報 7/5/1997）。張燦琴提到過去這 12 年來，她從不間斷地以家庭主婦身兼環保工作人員的身份，每週在廣播節目中談論家庭中的環保，在校園及社團裡演講，並在各個城市評審環保工作的成果，「這些活動給了我『自信與自我實踐』的感覺，這些是單僅以家庭主婦的身份不容易得到的。」（8/12/2007）

環保媽媽基金會影響最為深遠的做法是它對傳統母性天職的挑戰，它要求母親撫育孩子，同時提升社會，造福子孫後代。環保媽媽基金會的一份介紹短文中提到：「一位細心、溫柔的母親，只能得到 60 分；一位真正的好母親，還要投入並關心整個社會，做好環境資源回收工作，則是關心國家社會最基本的要求。」[15]

圖 21｜環保媽媽基金會於 2002 年間向北港高中生演講。

15 取自「環保媽媽心語」，與周春娣的電郵資料（10/2/1999）。

　　不同於台灣關懷生命協會（LCA）與主婦聯盟環境保護基金會（HUF），環保媽媽基金會（CMF）不做群眾運動抗爭。生態關懷者協會（TESA）則不爭取媒體報導，而多是在台面下處理好，並著重出版刊物。相對的，環保媽媽（CMF）與主婦聯盟（HUF）卻善用媒體的報導彰顯她們的議題並提升組織的形象。儘管各有其策略，藉著她們的行動實踐，這些組織都成功的帶出具體成果。

　　這些組織也有許多類似之處，共同的出發點都是希望能成為好媽媽且共同守護地球的好公民。她們關心未來的世代，希望她們能有一個比較好的環境。生態關懷者協會（TESA）秘書長陳慈美，深受曾祖母，祖母和母親的寵愛（7/17/2000），這樣的愛使她在撫養自己的四個孩子時也很想做一個好媽媽，她希望培養孩子有全面正確的人生觀，有積極的人生起點。她認為現在的母親應該是家庭與大地的忠實管家，並勻出時間獲得生態健康的知識，改正自己生活上的壞習慣，身體力行簡單生活的真義（楊貞娟 1997，7-8）。

　　環保媽媽基金會（CMF）的創立者和領導人也有類似的故事，許多方面都看得出現代母親是多麼關心下一代，希望她們能夠生活在一個健康的環境，但是她們的關心並不止於空想，她們確實為之付出行動成為「**主婦行動家**」（housewife activists），這是文化人類學家 Sydney White 為她們所創發的新名詞（電郵通訊 3/8/2001）。

　　不論生態關懷者協會（TESA）、主婦聯盟環境保護基金會（HUF）或環保媽媽基金會（CMF），這三個組織並非要侷限女人僅僅是母親的角色。相反的她們非常鼓勵女性以行動實踐環境

保護，給社會帶來改變。這是中國文化的新趨勢。

　　就傳統而言，內在／外在，公共／私人，社會／家管，男性／女性是有嚴格的分際的。這種傳統的思維溯源於《易經》，該書是最古老的中國經典。在易經一開始的兩個卦象，乾卦陽剛之氣，坤卦陰柔之氣，二者既相對立，又相依存。後來在文化上就有許多的類似的概念出現，比如說：陰／陽，天／地，男／女等。當然陰陽是最為人所知的，常以各種形式的太極圖符號來象徵；在太極圖裡，陰陽實際上是互補的，而不是對立的力量，兩者相互作用形成一個整體。這個整體大於任何一個單獨部分，並且是一個動態系統。乾卦亦可代表「天」運行不息，主動；坤卦代表「地」厚德載物，主靜；乾坤共同作用，化生萬物。

　　然而乾坤陰陽以前所蘊含的「互補」之意，在漢朝漸漸轉變為「內外有別」之意，而以後的朝代（如宋代、明代）更加強調：陰代表女性、內在、家庭領域；陽代表男性、外在、公眾領域等。漢代儒家經常以內在與外在的二分法來證明男性和女性「各適其所」的不同社會角色（Raphals 1998, 195）。原本提倡遵守道德規範的主張倒是可以讓人理解，何況當時漢朝的文化並不非常僵化，陰陽是平衡的。但是到明清時代，由於理學的發展與制度法令對婦女的影響，女人的地位降低，社會上也開始多見旌表制度的「貞節牌坊」和纏足等現象。

　　雖然這些問題隨著時代演變逐漸消除，但是家庭主婦被限在家庭處理家務的傳統仍然存在。家庭主婦「較間接的意涵」是改善家庭或照顧丈夫（Raphals 1998, 250, 54）。女人的角色是溫順的、安靜、健康、貞節、並且傳宗接代：這是所謂良善而有德性的婦人與母親。女性與其說是女人可完成的生命，不如說她只是

一個達到目的手段而已。「老天給男人最大的禮物就是給他一房媳婦，幫他生下眾多兒子。」（Goldin 2000, 145）

但如今，家庭主婦將她們對孩子的關懷延展到其他家庭的孩童，甚至是未來的世代，甚至尚未孕育的生命，這些孩子已然深深虧負這些婦女，這些「新」好媽媽們。

可以說，高雄環保媽媽們投入環境保護有三個重大意義，首先是在環境的惡化和危害下興起保護家庭的期望，特別是對她們的孩子。環保媽媽基金會（CMF）的無毒家庭運動即在保護她們的家庭免受環境污染。第二點是將家庭的概念擴大到社區。環保媽媽基金會（CMF）提供給社區、學校以及宗教團體的環境課程，甚至促成相關法規的建立，即顯示出她們將大社區融合為家庭的概念。第三點是會員們藉由環境保護不但盡全力自我成長，更透過保護環境，勇敢地在南部開風氣之先參與社會改革，樹立了環保運動的好榜樣。

從上述我們看到環保媽媽基金會（CMF）的會員們在南台灣如何落實生態家庭的建立，周春娣也已然成為「高雄環保之母」（傅孟麗 2001，3）。她與會員在 2016 年 12 月結束環保媽媽基金會，結束的原因是「當初創立環保媽媽團隊的人員年歲已高且分散各地，長達 26 年來推動環保的目標和理想已告一段落，決定吹熄燈號」（鄒敏惠 2016）。燈已熄，環保種子卻透過她們過去各種的努力已綿延傳遞。在此刻，且讓我們對這些環保媽媽們既久且深的長期義務付出，致上無比的敬意。

Chapter 7

還我土地：
反亞泥還我土地自救會

謹慎的捧起

我們重新煮沸的血液

記起我們的歌

我們的舞

我們的祭典

我們與大地無私共存的傳統。

——排灣族盲詩人莫那能（1997, 2）

　　台灣東部花蓮縣的太魯閣族與其他環保組織所關懷的相同，注重環境保育、反污染（曾華璧 2000，231）。但是，太魯閣族最關切的卻是原住民土地權益的問題。

　　花蓮一向以其原始質樸的美麗和自然資源聞名。花蓮有多處自然風景區（兩座國家公園和 41 處生態旅遊地）及礦藏（花蓮的石礦資源佔全省的 70%）（曾華璧 2000，209-11）。花蓮有許多原住民部落，居住在花蓮縣的原住民族約有 6 族，包括人口數最多的阿美族、太魯閣族、撒奇萊雅族、噶瑪蘭族、布農族及賽德克族。花蓮的原住民族保存傳統文化中極為精良的資源管理系統，使他們與自然環境共存。太魯閣族嚴禁自然資源的耗費，他們限制每年狩獵、農耕的次數（戴永禔 2000，145-49）。這些傳統作法是為要確保沒有一樣資源會消耗殆盡。國立屏東大學野生動物保育系教授戴永禔說：「了解原住民文化與自然資源關係之研究，有助於了解原住民與大自然共存之機制。」（戴永禔 1998，38）並且他也指出傳統原住民文化中與現代環保主義的相似處：「無論原住民生態智慧的背後的動因與機制是否符合自然資源保育的原理，如果產生保育所需的效果時，也同樣值得學

習。」（戴永褆 1998，37）

　　研究者 William T. Hipwell 說原住民可視為生態系統的守護者
與保衛者，他們承擔著修復受損的生態系統和保護自然資源的責
任（2010, 111）。基於對台灣原住民農林漁牧狩獵生態管理作法
的研究，國立清華大學通識教育中心／社會學研究所教授王俊秀
教授認為，這些作法表明「保護原住民文化，即保護生物多樣
性，更是其他人種自我保護的先決條件」（1999b, 193）。舉例來
說，另一支台灣原住民部落，達悟族（前稱雅美族）的祖先將飛
魚分類為可捕與不可捕二大不同類別，以免濫捕。在每年第一次
吃魚前，他們祈求上蒼保護未來的世代：「我某某人要享受這美
味的食物，願我及家人長命百歲，代代香火不滅，好使我們繼承
這傳統生活。」（1999b, 200-201）他們的作法顯示他們盡心竭力
避免濫捕，為後世保存自然資源。

　　其他原住民族如太魯閣族、排灣族和阿美族也採取類似作法
來保護自然資源。他們標記狩獵場，禁止在劃定範圍外進行狩獵
活動，以維護野生動物的生態平衡。太魯閣族甚至標出禁止狩獵
區，這些禁忌對現代台灣生態系統而言有重要的意義。那些早先
禁獵的區域到幾世代之後的今天仍然沒有改變，現今都是水資源
保護區及野生動物的保護區（王俊秀 1999b，200-202）。實際
上，原住民與其土地的傳統互動相當於一種生態保護的模式，這
樣的作法，可說是古代生物智慧及現代生態保護之間的橋樑。

　　對原住民部落而言，能保有先祖的土地是很重要的。國立東
華大學族群關係與文化研究所紀駿傑教授曾經引述，關注全球原
住民議題的文化生存機構創辦人 Jason Clay 所說：「沒有任何事
件比國家剝奪原住民資源，尤其是原住民土地，更威脅原住民的

生存。」（紀駿傑 1999，18）台灣在盲目追求經濟成長的時期，
原住民的生存權力受威脅，遭「環境不正義」的對待不勝枚舉，
如在達悟族家園的蘭嶼島傾倒核廢料，多年之後，「五個受台電
青睞的核廢儲存鄉之中，有三個仍然是原住民居住的家園。過
去，……為了持續傳統工業成長的水利，政府與資本家更是聯手
逼迫好茶（村部落）的魯凱族人離棄自己的土地與家園。」[1]（紀
駿傑 1997，20）

　　而在花蓮秀林鄉又是一個原住民土地資源被剝奪的重大事
件，1970 年代迄今，秀林鄉原住民保留地因為工業開發，（諸如
亞泥、和平水泥專業區），公共建設（如台鐵）、政府政策（國
家公園）而不斷被租用、撥用、徵收，從政府資本家的角度來看
這是一連串開發建設的歷史；從原住民的角度來看卻是土地被剝
奪、出賣的歷史（張岱屏 2000，1）。

　　被剝奪、出賣之感來自於許多原住民土地被租用到財團手
上，即縣政府把原住民的土地拿去租，讓財團開發獲利。然而弔
詭的是，就財團而言所謂的承租，怎麼後來卻讓原住民變成永久
拋棄土地呢？好些個原住民族受害於這種有問題的土地租賃作

1　1993 年政府預備興建瑪家水庫時，需要有大規模的遷村計畫，近千名魯凱族的
　好茶部落及排灣族伊拉部落的村民將要面臨遷村的命運。「水資局瑪家水庫環
　境影響說明書中，指出未來瑪家水庫興建完工後，霧台、三地、瑪家三個原住
　民鄉鎮的土地將被列入水源特定保護區，依據山坡地保育利用條例、水污染防
　治法及其他相關法令，上述地區的農用地、建築房舍、林地、荒地、休閒地等
　必受到嚴格管制，影響居民的生存權。」排灣族與魯凱族人開始區域合作，進
　行反瑪家水庫的行動，成立反瑪家水庫自救會，並且還有族群結盟，就是排灣
　族、魯凱族原住民跟美濃客家鄉親形成反水庫聯盟，要求政府停止瑪家水庫興
　建計畫，最後水利署找到了水資源替代方案，反瑪家水庫的運動於是結束（巴
　魯／uliu 2012）。

法，東部的太魯閣人以及屏東的春日人都有資本家或財團租了原住民的土地卻拒絕歸還（張岱屏 2000，1）。這也是為什麼原住民在環境保護的努力上經常採取原住民土地權利運動的形式。

舉例來說，在 2014 年太魯閣族一個很小的部落極大的努力下，從強大的亞洲水泥公司贏回他們自己的土地權。領導該次太魯閣土地運動的伊貢・希凡（Igung Shibang，漢名為田春綢）女士，是太魯閣人，原在日本過著安逸舒適的生活，但為了保護族人的權利毅然回到台灣。她的故事凸顯了台灣原住民的困境，與大多數漢族人不同，在與國家經濟發展的浪潮作抗衡時，原住民必須在與其相異的社會政治制度中奮勇前行。

漢人與原住民之間的關係本來還好，但由於缺乏溝通，造成了信任的裂痕。台灣環保聯盟花蓮分會會長鍾寶珠推測漢人與原住民生活型態的不同，源自於其傳統與身份的差異。從漢人觀點而言，政府給予原住民許多優惠，如大學入學考試為原住民加分，但原住民卻認為這只是表面的優惠（8/13/2007）。以淡江大學全球政治經濟學系主任包正豪的觀點來看，「政府原住民政策實踐，基本上完全是『福利殖民主義』式的施惠政策，沒有解決原住民族的困境，並未觸及原住民族主體性問題的討論，更遑論恢復歷史的公平正義。」（2016）原住民被邊緣化的結果造成很多問題，包含原住民的貧窮。

太魯閣族的例子顯示社會經濟弱勢團體如何在主流社會中討回公道，同時也顯示追求生態永續發展必須兼顧土地正義的精神。

》 原住民部落的困境

在西方國家尋求自然資源的過程中，原住民，舉凡非洲、亞洲、美洲、以及太平洋諸多島嶼上的原住民，所遭受的苦難都班班可考。往昔的殖民主義，近代的追求開發及全球經濟的整合持續都威脅到原住民的生活方式及對資源的掌握。快速發展的負面衝擊隨處可見，舉例來說，原木、礦物和石油的快速開採，導致中美洲、南美洲這些地區的生態系統發生巨大變化，森林砍伐導致工業污染急遽升高，野生動植物的破壞。「白人的殖民史其實便是全球的環境變遷史與物種的銳減史，⋯⋯它也影響著人類文化的長久發展。」（紀駿傑 1999，21）

台灣的原住民與其他地方的原住民一樣，在現代經濟發展下受害最深，舉凡森林砍伐、煤礦開採、水壩建設、道路建設和核廢料等都威脅著他們的家園。原住民的文化對環境極為崇敬，由於環境是他們主要生計來源，與大自然格外有密切的關係，所以原住民能敏感到快速經濟發展對其家園、土地和生計有直接的破壞與威脅，但是由於缺乏大家的關心，這些問題變得格外複雜。

哈佛生物學家 Edward O. Wilson 主張，「每一個國家都有三種財富：物質的、文化的和生物的。前二者幾乎是我們所有政經生活的基礎，人們通常每天都會想到。第三種由動植物群以及自然多樣性的各種用途組合而成，我們取之甚多卻並不重視。」（1991, 4）Wilson 的說法對台灣亦然，70 年代的台灣經濟奇蹟是拜嚴格的戒嚴令之賜，剝奪工人示威權力，強壓原住民不成比例地擔負了巨大的社會和經濟成本（Simon 2002, 66-69）。

其結果受創甚深。「原住民族在過去 400 年來，在不同的殖民政權手下經歷了種種壓迫。但歷屆殖民統治者並未發布任何道

歉的文件或對他們犯下的錯誤採取任何補正的措施。」（Chu 2001, A12）不過，根據文字記載與下圖照片，1999 年民主進步黨的總統候選人陳水扁與台灣原住民族人士組織各族代表於蘭嶼共同簽訂的歷史性文件：《原住民族和台灣政府新的夥伴關係》，[2] 2002 年 10 月 19 日，陳水扁方以總統身份，代表政府與原住民族完成簽訂《原住民族與台灣政府新的夥伴關係再肯認協定》。但是，國立東華大學教授施正鋒表示，《新的夥伴關係》其中一條是「與台灣原住民族締結土地條約」，此條在陳水扁當選總統後沒有了下文（2017）。再後來，2016 年蔡英文總統也的確曾代表政府向原住民族道歉。但是，前台灣原住民族政策協會執行長陳旻園在 2019 年表示，「近年除了原住民正名、多了一個原民會之外，目前原住民族的權利樣貌跟 80 年代其實沒有兩樣，……《新的夥伴關係》以及 2005 年制定的《原住民族基本法》都『只有名稱，沒有實體內容』，這也是何以傳統領域劃設辦法、礦業法等種種對於原住民不正義的事情都還在發生。」（唐佐欣 2019）原住民與漢民族的爭議多少來自於主流長期的漠視，這條和解之路還需要對多元族群有更深刻的了解與認同。

2　這份歷史性文件，內容包括：1. 承認台灣原住民族之自然主權；2. 推動原住民族自治；3. 與台灣原住民族締結土地條約；4. 恢復原住民族部落及山川傳統名稱；5.恢復部落及民族傳統領域土地；6. 恢復傳統自然資源之使用、促進民族自主發展；7. 原住民族國會議員回歸民族代表。（以撒克・阿復，〈聯合國《原住民族權利宣言草案》與《原住民族和台灣政府新的夥伴關係》——為台灣原住民重新定調〉，7/14/2012，海洋台灣，https://web.archive.org/web/20120204091226/http://www.oceantaiwan.com/eyereach/20010403.htm）

圖22 │ 1999 年，時任民進黨總統候選人陳水扁，前排左一，與九個原住民部落共同簽署文件；後排左一為「反亞泥還我土地自救會」會長伊貢‧希凡（田春綢）。

　　尤哈尼‧伊斯卡卡夫特（Isqaqavut Yohani），前行政院原住民族委員會主委，布農族，問道：「有人說原住民佔領台灣中部地區，如果真是有這樣的權利，台灣的水資源均來自於中部，政府會讓原住民掌控所有的水資源、所有的林業和礦產嗎？」（Chu 2001, A12）這樣的提問代表原住民懷疑台灣政府在土地資源上會賦予他們相當的權利，同時也凸顯原住民所遭受的不平等待遇。以收入不豐的少數民族而言，台灣的原住民不成比例地被迫

忍受環境的不公和遷徙。這樣的不公平讓我們想到 1838 年發生在美國的切諾基人（Cherokee 印地安人）的「眼淚之路」，當時數以萬計的切諾基人被迫將密西西比州以東的領土棄守給政府，並徒步遷移至俄克拉荷馬州。[3]

台灣的原住民是早在漢族從大陸移民來台之前，就已居住在島上各個地區。「近年依據語言學、考古學和文化人類學等的研究推斷，在 17 世紀漢人移民台灣之前，台灣原住民族在台灣的活動已有大約 8,000 年之久。」（Blust, Zeitoun and Li 1999）原住民族經過政府認證的有 16 族，依序為阿美族、泰雅族、排灣族、布農族、卑南族、魯凱族、鄒族、賽夏族、達悟族、邵族、噶瑪蘭族、太魯閣族、撒奇萊雅族、賽德克族、拉阿魯哇族、卡那卡那富族等 16 族。每一族都有它自己的文化、語言、音樂，藝術、社會習俗和祭禮。目前討論的原住民族傳統領域只包括 16 個原住民族，大致上只包括中央山脈與台灣東部。原住民族約有 57 萬 5067 人，佔總台灣總人口數的 2.4%。[4]

殖民史

1604 年，荷蘭殖民台灣南部約有 38 年之久，1662 年西班牙則插足北方 17 年。這兩個國家將許多原住民改變為基督徒（尤哈尼‧伊斯卡卡夫 1998a，10-15）。1895 年中國在《馬關條約》中，割讓台灣、澎湖給日本，日本帝國佔領台灣，並把將其建設

3　History-Cherokee Indians，SCIWAY，https://www.sciway.net/hist/indians/cherokee.html。

4　〈原住民族分布區域〉，原住民委員會，https://www.cip.gov.tw/zh-tw/menu/data-list/6726E5B80C8822F9-info.html?cumid=6726E5B80C8822F9。

為殖民地，直到 1945 年二次世界大戰結束（尤哈尼・伊斯卡卡夫 1998a，22）。日本政府治理台灣的五十年期間，徹底的文化同化政策使原住民文化經歷了快速的轉變。人民必須穿著日本和服，取日本名字並說日本話。最明顯的結果是失去了許多原住民的文化的根與傳統的認同。日本人也引進多項技術與知識發明，改善了原住民的生活水準，譬如現代耕作技術、進口西藥。但是強壓原本以打獵和採集為主的社會來學習耕作技術，徹底侵蝕了原住民原本的生活方式。第二次世界大戰之後，1945 年國民政府來台後，部落文化接受更深的漢化，從使用漢姓與名、漢語到一切生活方式，同化之深尤甚於日本文化。同時，西方宗教卻在這時引發了一場無聲的革命，其宗教取代了部落文化中傳統的信仰（趙啟明 2000, 94-95）。

所以原住民在不同的殖民方式及不同的政權下受到壓迫，逐漸看著他們自己的母語和文化幾乎消失殆盡。太魯閣牧師吉洛・哈簍克（漢名高順益）說：「我們的文化長久受到碾壓和控制。我們在學校受的教育是歷史、數學……等等，無助於形塑我們原住民的本質。」（吉洛・哈簍克 6/10/2006）

除了失去他們大部分的特質，原住民眼見原住民少女受到凌辱，[5] 土地被剝奪，忍受環境的不公義。其中一個嚴重的環境不

5　原住民未成年少女被強迫賣淫與反雛妓運動，見第一章。後來經過各界多方的努力，於 1994 年，民間社團開始有制定《雛妓防治法》的想法，終於，1995 年 7 月 13 日，立法院通過《兒童及少年性交易防制條例》，在 8 月 11 日正式公布施行。〈向陽雛菊——從援救雛妓、兒少性交易防制到兒少性剝削防制回顧〉，衛生福利部保護服務司，https://dep.mohw.gov.tw/DOPS/cp-4616-50018-105.html。

公義例子是 1982 年台電在蘭嶼島上興建的核廢料貯存場。

　　蘭嶼島上住的是達悟族，該貯存場的興建並未知會或獲得達悟族人的同意，1987 年戒嚴令撤銷後，原住民與其他社會份子一樣開始參與社會運動。快速的政治自由及越來越敏銳的社會覺醒，使各種社會運動如雨後春筍，為大眾催生新政策和法規的壓力打開了大門，同時也為原住民提供了抗議及談判的新策略。

　　原住民有幾次比較大的還我土地運動發生在 1988 年、1989 年和 1993 年間，每次的全國性的「還我土地」抗議大遊行都帶著不同的訴求主張，約號召二千餘人參加，為的是討回他們土地的權利。這些活動獲得國內及國際的報導，以往不知情的大眾也因此了解到原住民所遭受的不公平待遇。這些活動的目的即在爭取社會各界的支持，以尋求政府及法律制度的變革（尤哈尼・伊斯卡卡夫 1998b，556-61）。抗議活動的成果是產生一些政策性的變革，如 1990 年 3 月公布新的《山胞保留地開發管理辦法》，1996 年行政院成立原住民委員會（以下簡稱原民會），促進各族的經濟發展與文化保存（Ju and Wang 2003, 14）。[6] 該委員會在幫助原住民爭取他們在台灣的權利方面發揮作用，包括太魯閣族的財產權案。

6　行政院於 1996 年 12 月 10 日成立「行政院原住民委員會」，職司與其他政府部門協調，專責原住民的社會福利計畫，並直接向總統報告。2002 年該委員會改名為「行政院原住民族委員會」。此外，台灣憲法並保障原住民代表在立法院 280 席議員中擁有 8 個席位以代表他們的權益。（Ju and Wang 2003, 15; Chu 2001, A12）

太魯閣族

　　太魯閣族，人口約三萬多人，是原住民 16 族裡第五大族。居住在台灣東海岸花蓮境內的山脈上，原先是在崇山峻嶺間，太魯閣族先是被日本人逼迫到山下，再來則是被國民黨遷到山腳下。更甚的是，政府建設太魯閣國家公園，明訂狩獵、漁牧為非法行為，傳統的游牧狩獵採集者失去了許多狩獵棲息地。原本太魯閣人的生活空間不再，秀林鄉克尼布部落老人 Knlibu 發出感慨：

> 　　我們 Truku 以前在山裡，日本人來了以後沿 Skadown 溪劃一條界線說，那邊是國有林地，不准我們住在那裡，把我們遷到現在的部落。國民政府來了以後，又說這邊是國家公園，叫我們遷到山下。政府就是這樣，一步一步地把我們 Truku 從深山裡逼到山腰，再從山腰逼到山下，一步一步的把我們 Truku 的土地拿走。[7]（花蓮大同 Saki，引自張岱屏 2000，1）

　　社會學家 Scott Simon 描述 1968 年國民黨對原住民讓步的舉動是劃出「原住民保留地」，保留給原住民族世世代代賴以生存的土地，不能售予或委由漢人發展。雖然原住民住在台灣超過了數千年，但在政府的法律之下，只能擁有耕種權，而且此授權條

7　Truku 為太魯閣語，書寫系統制定以前慣以 Taroko 拼寫。花蓮北秀林大同大禮區有 301 公頃土地被撥用為國家公園。「國家公園發地上物補償給鄉公所，但未告知土地使用人。」（張岱屏 2000，3）

件是原住民必須在該地耕作達 10 年，其結果是逼著原住民接受漢人的耕作技巧，放棄他們傳統的狩獵採集社會（Simon 2002, 66）

　　雖然名義上漢人不得買賣或耕作這塊土地，政府與私人很容易就能利用法律漏洞。舉例來說，Simon 提到，政府如果發現一塊保留地沒有被耕種或原住民沒有簽署租賃協議，則沒收該筆保留地，並且將該筆土地租給漢人個人或企業，他們會在其上蓋出許多資產來，從渡假村到工廠。其結果是表面上明明是原住民自己的土地，卻沒有完全的產權，他們就無法使用土地作為抵押貸款等（2002, 66）。

　　原住民為抗議國家與民間企業獲取土地最喧騰的案件是在 1990 年間發生在太魯閣族與亞洲水泥的事件。[8] 其爭議起自 1973 年，亞洲水泥申請租借花蓮秀林鄉的富世村、秀林村山地保留地從事礦產開採並製造水泥。該公司與太魯閣族舉行第一次協調會時，縣政府代表強烈鼓勵太魯閣族出租該地，強調成交後將提供該地區就業機會，減少年輕世代外流，且能提升當地的經濟發展。

　　在戒嚴令下，太魯閣族沒有多少抗議的餘地，只好答應短暫租借土地。「太魯閣族原地主獲得的補償僅是土地價值的一小部分，算是對莊稼的補償——以及承諾在 20 年之後將土地歸還給他們。」（2002, 67）雖然亞洲水泥稍稍依照他們原先的承諾進用太魯閣族人，但那些工作是比較低薪且對健康有危害的工作。太魯閣族也未因此經濟繁榮，反而看到的周圍是水泥採石場、水泥廠、鐵軌和工業園區；更甚的是，亞洲水泥的礦產開採作業可以

8　亞洲水泥在台灣內銷平均每年賣出 5,870,000 公噸（約 117,400,000 包水泥），外銷 288,000 公噸（5,760,000 包水泥）。亞洲水泥每年稅前盈餘高達 40 億新台幣（鍾寶珠 1997，15）。

直接在太魯閣國家公園的門面上挖山開礦，砍伐林木，且在陸地上鑽探和使用爆破炸藥，破壞了該地區的生態系統，居民也得忍受長期的空氣污染。[9]

1993 年亞洲水泥 20 年的租期屆滿，許多太魯閣族原地主向秀林鄉公所提出歸還土地的請求。秀林鄉雖然接到地主的請求，但他們仍決定支持亞洲水泥的說法（鍾寶珠 1997，11）。該公司聲稱太魯閣族人放棄了土地財產權，亞洲水泥握有法律文件證明，甚至宣稱該批土地已歸屬國家所有，亞洲水泥為合法租用（Simon 2002, 67）。但是這時戒嚴令已終止，大眾對原住民的權益認識不斷提升。太魯閣族為收回並維護他們擁有土地的權利，發起了意義深遠的社會運動。

≫ 太魯閣族「反亞泥還我土地自救會」

太魯閣族「反亞泥還我土地自救會」（Aborigines Return Our Land Self-Help Association），以下簡稱「還我土地自救會」，於 1995 年成立，目的是與亞洲水泥周旋奮戰。剛開始是一位活躍的太魯閣族婦女伊貢・希凡發起。伊貢・希凡在日本居住了 22 年，去日本學美容認識丸山中夫而結婚。1995 年回到花蓮度

9　伊貢・希凡在訪談中表示，亞州水泥公司礦區炸山時震動當地，他們秀林鄉的秀林村、富士村小朋友無法唸書，村民不能睡覺，原住民很多人得肺病（10/10/2000）。在秀林鄉中的和平村裡，台灣水泥公司於 2002 年正式營運了和平電廠，中華民國的一座民營火力發電廠。環評指出該發電廠所提出的空污排放濃度仍高於其他燃煤電廠，「在空品很好的花蓮，應把污染控制做到極致。」（黃思敏，〈升級空污防制設備和平電廠環評變更卡關〉，環境資訊中心，6/18/2021，https://e-info.org.tw/node/231458）火力發電最大的問題是空氣污染與溫室氣體的排放，是朝著世界各國努力於減緩溫室效應走反方向的路。

假，發現爸爸的土地本有四甲多，為什麼只剩四分多地？而產權和其他太魯閣族人一樣，都不見了。其村莊和鄰近的區域約 183 公頃（將近 190 甲）的土地，都被拿走了。[10] 她震驚於自己的家鄉竟遭如此際遇，並且痛心礦區炸山造成大範圍污染以及森林濫砍濫伐。伊貢‧希凡決定留下來定居，以一介庭主婦來對抗亞洲水泥（10/10/2000）。

1995 年 7 月 1 日伊貢‧希凡到秀林鄉公所參加亞洲水泥承租權到期的協調會。伊貢‧希凡，無意中看到一大疊的資料，裡面竟然是拋棄書、同意書、承諾書及兩種不同版本的會議紀錄（伊貢‧希凡 2000a）。伊貢‧希凡認為其中的文件有不合規定與充滿疑竇之處，如據以開發水泥的文件缺乏官方印信，有些未註明生效日期等等（更生報 6/5/2001）。最令人驚訝的是地主們簽署放棄土地財產權的資料，「民國 63（1974 年）一月，一百多位地主，共有 270 筆的土地，可以在一天之內，同一時間全部拋棄，且簽名字跡相同，……（並且）有生以來僅見：富士村辦公室可以當見證人，在漢人社會中不可能的事全出現。」[11] 伊貢‧希凡花了一年的時間仔細研究戶政事務所、地政事務所的資料，做問卷調查，並詢問原地主他們到底有沒有簽這份同意書，所有的地主都一致說：「沒有！」明顯的，看到的土地使用承諾書、

10　土地被拿走非單一區域事件。1989 年第二次全國性的還我土地運動，其中具體主張包括：「待洽商的 42,418 公頃（含原適宜歸還的 8,846 公頃），行政院應無條件歸還原住民……。政府未經原住民之同意，不應任意徵收原住民土地。」（尤哈尼‧伊斯卡卡夫 1998b，560）。

11　取自秀林鄉反亞泥還我土地自救會新聞稿：鍾寶珠寫的〈田春綢生命中的堅韌〉。

拋棄書、補償費清冊有偽造文書的嫌疑。

太魯閣族對他們土地被盜這件事相當憤怒和悲傷。「我們沒有拋棄土地，我們沒有領過那麼多錢！[12] 為什麼會有我們的名字？」伊貢・希凡說：「淚濕透我的雙頰，這麼善良的族人為什麼政府要如此的欺騙他們？」（伊貢・希凡 2000a）伊貢・希凡無法再保持被動，她決定要幫助同胞索回土地。

太魯閣族人於 1995 年成立「反亞泥還我土地自救會」（以下簡稱「還我土地自救會」），以伊貢・希凡為會長。「原住民的陳情和抗議被窄化成是要求補償金。1996 年 12 月初，自救會召集當地地主、村長、鄉民代表、牧師等一同商討未來的抗爭訴求，當投票表決『要土地還是要用錢？』的時候，所有的地主都堅決表明要土地，因為土地是祖先留下的生存依靠。」（張岱屏 1997，11）故「還我土地自救會」的鮮明立場便是原住民要求「還我土地」，他們從未放棄他們的保留地或放棄他們的產權。接下來之後的 20 年，他們不斷向秀林鄉公所、花蓮縣政府、監察院等呈文請願。每一次，他們都與目標更接近一些，但是仍然無法要回他們的土地與產權。

幸運的是，「還我土地自救會」並不是孤軍奮鬥。1982 年，

---

12 張岱屏於「反亞泥事件始末」一文中指出：「民國 63 年（1974 年），亞泥向地主承諾發放土地補償費及地上物補償費，但是 20 多年來在 109 位的地主中只有一位領取到土地補償費，69 位領取到與亞泥原先承諾金額不符的地上物補償費，其餘地主均未領取到任何補償，土地卻白白被佔用。」（張岱屏 1997，10）然而亞洲水泥說明書陳述自 1974 年 7 月 1 日起至 1995 年 6 月 30 日止的 21 年間，該公司將金額超過 6 億新台幣的租金交給秀林鄉公所。「按理，鄉公所應該確實向原住民公布租金管理及運用方式，然而這筆經費從來未向地主們公開過，流向不明，很明顯地，鄉公所與亞泥似互為勾結？」（張岱屏 1997，10）

在美國原住民的催促努力下，聯合國經濟及社會理事會創立了關心原住民問題的「原住民工作組」，對於原住民社會運動提供極大的幫助（尤哈尼·伊斯卡卡夫 1998b，553）。台灣是在 1991 年第一次訪問該工作組。1997 年伊貢·希凡隨同台灣 20 人代表隊飛到日內瓦參加該工作小組的會議。他們與世界各地的原住民代表，一起討論原住民族面臨的共同問題，如土地被財團和資本家吞併。

由於中國大陸的壓力，台灣代表無法正式在會議上發表言論，僅限於分發立場文件，訴說亞洲水泥剝奪和破壞太魯閣族的產權達 20 年之久。聯合國代表們了解太魯閣族的困境之後，深表同情（黃獻隆 2001）。伊貢·希凡與世界各地原住民族合作，並將太魯閣族還我土地運動放入原住民的權益與土地倫理，將太魯閣族的問題由地方層次升高到國際級，此壓力迫使台灣政府正視太魯閣族的訴求（伊貢·希凡 1997）。

之後不久，「還我土地自救會」的運動人士再尋求由行政層面，採取對亞洲水泥的法律行動。1998 年，行政院原住民委員會裁定亞洲水泥實際上並未擁有土地的原始權利，他們僅是租借土地 20 年。太魯閣族再一次向花蓮地方法院上訴，要求將所有權正式歸還給太魯閣族。終於在 2000 年 8 月 10 日贏來得之不易的判決，確認太魯閣族永遠擁有他們的保留地。但是法院的判決亦裁定亞洲水泥仍可繼續租借該地。[13] 此外，該判決保護了亞洲

---

13 在辯護中，亞洲水泥陳述原住民的土地耕作權在民國 68（1979）年屆滿而消滅，礦業用地依法不能耕作。從亞洲水泥公司觀點，該公司並未做任何違法之事；而且他們堅持公司對環境破壞非常小，礦區內植生綠化的復育成效，受到政府相關單位的肯定。（更生報 6/5/2001）

水泥免於進一步訴訟，因為台灣法律基於訴訟程序上規定，「一事不再理」與「既判力」的原則，當事人不得因同一事項被起訴兩次（陳竹上 2000，10）。

　　該判決使得太魯閣族民情緒澎湃，許多人聽到之後淚流滿面。2000 年 9 月 4 日，太魯閣族終於可以去拜訪他們從前安身立命的土地。該日，200 位太魯閣族人 27 年來第一次踏上他們自己的土地，他們辦理祖靈祭及慶功宴（李永興 2000）。國際新聞報導了這一判決，稱伊貢・希凡是花蓮的艾琳・布羅科維奇（Erin Brockovich），這是由影后茱莉亞羅勃茲（Julia Fiona Roberts）在好萊塢電影《永不妥協》中所扮演的角色，都是小蝦米槓上大企業的利益，最後獲得勝利（Chu 2001, A12）。由於伊貢・希凡的努力與行動，原住民的權益獲得國際間的關注與了解。

　　雖然勝利的果實是甜美的，但卻十分短暫。即使太魯閣族在法律上贏了，但他們卻仍未拿到政府頒發的土地所有權狀。判決要求太魯閣族依照 1973 年之前的辦法，必須拿出繼續耕作權的證明才能持有山地保留地的土地所有權。2001 年 3 月 13 日伊貢・希凡和地主們決定開始耕種以拿到土地所有權。太魯閣族地主帶來芋頭苗，獻上傳統播種的祭禮，為未能保護土地以至落入亞洲水泥手裡，敬向祖靈（gaya）們深致歉意。這樣的祭禮是確保下一代得能進入這個世界而不致愧對祖先。這是太魯閣家族身為環境守護者以及對過往及未來世代負上責任。一如第四章所提到谷寒松神父（Father Luis Gutheinz, S. J.）所說的話，「我們深抱著為上一代傳承，為這一代贖罪，為下一代留存的心情。」都同樣是生態家庭精神的展現。

　　然而，不管法院裁決及太魯閣的土地耕作權，亞洲水泥仍然

試圖強迫太魯閣族離開他們的土地。亞洲水泥聲稱「礦區內原住民保留地耕作權的存續期間早已在民國 68（1979）年屆滿，耕作權的權利依法已消滅。」（更生報 6/5/2001）亞泥堅持土地已經不是原住民的，亞泥無法同意歸還土地，也無法同意原住民到礦業用地上耕作。公司僱人阻止太魯閣族人在土地上順利播種，若是太魯閣族拿不出他們耕種的證明，就無法獲得土地所有權（鍾寶珠 2001，2）。在爭議升高之際，台灣民眾逐漸看到了太魯閣族是多麼艱難的跟大企業奮戰，這激發廣大的同情，增強了太魯閣族運動的聲勢。

2001 年 5 月伊貢・希凡與族人再次向原民會陳情，希望幫助恢復他們的土地權，原民會拒絕對亞洲水泥再提訴訟。但該會卻同意會同相關主管機關，召開跨部會，協助兩方共同尋求解決方案（還我土地自救會新聞稿 2001）。[14] 在該次會議及其後的無數次會議中，亞洲水泥堅持絕對有公開文件載明該公司是合法向原住民租賃土地，並且要求原民會保障亞洲水泥其為租戶的權益（李永興 2000）。由於太魯閣族以及亞洲水泥都各有堅持。原住民不得不認清通往最終的解決之道尚有數年之遙。

儘管亞洲水泥政商關係良好，又佔著當地經濟和政治優沃性，但大眾開始越來越同情反亞泥這一方，認為這場鬥爭象徵著有錢的企業利益與被剝削的弱勢群體的緊張關係。2012 年 10 月情勢變化終於導致重大突破，原住民委員會更名為行政院原住民族委員會，[15] 站在太魯閣這一方，發表了具有里程碑意義的裁

14 取自秀林鄉反亞泥還我土地自救會新聞稿：〈還我土地運動二十年——亞洲水泥與太魯閣原住民保留地糾紛之衝突分析〉（2001）。
15 立法院於 2014 年 3 月 26 日更名為「行政院原住民族委員會」，升格為部會級機關。

圖 23｜屬於第一代耕作權人楊金香和徐阿金女士，終於取得了遭亞泥佔用了 40 年的土地，並由花蓮縣時任縣長傅崐萁親自頒發土地權狀（2014）。（圖片：黑潮海洋文化基金會提供）

決。裁決書上說土地所有權僅暫時歸屬政府，政府有責任為了原住民的利益擔任這地的守護者。也因此，政府的職責是幫助原住民取得他們的土地所有權。

在原住民族委員會與花蓮縣政府的來回折衝中，2014 年 12 月，花蓮縣政府終於頒發太魯閣族正式的土地所有權狀，這之間花了數十年時間的抗爭，但是太魯閣族終於勝利了（王錦華 2014）。[16] 當時，原地主中僅有兩位還在世，得以拿到權狀並慶

---

16 廖靜蕙報導，「昨天（12 月 10 日）適逢『國際人權日』，一早，『反亞泥還我土地自救會』成員楊金香及徐阿金女士，分別接到花蓮縣政府來電，表示要將土地所有權移轉給他們。在自救會理事長田春綢（伊貢·希凡）女士以及黑潮海洋文化教育基金會陪同下，先由花蓮縣原住民行政處副處長暨代理處長督固·撒云進行説明，並由傅崐萁親自頒發土地權狀。」（廖靜蕙 2014）

祝勝利。對於已逝者，縣政府則將證書轉贈給原土地所有權人的合法後嗣。[17]

》 地方困境成為矚目焦點

從 1973 年亞泥申請租用秀林鄉富士村、秀林村山地保留地開始，太魯閣族人花了四十年時間推動反亞泥的社會運動，為的是要索回他們的土地。是什麼理念激勵著他們？有三項理念匯聚成他們的基石：他們愛土地如同愛自己的生命；無法容忍的不公不義——不論是社會的、經濟的、政治的或環境的；以及身為人類應與自然是共生的關係而非寄生或剝削性的關係。

伊貢·希凡在法庭請願書中說：「我要的是我祖先的土地，那是充滿情感的土地。當我踏上去，就能感受到祖先的同在。」（Chu 2001, A12）此項聲明引起世界各地原住民的的迴響，世界原住民族理事會（The World Council of Indigenous Peoples, WCIP）於 1985 年曾說：「除了直接射殺我們之外，最有效消滅原住民的方式是將我們與我們的土地分開。」（紀駿傑 1997，18）原住民土地的神聖是維繫部落文化、族人團結的重要因素（Chu 2001, A12）。

全球的原住民婦女都積極捍衛他們祖先的領域，這也是 Victoria Tauli-Corpuz 成立亞洲原住民婦女互聯網的目的，她們高舉「土地即生命」為標語，對原住民婦女而言這是事實：「土地定義族人的身份，堅固族人生存的意志。」（1996, 102）。土地

---

17 兩位還在世的原地主中是民國 57 年、民國 58 年（1968 年、1969 年）土地原始使用人。（鍾寶珠 電郵通訊，6/23/2015）

與文化的存續，在情感上的連結是太魯閣族運動的命脈，也是他們向社會大眾彰顯的訴求。

身為排灣族的東華大學原住民族學院院長童春發教授也說到，排灣族人與土地的關係有幾個重要的概念，一是共生概念，在外來政權的土地政策（荷蘭、清朝、日本、國民政府）之前是，除了建地是屬於自己的，耕作用地沒有擁有權，親朋好友都可輪流在這塊農地上耕種。同樣地，酋長有管轄的地域，但不能宣稱這是他私有地。族人只要向管理守護土地的酋長納貢，就可自由開墾、生產，所有族人共同享受土地的收成與祝福（童春發2004，32-33）。二是神聖的造物者擁有土地，土地是神賜給人最大的禮物。三是土地是祖先的遺產，一代又一代傳承著其間帶來的族群意識、文化認同與歷史定位。為了未來的世代，「爭取祖先的土地還原是我們的權益，治理祖先的遺產是我們的責任。」（童春發2004，34）

從以上各種說法看來，不難明白土地對原住民族而言，意義深重，而祖先的傳統領域土地是不可以變賣的。[18] 為了維護這一代的尊嚴以及下一代賴以生存的機會，族人一定要保護好祖先賜予的土地。這些觀念將部落人民的生存、土地的保護以及代際間的公平聯繫起來。這也呼應了生態家庭主義中祖先與後嗣橫向和

---

18 〈消失的100萬公頃「傳統領域」〉，《關鍵評論》，3/21/2017，https://www.thenewslens.com/article/63214。此評論指出，「原住民傳統領域指的是包含重要原住民文化地景的土地，包含六種類型：祖靈聖地、舊部落土地、現有部落土地、墾耕土地（包含原住民開墾、耕種、遊牧、採集的土地）、祭典土地以及狩獵區（包含河川、海域）。這些傳統領域，對原住民來說都有文化上的特殊意義；但現在只有一種：原住民保留地，即現有部落土地。」

縱向相互聯繫的概念。丟失了祖先的土地不亞於族群精神的滅亡。是以甚需保持「縱向」的代際間的公平，亦即當代人類為了綿延不絕的後代子孫必須節約資源；且為維護「橫向」的公平，較大的部落不會剝奪較小部落的權益。換言之，對現代人來說，就「垂直公平」而言，現今世代不能消耗殆盡所有資源致使下一代落入負債累累。就「橫向公平」而言，比之其他國家，富足的國家也不可揮霍無度地使用各項資源。

原住民部落通常被定義為與土地有橫向聯繫的族群。歷史顯示征服者殖民的社會和政府往往剝奪原住民祖傳的土地，並使這些族群邊緣化。原住民的語言、文字和宗教大異於殖民者，所以從社會來說，原住民實缺乏主流社會的文化及語言上的資源。當來往於殖民社會時，相形之下，較大、較具影響力的主流社會容易得到比較大的利益分配，原住民容易成為邊緣化的少數族群。從經濟上來說，原住民也容易落入較低的社經階層（王俊秀1999b，188）。

從環境而言，原住民部落住在尚未開發的偏遠地區，雖然自然資源及土地豐富，但有可能成為主流商業剝削的對象，垂涎其吸引力，如開採油礦與金屬礦，以致列為發展工業化的手段。由於土地便宜，工資甚低，快速工業化導致環境的污染，森林濫伐，這種種都讓環境及原住民的生活品質受到極大的迫害（王俊秀 1999b，188-90）。

在這樣的狀況下，無怪乎許多原住民反感或抗爭社會、政治和環境的不公。然而，由於原住民可能缺乏政治及經濟的奧援，當他們想挑戰不公時，往往連主張自己土地的發展都不行，更遑論能訴諸公義的場所少之又少。

為著這些理由，「還我土地自救會」不但將他們部落的遭遇訴諸社會公義，而且將他們的困境以及台灣原住民面臨的歧視，與被政府、企業主剝削的命運綁在一起，讓人看見各種不公的狀況充斥於原住民族群與主流社會之間的諸多關係中。他們以社會運動的方式尋求更廣泛的支持來推動太魯閣運動，而不僅僅是將他們的不平侷限在當地法律範圍內的產權問題上。

>> 與自然共生的關係

還我土地自救會不斷地發布有關亞洲水泥佔據太魯閣國家公園及其周圍地區的新聞稿。亞洲水泥在山裡使用許多炸藥從事礦產開採，這不但破壞當地的風景、污染生態系統並嚇跑動物。根據統計，太魯閣國家公園物種豐富，有 8 種瀕危動物，145 種鳥類，其中 14 種特有種，以及上達 100 種的稀有和特有植物，其中 66 種只有在太魯閣才看得到。然而過去很多珍貴稀有野生動物，如水鹿、山羌、台灣長鬃山羊等，「都因棲地大肆遭到破壞或是受到採礦機械等人為因素而嚇跑。」（溫蕙敏 2007，40）亞洲水泥的回應是強調該公司有修復環境並即刻復植各樹種。亞洲水泥董事長徐旭東說該公司甚至已在綠地培養出蝴蝶的棲息地，甚至成功復育一種瀕危蝴蝶——黃裳鳳蝶（溫蕙敏 2007，40）。但是中央環評委員詹順貴卻不同意。對他來說，自然景觀與棲息地經過採礦之後，是不可能再恢復的。在山上鑽挖及炸藥爆破改變了山的高度以及嚇跑珍貴的物種，甚至可能造成有些植物和動物的物種瀕臨滅絕，詹順貴說即便是我們重新栽植這些樹，十年或百年之後，生態環境也不完全跟現在一樣（溫蕙敏 2007，40-41）。

能與自然有共生的關係卻是原住民共同的盼望。在台灣，太魯閣、排灣及阿美族等都有狩獵的指導原則，打獵有其嚴禁的時間和地區，目的在保持野生物種的平衡。所有原住民族都將狩獵視為神聖的行為，有許多特別的規範。以達悟族為例，獵人是不會殺帶著小猴的母猴或是幼小動物。如果一個獵人捕的都是小動物，其他人就會取笑他沒有勇氣捕大的獵物。但是如果他出外釣魚，回來兩手空空，他的族人卻不會失望或責備他，相反的，他們會為魚兒的好運而高興，為魚類有生養喘息的機會而慶祝一番（王俊秀 2001，104-05）。

這些狩獵的傳統與限制是台灣原住民族的通則，這也呼應了現代平衡和共生的觀念。原住民對自然的管理，以及部落傳統中保留空間以利作物成長到豐富的空間，並確認未來世代的存活不在於對環境的剝奪利用。原住民對土地的主張不是為擴張部落的領土，而是為了保存傳統領域的土地及他們的文化傳統。

在發動太魯閣運動之外，這些觀念也提供了太魯閣族社會運動的策略。因為以部落的條件，他們缺乏政治和經濟的力量來挑戰對方既得的商業利益。是以部落改採唯美懷舊、全民環保和公平正義等感性訴求策略，並與以環境議題為訴求的環保聯盟結合。這些戰術逐漸激發出一個地方性的活動贏得成功。

在過程中，太魯閣族族人備嘗艱辛。原住民在很多方面幾乎都屈居劣勢，尤其缺乏金融、法律和政治的網絡以及漢族的法律和知識系統。環境保護聯盟花蓮分會會長鍾寶珠說：

原住民沒有錢請不起律師，只好獨自出庭面對法官。原住民老人家不懂漢人律法，不懂漢人的文字遊戲規則。他們

上法院時根本不知所措，有的甚至聽不懂法官的意思，更不知道要如何表達心中意見。（我）每次出庭，看到地主面對法官時的緊張，或毫無條理的陳述，或不知如何面對法官的詢問，或不知如何反駁對方律師的主張陳述，（我的）心臟都要停了。（2000, 4）

沒有法律的背景的伊貢・希凡，在過程中能獲得法律知識裝備自己引以為豪，並且能得到法律專業知識人士的協助更覺得非常幸運。譬如美國律師 Robin J. Winkler（文魯彬，主持博仲法律事務所），對她為原住民伸張正義的奉獻表示同情，並協助「還我土地自救會」處理他們的訴訟（8/13/2007）。

透過「還我土地自救會」的奮鬥，許多地方環保運動人士及個別的公民紛紛協助、幫助該協會宣傳原住民土地權利的問題，此外，伊貢・希凡打通了與其他台灣原住民部落的代表及全國環運人士的連結，得以將他們的運動推上公共領域的焦點。

我們陳情過法務部、地檢署、鄉公所、縣政府，但是都沒有用。直到民國 85（1996）年遇到了立委巴燕・達魯，透過他才認識了環保團體及玉山神學院、東華大學的學生們。因為他們的幫忙，我的路才變寬廣起來。他們透過網路、媒體、製作還我土地手冊等方式，讓更多人知道這件事，關心的人及支援才越來越多。（伊貢・希凡 2000a，19）

媒體中最廣為周知的是 2004 年，公視播出了紀錄片《我們為土地而戰》。導演為木枝・籠爻（潘朝成）。這部影片後來也

被宜蘭國際綠色電影節選為播放影片。該影片從「還我土地自救
會」的歷史來分析，強調原住民與祖先土地的緊密關係以及他們
為失去土地奮戰時面臨的難處。「還我土地自救會」運動逐漸造
成社會的廣泛關注。

　　許多環運團體幫著召開記者會，並發出「還我土地自救會」
與亞洲水泥奮戰的資料。曾經幫忙過的人都感覺到「社會正義
被扭曲，但是他們有機會來改變與導正」（鍾寶珠 4/15/2002）。

　　自上文可以看出他們在這個社會運動裡運用了很多方法。社
會學家 Robert Sampson 確定了社會運動普遍採用的 15 種方式：
1. 慈善活動；2. 公開會議；3. 社區節日；4. 娛樂活動；5. 演講、
談話、工作坊、研討；6. 典禮；7. 會議；8. 公聽會；9. 志工的
努力；10. 集會、示威；11. 頒獎、表彰晚宴；12. 民族慶典；13.

圖 24│年輕學生們參與協助，加入抗議行列，在台北行政院大門口請願（1997）。

訴訟；14. 遊行；和 15. 請願書（Sampson, McAdam, MacIndoe, and Weffer-Elizondo 2005, 673-714）。

在以上的 15 項策略中，比對之後，發現太魯閣族用過了 13 項（沒有慈善活動及頒獎、表彰晚宴）。在困難的環境下，「還我土地自救會」戰鬥的堅毅、勇敢和真誠，感動了許多人的心，加入支持的行列。「還我土地自救會」的努力將原民的困境廣為人知，為他們所受的不當對待爭取到一定程度的公義。

》 多重認同的身份

台灣社會跟世界其他地區一樣，環境保護及社會正義的聲量越來越大。但是身為少數族群，原住民比之漢人卻以不同的心態來處理環保問題。社會學家 David A. Snow 建議社會運動的關鍵在於「集體認同」。參與者逐漸連結在一起，藉由分享觀點與價值觀而發展出一種彼此歸屬的感覺。這種集體認同的歸屬感可產生對應意義上的「集體代理」，賦予人們以「集體行動」來解決問題（2001, 2212-19）。較之現代環保思想而言，也許在某個程度上，原住民的集體部落認同以及保護意識，是他們採取行動的強烈動機。

利格拉樂・阿媌是一位台灣原住民排灣族散文作家。她將社會運動分為兩類：壓力團體與草根團體（1997, 6）。壓力團體利用政治與經濟菁英籲請政府決策者改變政策，讓運動者的呼籲合法，以實現質的改變。

草根團體則相反，他們是一般百姓，沒有什麼脈絡可資利用。然而他們會就某一議題，利用個人經驗的共通性來激勵和動員。草根團體的主要策略是利用數量來達成改變，希望增加對某

項議題深入了解的人數，最終達成質的改變。阿媯進一步說明城市裡中產階級女性主義者的理念與原住民團體是完全不同的。她表示女性主義運動者主要屬於壓力團體，壓力團體首要目標在於擁有專業人才或知識精英，否則他們無法抗衡社會主流。從這個觀點來說，在當時的原住民婦女缺乏成立壓力團體的條件（1997, 6）。

壓力團體多包含律師、教授及其他專業人士。然而這些很少出現在原住民這一方，更少見於原住民婦女中（阿媯 1997，6-7）。[19] 雖然台灣的原住民在當時很少有機會成為壓力團體，但是伊貢・希凡及「還我土地自救會」卻將草根團體發揮得很好，當有需要時，他們有時能借助主流社會的助力。因此，在草根這一塊來檢視原住民運動的動態性就會更為折服，因為他們其實是缺乏權力資源來從事社會運動的。從這方面來說，最能吸引大眾注意的方法就是原住民與土地連結的傳統，以及他們土地就是力量的觀念。

有個事實是太魯閣運動的領導者與參與者不乏是女性，有些人可能會將女性運動與原住民人權運動聯想在一起。原住民女性可以從兩方面來定義——身為女人，以及原住民。在身份認同中，女性如何選擇效忠對象？她們較認同爭取社會正義的女性主義運動嗎？或是較認同台灣原住民部落面臨的特殊挑戰？阿媯說，在漢人的社會裡，許多女性會認為性別自由為首要，要「堅持女人的立場」。然而，在原住民關懷的內容裡，大多數婦女較

19 太魯閣族吉洛・哈簍克牧師認為，二十多年過去了，至今專業人才或知識精英的原住民女性比過去多，尤其是女醫生的數量增加了（12/22/2023）。

在意的是原住民部落受到的挑戰，而非一般婦女所關注的女性角色。當被問到哪一樣在先？是原住民的身份還是女性的身份？阿嬤堅持說大多數婦女首先看重的是自己原住民的身份（邱貴芬 1996，139-40）。[20] 台灣原住民族群有比較重男輕女的，但是也有母系社會，排灣族就是其一。母親為排灣族人的利格拉樂・阿嬤說：「對我而言，女性沒有性別壓迫的問題。」婦女在母系社會的族群裡是不會受到壓制的。在家裡的繼承權由長女繼承，家人姓氏從母姓，男女共同勞動（邱貴芬 1996，145）。因此台灣的原住民族群並未特別將性別議題與環保議題連結在一起。

伊貢・希凡的例子也類似，她覺得她的首要任務就是為土地奮戰。在我訪問伊貢・希凡時，她從未將「還我土地自救會」的活動與女性運動連在一起，但她肯定婦女對該運動的貢獻，她說：「在我們的社會運動中，婦女參與的不在少數。她們有在街上抗議的，有發傳單的，還有到縣政府去請願的。」（10/10/2000）但是她並未將女性運動的理念與「還我土地自救會」綁在一起，反而是扣緊先祖土地這個主題，失去土地之後原住民的痛苦以及在漢人統治的社會裡追求社會正義。她不認為她在環境保護的工作是出自於女性主義；相反的她常說她受到最大的幫助是來自於她的日籍先生丸山忠夫。她很坦率地說，如果沒有她先生長期的支持，她不會走到這麼遠。對她來說，生態保護是家庭共同的努力，需倚重每一個家庭成員的幫助與支持。由以上利格

---

20 那並不是說原住民婦女根本不承認性別議題。原住民的社會問題當然包含了性別的問題。有些原住民社會，如布農族、泰雅族等就比較重男輕女。但是台灣的其他原住民族群也有母系社會，如阿美族、卑南族、排灣族等，所以台灣的原住民族群裡，性別議題並不一定和環保議題聯繫在一起。

拉樂・阿媍與伊貢・希凡的例子可以再次證明，西方女性主義或生態女性主義所強調女性的角色，對原住民女性來說並不是最優先要關切的議題。

伊貢・希凡在日本有很舒適的生活，但她回到台灣為她所謂的部落而戰，她願意為原住民族的尊嚴與權力犧牲奉獻。她將所有的精力傾注於尋求真相，並召開記者會以凸顯他們的困境，同時設法與更廣泛的報導聯合引起大眾對該議題的關注。她勤於研讀台灣憲法，了解法律上有關土地的條文，有時候體力上的透支造成她身上插滿軟管、到處都掛著醫療器材。有時甚至因為辛勤工作，過度勞累而多次送入急診室。

她在秀林鄉的努力與典範，於今無可質疑，當原住民碰到任何有關土地的問題，就去找她。在 1995 年她 52 歲時就開始這樣沒日沒夜的工作。她的戰友鍾寶珠說：「如果不是因為她心中有愛，不是因為她有堅毅的性格，她是無以為繼的。」（8/13/2007）

伊貢・希凡並不是台灣少數族裔環保運動唯一的領袖。台灣環保聯盟花蓮分會的會長鍾寶珠，是伊貢・希凡的親密戰友，給伊貢的幫助最多。她是少數族裔「客家」的一員。[21] 除了與伊貢・希凡一起工作之外，鍾寶珠也組織學生參與環保運動及環境

---

21 客家是台灣的少數族裔，客家人說的是中國特殊的方言，他們以勤勞著稱，是一個非常團結的民族。台灣的「行政院客家委員會」於 2001 年 6 月 14 日成立，其首要任務在振興客家語言文化為使命。客家族也有做環保的例子，比如高雄美濃的客家族努力在黃蝶翠谷保護瀕絕的淡黃蝶，以至於每年 5 月到 6 月，幾百萬的淡黃蝶遷移到該谷，漫天飛舞的淡黃蝶形成一種特殊景觀（徐白櫻 2015）。客家族努力地保護淡黃蝶，整個村子使用各種方式幫助大眾認識淡黃蝶。他們寫歌，拍錄影帶，還在公園設有年度「美濃黃蝶祭」歡迎淡黃蝶造訪。

覺醒的教育。她效法草根運動的風格，強調個人及在地經驗，而非浮泛的政治訴求。她帶人們去參觀花蓮沒有受到破壞的環境，然後再帶他們去看受到很大摧殘的地方，譬如七星潭、牛山自然保護區。讓參觀者直接看到反差那麼大的地區，工業化對自然的破壞在他們腦海裡烙下了最直接、最驚心動魄的覺醒。她提高了大眾對這些議題的認識，並灌輸了對環保的急迫感（8/13/2007）。在她的文章裡，〈故鄉的聲音〉裡，她質問道：「花蓮啊！花蓮！妳怎能讓這些水泥業買下妳的天空呢？……」（1997, 14）

「還我土地自救會」自 1995 年成立時，鍾寶珠即加入並深度參與。她在該會的每一方面都很積極，包括教育太魯閣族人認識自己的權益，讓非太魯閣族人看到亞洲水泥如何開採礦物，描述花蓮的環境如何在該公司手中受到浩劫，並報告政府與企業對太魯閣族的不公。這些年，縣政府不斷強調生態觀光與水泥產業二者是可以同時並存的。當各家公司在該地開礦，礦區如芒草散布各地，鍾寶珠訴諸當地人的情感和經驗，她不斷的請他們想一想花蓮的將來，「想想未來全國近 3200 萬噸的水泥產量，所有目前西部的水泥廠都將集中到花蓮。」（1997, 14）鍾寶珠不禁慨歎：「花蓮啊！花蓮！妳將擁有什麼樣的天空？妳將呼吸怎麼樣的空氣？妳又將留給後代子孫什麼樣的青山和綠水？」（1997, 14）

即使沒親自到花蓮的人，但是看到導演齊柏林拍攝紀錄片《看見台灣》也不免觸目驚心。「片中亞泥在太魯閣國家公園開設的採礦場，綠油油的山頭中存在著一片赤裸的灰白景象，引發社會高度關注。」（賴佩璇，王燕華，張語羚，陳宛茜 2019）

圖 25 │ 伊貢・希凡帶領太魯閣族人作抗議活動（1999）。

　　伊貢・希凡提到在「還我土地自救會」反亞洲水泥的運動裡，不斷得到台灣環保聯盟花蓮分會的協助，鍾寶珠即為該分會的會長。她們的集結建立了原住民族運動與環保運動合作的模式（伊貢・希凡 2000）。在當地的社會運動裡，「以族群議題為訴求的原住民，以環境議題訴求的環保聯盟，皆因為同仇敵愾而結為密不可分的夥伴。」[22] 而兩位女性都是有名的領導者。伊貢・希凡更被譽為「環保英雄」（黃獻龍 2001）。

　　太魯閣族結合了類似不滿的其他團體，將當地面臨的議題擴大到社會民眾，甚至世界原住民團體皆知。他們強調工業化不單是對環境的破壞，也是對人類的浩劫。「還我土地自救會」能夠透過媒體的有效運用，以情感與道德的訴求策動了大眾的支持

22　反亞泥還我土地自救會新聞稿〈公共電視——反亞泥事件報告重點〉。

（曾華璧 2000，232）。伊貢・希凡他們的訴之以情，動員之熱烈是無法擱置不理的；大眾及立法者不能忽視。

》 在政策與發展之間

根據原住民事務與發展研究學者張培倫（後改名為陳張培倫）表示，有關原住民土地爭議焦點有三大議題：傳統土地保留地區之權力保障，國家公園，與生態保護區內之特殊權力（1990，63）。在利益團體與原住民爭議中的語言中，不乏出現對原住民生活方式的不尊重，而在挑戰原住民的土地權利時，往往斷裂了原住民與其歷史的聯繫，也損害了他們的經濟與文化生活。

張培倫認為原因來自於在台灣主流社會裡，常識上一般多會同意原住民應該得到更多的關注與支持，但一旦有重要的經濟利益問題出現，則考量經濟發展往往勝過於考量原住民的權利和生活方式。甚至，許多法律中有關原住民的權益條文，少有原住民的參與，而是由漢人掌管的行政院及其他政府部會訂定。這些機構用他們本身的文化與法律中的觀念強加在原住民身上。比如國家公園的建立，立法諸公「彷彿將廣大山區視為主流族群自家後花園任意布置，忘了原住民才是該地的主人」。（張培倫 1990，68）

這就是政府官方缺乏文化權利的觀念，例如：當原住民本來就有權利進入自己的文化，並參與自己所選擇的文化；官方卻自以為是的勾勒原住民的生活方式，完全沒有考慮原住民失去祖先的土地相當於原住民部落精神的滅亡。這就是一般社會除了「經濟不正義」之外，還存在「文化不正義」。面對這兩種不正義，必須從經濟利益重分配與保存族群文化差異來努力（張培倫

1990，68-69）。

　　近幾年來，政府的確在努力確認原住民的權益，譬如使用原住民的命名以取代漢名，並保證立法院將有足夠的原住民委員代表。花蓮縣政府也提出兩相權衡的方法來保護資源：他們開發經濟時也要強調環境保護。但是環運者對這種決策仍抱著悲觀的看法說，可能會有「精神分裂症」，即政客對大眾這麼說，但是到制定政策時卻是另一套手法（鄭一青 1996，92）。

　　那麼，之後呢？花蓮縣的故事顯示了環境保護與原住民部落之間的關係嗎？「傳統的原住民文化裡，少有破壞動植物生育地的念頭，在人口少、信仰禁忌多、觀察力強、自然知識豐富、工具破壞力弱、較無累積財富觀念等情形下，萬物得以生生不息。」（劉炯錫 1999，14）雖然不是要求開發中的文化用原住民的方法，但原住民的精神的確可以提供人類思考如何與自然萬物共享共榮：人類可使用土地來滋養，但同時要好好保護它。此外，原住民部落是被強烈的代際之間的公平感激勵著，如祖先為這一代保有這塊地，這一代對下一代就有義務，這樣所有的生物都得以生存。原住民對環保的說法並未與漢人的環保運動悖離。許多主流漢人的運動和活動都不謀而合的分享這同樣的希望與目標，如本書第四章生態關懷者協會。

　　當我請教生態關懷者協會的創立者陳慈美女士，台灣是否有環保教育的好榜樣？她說，當政府尚未做什麼的時候，許多環境保護是由地方原住民及少數族裔的組織做起來的（8/5/2007）。最佳的例子是山美村為達娜伊谷（意為忘憂谷）生態保育所做的努力。嘉義縣阿里山鄉南麓山美村，達娜伊谷在曾文水庫（1967年至 1973 年建造）完工後，鯝魚產卵後的洄游之路被阻斷，瀕

臨滅絕。加上 1970 年代阿里山公路開通後，達娜伊谷的很多地方改成茶園，水質因農藥使用過多而出問題。鄒族村長高正勝牧師，不忍自己原住民同胞的文化與生活受到脅迫，也不捨童年谷溪中豐碩的鯝魚群行將消逝，從 1987 年開始帶領他的族人在達娜伊谷封谷封溪，用鄒族人所使用「封溪育苗」的傳統復育鯝魚。如今護魚成功，成為台灣保育魚類高山鯝魚的故鄉。溪中生機蓬勃；魚的密度在台灣各溪排列第一（摩耶‧尼阿烏茲拿 Niawuzina，漢名溫初光 1998）。1995 年村人還策劃建立、經營起達娜伊谷溪自然生態公園，成為台灣生態教育的指標，也是原住民自治區最佳典範之一。類似的自然生態智慧，在很多不同的族群都存在著，而他們為生態大家庭的努力與故事有待進一步敘述。

　　原住民部落與環境的關係，讓我們注意到太魯閣族的運動有其自己的特色。太魯閣族奮戰亞洲水泥的故事是一個處於缺乏經濟支援或政治奧援的團體，秉持他們的信念與經驗匯集成社會運動。伊貢‧希凡與「還我土地自救會」給了我們很多學習的功課，比如如何將一個地方性的土地爭議，轉化成舉國在環保上對話的議題。「還我土地自救會」運用的策略彰顯出草根運動如何能動員潛藏的大眾，重要原因之一就在於它建立起與其他原住民族及環保運動之間的聯盟，並結合了各地的原住民族團體，讓社會與全球的大型框架中注意到不能忽視追求「環境正義」。

　　在這條追求環境正義的路上，原住民案件中的各種爭議與不正義的事情仍然層出不窮，結果亦難料。[23] 類似案例的重複，需

23　在太魯閣族反亞泥還我土地自救會奮鬥史於 2014 年告一段落後，經濟部 2017

要各方共同行動繼續透明地積極尋求真相，促進創傷痊癒及和解；並對原住民有真正的尊重與相應之行動，如「在政策制訂上，應遵循『尊重差異』、『公平正義』、『推廣自治』及『自主發展』等四項原則，保障原住民族生活、文化、傳統的特殊性，增進其福祉」（包正豪 2016）。而至於《新的夥伴關係》、《原住民族基本法》、修正《礦業法》等法規更是需要努力實際落實，以維護社會、政治與環境的正義。

　　總結來說，在我們鼓勵建立生態家庭時，尤其不能忽略伸張「環境正義」的努力。從本章看出「環境正義」應該有幾個權益的面向：首先，在執行環境保護政策、發展經濟政策時，會在社會上、在各族群中造成經濟利益重分配，弱勢族群在經濟、政治、環境中應得的權益應予重視，以維護社會、政治與環境的正義。其次，尊重不同族群的文化權益，讓生物有多樣性，文化也有多樣性的呈現。比如原住民對土地（所謂的原住民傳統領域，見本章注釋 18）的情感和先祖傳承的訴求是一個文化現象，應予尊重。第三，地球上的資源是有限的，在人們尋求維護環境永續時，我們肯定動植物在自然界的生存權益，也同時珍惜原住民的生態智慧如何發展當地的自然資源，更可以學習他們與大自然共生、共存、共榮的精神。

年准亞泥在花蓮太魯閣（新城山礦產）採礦權展限 20 年到 2037 年，引起爭議和不滿提告。「台北高等行政法院（隸屬司法院）審理後，認為經濟部在核准礦權展限時，未踐行原住民族基本法第 21 條規定的諮商同意權，判居民勝訴，可上訴。」（賴佩璇等 2019）然而遺憾的是，後來行政院又做出與高等行政法院的不同的判決。行政院於 2022 年 2 月 9 日做出亞泥新城山礦場租用原住民土地「查無不法」的結論，繼續引起爭議。亞泥案真相調查委員會認為此「結論偏頗特定立場，傷害落實轉型正義」（曹景旭 2022）。

太魯閣族的還我土地運動增加了生態家庭主義者在環保運動中的敘事能力。在經濟快速變遷的時代，這個運動不但為未來社會與政策設立了可貴的範例，也將繼續為環保奮戰提供動力。

作者後記之一：

圖 26 | 左為作者，右為伊貢‧希凡的先生丸山忠夫先生（2022）。

作者於 2022 年 12 月 22 日到花蓮，期待再見還我土地運動靈魂人物伊貢‧希凡，卻得知她不幸已於 2022 年 1 月因中風去世。她的日籍先生丸山忠夫目前仍然留在花蓮居住。他多次提到愛妻的多方才幹，但是結婚四十多年其中最難忘的事是：「太太有很真實、很實在的個性。當她發現原住民被欺騙、官商勾結，她不能接受就奮起力爭，直接付出行動。」回顧伊貢‧希凡所言所行，內心充塞哀傷懷念與景仰之情。

後記之二：

繼之，拜訪仍在繼續關懷還我土地運動與環境保護工作的鍾寶珠女士。作者請問：2014 年 12 月，花蓮縣政府頒發太魯閣族正式的土地所有權狀給兩位還在世的原地主，縣政府聲稱以後會將證書轉贈給其他原土地所有權人的合法後嗣（前文已述）。

圖 27 | 左為作者，中間為鍾寶珠女士，右為吉洛‧哈簍克牧師（2022）。

已經八年過去，原土地所有權的繼承人是否從縣政府收到了土地權狀？答案是否定的。因為鄉公所的土地審查委員會認定土地目前被亞泥使用中，原住民沒有在其土地上繼續工作，沒有土地使用權，故沒有土地所有權。因此這個土地問題又回到類似本文所提到 2001 年的困境。吉洛‧哈簍克牧師亦說明部落會議諮商權仍不算成功，加上目前繼承人大部分都離世了，第三代對土地議題不熟悉，使得這個土地爭議問題仍然顯得艱辛，漫漫長路。鍾女士與吉洛‧哈簍克牧師均認為：除非政府的《礦業法》改變，爭議很難消歇解決。

結 論

我們全心全意的愛你，
有如愛自己的母親。
並非你的土地特別芬芳，
只因為你的懷抱這樣溫暖。
並非你的物產特別豐饒，
只因為你用艱苦的乳汁，
養育了我們。

──吳晟（1995, 3）

　　青翠蒼鬱、奇險俊秀的台灣百岳，高聳入雲 3000 公尺以上，島上有一百多條蜿蜒的河流和支幹。此外，台灣的山海之間更有 16 個原住民族、台灣人、客家人以及其他種族，富含著「生態文化及歷史」。台灣原住民的祖先留給後代子孫一個美麗的島嶼和豐富的文化，但是過去台灣政經蓬勃發展，生活型態快速轉變，這些變化也加速了環境的衰敗。例如空氣與水的污染，不當的棄置非商業、工業、以及核能的廢料，受虐動物，以及在食物及其他物品上的過度消費，導致今日許多環境問題倍增於過往。

　　羅榮光牧師在生態關懷者協會成立大會時說道：「十年前我在《自立晚報》副刊上看到一篇文章題目是：〈生了梅毒的母親〉，作者在文章中描述台灣大地──養育我的母親，由於工業污染及大興土木之故，弄得滿目瘡痍，面目全非好似染患梅毒。」這篇文章震撼了羅牧師，他也因之呼籲基督徒與基督教會，不要成為環境污染的共犯結構成員，反要對土地有情，更新大地（台灣基督教生態中心通訊 48，2-3，1998）。

　　類似生態關懷者協會的許多文化團體，都提供了許多有意義的個案研究及其因應之道。此乃由於台灣擁有豐富的自然資源及多元悠久的文化歷史，但在快速工業發展的衝擊下，不願再畏縮，不能再冷漠。所以 1987 年，解除《台灣省戒嚴令》後，各樣的社會運動便如雨後春筍，台灣人民對環境議題也變得較為敏銳。本書所呈現的六個團體即是 1990 年代環保團體風起雲湧的見證：1987 年創辦的主婦聯盟環境保護基金會（HUF）開創風氣之先，慈濟基金會（Tzu Chi，早在 1966 年成立，從 1990 年開始大力推動環保），之後相繼成立的有環保媽媽環境保護基金會（CMF, 1990），生態關懷者協會（TESA, 1992）關懷生命協會（LCA, 1993），以及 1995 年成立的反亞泥還我土地自救會（ROL）。

　　在這六個民間團體中，婦女積極參與社會運動，為保護環境發聲。其中慈濟從 1990 年開始推動的資源回收做得有聲有色。據《遠見雜誌》的報導，該組織的回收作業將台灣資源回收率由 1995 年的 9.8% 提升到 2009 年的 45.49%。2011 年台灣的資源回收模式已被全球 17 個不同的國家接受與學習（王一芝 2011，53-54）。

　　關懷生命協會則著重在推動立法以保護動物的權利，為動物保護的基礎工作做出實質貢獻。生態關懷者協會是基督徒中首先將環保教育引介到各教會，並主辦國際會議以提升土地倫理及環境正義的能見度。主婦聯盟環境保護基金會和環保媽媽環境保護基金會二者均展現家庭主婦及母親們在台灣環保運動中可勝任社會變革的推手。這兩個組織不但改變了台灣處理廢棄物的方式，也使社會人民樂於參與共同購買綠色食品。

　　另一群參與環保運動的則是台灣的原住民族。最著名的案例是太魯閣族「反亞泥還我土地自救會」，為收回他們的土地艱辛奮戰，不但保護祖先留下來的土地，同時也提升大眾關注原住民的權利與需要。太魯閣族還我土地運動將環保運動、環境公義與社會正義結合在一起。

　　所有這些組織都面臨過困難，像是缺乏人力，財經支援不穩定。慈濟有五百萬會員，它收到環保領域非常多的慈善捐款，以致有其他組織的受訪者提及：「這多少造成組織之間的緊張關係。」但慈濟受訪者指出慈濟勤奮工作達四十多年，才能贏得聲譽成為受尊敬與信賴的慈善機構（盧蕙馨 7/29/2000）。雖然有時組織之間看法不一，但大家對彼此的傑出特色及成就都能表示相當敬重。

　　這些組織多方面的努力獲致很大的成效，促進全國的環保意識提升許多，特別是在台北等大都市，環保已儼然成為全國性的公民運動。然而，生態保育傳播的速度並不是每一個地方都一樣快速。到目前為止，執行某些環保工作的配套架構仍然有不夠完善之處，譬如回收和堆肥的設施不夠細緻有效，導致有些人懷疑終端的環保效果，以致動力不足參與大眾的環保活動。雖然各地的環運人員仍然需要克服類似的困難，本書所提人物深信，最終，人們會相信環境保護的重要性，而這六個非營利組織也多元陳述「生態家庭」種種不同的面向。

》 從個人到生態家庭

　　整體來看，若要描述台灣女性參與環保活動的理念與方式，本書主張「生態家庭主義」這個概念比歐美的「生態女性主義」

更適合；因為這六個團體的女性跨出性別的範疇，將社會變革的重要性置於任何宗教的社會動員或性別導向的議題之上。同時也因為她們見證了生態家庭者觀點裡的根本精神：我們是萬物「生命網」的一部分；我們整個人類與環境是「一體」的。了解「生命網」與「一體觀」，可以改變人與環境關係的態度與實踐，與大地及海洋更加親和。這鼓勵將人置於較大的關懷框架內，視地球生物為一個家庭，生態家庭，重視的是關係、合作與和諧。它的目的是在所有生命的內在連結上提升環境倫理。

生態家庭主義中最重要的核心概念就是家、家庭。生態家庭將傳統個人家庭的概念延伸為更大的社區、人類以至整個生態系統。生態家庭作為一個概念，提供對家庭範疇再定義的機會，再思考其蘊含的廣度及深度，將小我家庭養育的疆界擴張至自然保育、支持其生態系統。這也因此顯示出人類與自然的親密關係。正如自然哲學家 Kathleen Dean Moore 所注意到的，人類與大自然有著如下的緊密連結：本質相同，也來自同一生命根源，彼此保持相對獨立性，但又同屬一個命運共同體。人類與自然世界來自同源，也因此有著交互關聯的命運（2004, 55-56）。

家庭是從一個團體、一種關係、一個系統開始，夫妻彼此合作，父母撫養子女、子女關心父母，兄弟姐妹互相支持。家不能離群索居，所以必然有家庭、聚落、縣市、和國家之間的關係。這樣的關係甚至可延長到無限，洲、地球及太陽系，以至於無窮；就好像各自的家庭成員想要家庭幸福，再到他們從屬的大家族的利益，各家族相對的也必然會顧念到他們所屬的更大的生態家庭。這就是「生態學是家學」的意義（柯志明 2008，263，272）。雖然家庭也是發生爭執、受傷，甚至為貧窮、暴力所困

的場所，大地也有受損、災難，或反撲之際，但是這些並不妨礙我們互相以愛和相應的改善行為去追求家的幸福或達到生態和諧的想望。

因此本書主張作為家庭成員的一份子，不應該只想自己比別人重要；在生態家庭裡人類也不應自認為比其他生物重要，反而是視人類種族與自然生態系統密不可分。推而廣之，更重視把生態家庭的定義推廣到社群，一直到整個地球。可以說，讓生態家庭的文化在橫向上擴大了家庭的概念，縱向則包括世界上所有上上下下的世代，創造一個全球家庭，不僅包含目前生活的 80 億人，還包含了過去與未來的世代。

如此強調先從個人家庭開始從事環保運動，然後將作法擴及社會大家庭，非常明顯的可以從本書所研究的六個民間團體看到，慈濟基金會、生態關懷者協會、主婦聯盟及環保媽媽環境保護基金會都是。關懷生命協會則懷抱大慈大悲，將動物視為生態家庭一員來愛護。太魯閣族反亞泥還我土地自救會提醒人類與自然是一種非剝削的共生關係，而自然生界與文化都應有多樣性的呈現。這六個團體都處理到自然的課題，把關懷與照顧擴及到環境，包含土地、高山、海洋、植物及動物，做法重點雖各有不一，但是大方向都是希望這個自然大地的家能達到更理想的狀態。

這些團體從他們的宗教和靈性中吸取靈感，將他們的家庭概念從個人擴展到更廣泛的生態概念。佛教組織如慈濟及關懷生命協會，以奉獻給「菩薩道」的精神廣施博愛給所有受苦的人類與動物。同樣的，生態關懷者協會從基督教吸取靈感，他們試圖學習耶穌開啟瞎子的眼睛和心靈來看到大自然的痛苦和磨難，並且

積極消除它們的痛苦。儒家、道家和原住民文化都在教導天地的概念乃包含人與自然。這個深耕的文化概念，不但包含了宗教裡的覺性／靈性，也是台灣大眾在環保運動中不可或缺的元素。

》》 從家庭主婦行動者成為地球的守護者

　　上述的六個非政府組織中每一個都包含了一個獨特的女性角色：活躍於環保的家庭主婦。證嚴法師以家庭主婦為濟世事業的主力，傳播媒體甚至稱慈濟為「家庭主婦王國」（盧蕙馨 1997，102）。主婦聯盟環境保護基金會（HUF）及環保媽媽環境保護基金會（CMF）這類大型組織，正是文化人類學家 Sydney White 所指稱的家庭主婦行動派的代表（Housewife activism），因為這些組織的主要成員多是家庭主婦，她們義務地貢獻出自己的閒暇時間，以行動從事環保運動（電郵通訊 3/8/2001）。

　　家庭主婦在台灣社會裡是一股強而未顯的力量。在過去幾十年裡，她們的環保活動提升了她們在整個社會中的形象。較之於單單尋求從家庭主婦角色解放出來，這些組織成功塑造家庭主婦的意義，藉著擴展她們的傳統地位來賦予女性更多的意義，鼓勵家庭主婦從個人生活及廣大的社會中採取行動，追求環境福利。

　　上述六個組織的創辦者及其多數領導者都為女性，她們的運動不在於尋求台灣性別社會結構的強烈改變，而在於女性參與環保擴展了所謂的「家務」的範疇。透過上述這些組織，婦女已由她們個別家庭中妻子與母親的角色，蛻變為台灣社會中推動環保工作的志工與領導者。她們代表了一種家庭主婦運動的型態，喚醒了許多傳統框架下母親與主婦的意象，且改變了台灣當代家庭主婦角色的意涵。這工作不是一個被動的家庭主婦，或是次要的

家庭公民所能做的，而是強壯的、保護的、主動的角色，它所創造的不只是一個好的管家，而是為下一代創造一個更好的世界。

　　儘管在家庭主婦的運動中母性的意象扮演著重要的角色，但我們卻不能誇大台灣環保運動中性別衝突的看法。通常，活躍於環保運動中的台灣婦女認為女性主義很大程度上是西方意識形態的投射。說到「生態女性主義」，投入環保工作的台灣婦女比較不會像西方那樣，將女性和自然視為類同的受害者；反而更容易在訪談中傾向於親切的引出中國傳統中人與自然的概念，可能是因為在亞洲傳統裡還是深植著許多人類與環境之間的關係。此外，有些台灣男性不是那麼願接受「生態女性主義」這個語詞，似乎把男性摒除在外，他們問：「男性呢？男性就不用盡力嗎？」但如果問到「生態家庭主義」，則無論男女對該詞的接受度都很大，並且認為這語詞可以為男女合作一起做環保帶來更大的開展性。

　　雖然有些人並不認為自己是女性主義，但是台灣婦女在環境保護與社會運動上的確舉足輕重。著名的宗教學者 Nancy Frankenberry 說道：「雖然女性主義者不必延續與自然有關的性別隱喻，但生態議題必須觸及概念、政治、道德和實際問題，這些問題包括性別刻板印象，但也需要超越它們。」（1996, 23）

　　我贊同 Frankenberry 的呼籲，我們必須務實而非咬文嚼字地倡導女性與大自然之間的聯繫；作為女性，這些婦女並沒有嘗試去凸顯出她們與自然的經驗互動是如何地較其他性別者更具優勢。本研究結果僅呈現出一種可能性：即使缺乏特定的女性特質與自然之間的聯繫，當這些行動者全心成為一個孕育生命者的角色時，她們是抱持著一種急切的心態去積極從事環保工作。 此

外，我的四十六次深度訪談顯示女性非常願意成為環保志工。然而，這並不意味著只有女性才能或確實能夠保護環境。這個問題很複雜，需要全人類，無論男女，一起付諸行動。

本研究中的婦女並不特別推崇傑出女性的成就，但卻希望兩性能一起和諧工作。主婦聯盟環境保護基金會董事之一的王順美教授提到：「參加環保運動的台灣婦女並不以性別來看待她在活動中的角色，她們寧願認為她們是以人類的身份來參與，保護地球人人有責。她們主要在提升愛、和諧以及積極的行動和態度。」（9/8/2000）她認為台灣婦女的這項特質不同於西方生態女性主義者企圖將女性主義與地球連結在一起。

在擴大的生態家庭中，台灣婦女的環保行動是「漸進的改革而非激進的革命」（盧蕙馨 7/29/2000）。女性環保運動者的目標是，有權維護她們作為變革社會推動者的尊嚴和決策權。就如同前述這六個團體中的環保女性行動家所說：她們看到有些改變了，雖然很小，但此生總算看到了，為了下一代的利益，她們還要繼續努力！她們的目標在改善環境，但是若自己的工作在個人家庭、社會政治和宗教文化層面上得到一些認可，還是很高興的。

舉例來說，慈濟也許會讓局外人訝異，似乎它是一個傳統組織，但是慈濟對於女性身為家庭主婦角色的概念卻異於傳統中國人的看法。慈濟的女性會員是積極投入環保、促進回收、協助國外難民、演講、舉辦社區活動、主辦特會。換句話說，與其拒絕傳統女性的角色讓女性的地位徹底翻轉，慈濟和其他組織透過轉化家庭主婦的意義內涵來賦予女性另一種權力。

❯❯ 從地方社區到全球社群

在環保工作上，這六個組織不多糾結於意識形態的細節上，而是著重在採取各式發展策略來解決問題。她們領悟到在行動中需扮演主動積極的角色，知道如何運用媒體宣傳她們的工作。何時與政府抗爭或何時與政府站在同一陣線上，都有其策略。這些策略環保獲致具體而成功的例子，從教育青年實地考察到成為受證的環保志工（慈濟）。許多運動剛開始都是簡單的行動，如對家庭主婦的教育，之後卻促成政府具體環保措施的頒布。她們從實踐工作，到找出具體化目標，再促成扣人心弦的政策，令人擊節讚賞。

這些社團運動剛開始只是個人地方社區的層次。從該處，她們能將其擴展到全國性的推動環保。有幾個社團很能動員民眾，創造出許多投入台灣環保的志工網絡。舉例來說，有些志工是綠色消費者，有些則策劃教育活動，發放宣傳資料，另外一些志工則採取社會政治行動。

社團所採取的創新策略以及志工所做的貢獻，有時甚至能幫助他們達到國際級的成功水準。呼籲防止環境犯罪諸如虐待動物、增進對工業污染的覺醒，以及捍衛環境正義。因此，活動中原本看起來微不足道的小起步，卻足以喚醒人們對環境議題的敏感，終能匯集成群體行動，為台灣及世界將來的環境，追求有意義的改變。

六個社團各自培養了「集體認同感」（Collective identity）（Snow 2001, 2212-19），並昇華其匯聚的行動力，讓志工們為社團從事環保工作時如有神助。單槍匹馬的個人會感覺在環保工作上不易有所建樹，缺乏行動則有可能被誤認為是冷漠。但是當各

個人共同參與環保組織就會感受連結到一起，就像建立生態家庭的綿延網絡上，透過集體努力，得以產生顯著的變化。

　　這六個組織都有社會運動帶來的效果，有些小至價值系統的些微改變，但也有激進到透過政經政策的轉變達成整個社會結構性的變革。又有一些成功的教育提升整個社團對環境的認識，策勵其會員走向更高的生態覺醒。

　　台灣許多非營利組織的規模與財務狀況不若美國，但卻給他們周圍的社會帶來令人印象深刻的變化，主要在於這些非營利組織的領導人與志工們對環保的熱情。就像美國海洋生物學家 Rachel Carson，亦是《寂靜的春天》的著名作者，她對自然的無盡熱情就是一個很好的典範，Thomas Kuhn 稱此為「朝著沒有目標的方向前進」（1962, 171）。他的意思是環境的改善是無止境的，滿意源自於對環境持續不斷地改善，而非僅只是環境臻於「完美」的空想。他們關懷人類生活的改善，在環保議題抗爭中將人們連結在一起。他們在保護自然的抗爭中所面臨的考驗需要不屈不撓的意志。歐美環保健將如 Rachel Carson 等人與本書呈現的幾個團體中的領導人及成員，在追求環境的健康和保護上是相同的，都反映出令人尊敬的情操，一手點燃逐漸變革的引擎。

❱❱ 未來努力的方向

　　本書研究的六個環保團體，這些婦女工作的靈感源自於悠久歷史的農業社會、傳統宗教、島國生活型態以及原住民的智慧。她們都是在台灣本土上，根據所處獨特的地理環境、對政策不同的態度和在地文化情況，以創新的方式運作環保，而這些活動拓寬了我們的視野，啟示我們「生態家庭」應該至少含括下列面

向，也是我們以後應該繼續努力的方向：

第一，追尋「生態智慧」。本書提出建立生態家庭的主張，它擴展了原來家庭的概念，擴及到社區與整個社會。在一個宇宙家庭裡，人類與自然生界相互交織、整體共生；我們強調與萬物共生、共享、共榮的生態倫理。它的理論來自於儒家的仁、佛教的慈悲、道家與自然萬物合一、基督教的管家保育倫理、原住民部落的古老智慧，以及與西方生態思想的結合。這家庭富於包容性，認知人類女性修復地球的工作，也肯定男性的合作建造，一如儒道兩家思想中的陰陽，世界本體包含著兩種不同性質的能量，相互對待、衝突，也相互融合。

因為它具包容性，沒有固定的內容與版本，歡迎更多來自其他宗教的生態智慧添入，也許是不同的宗教經典中存有人／自然和動物／神的關係，可以在拯救環境上做出貢獻；也許是其宗教和環境的論述中，有各自建構的環境觀點去切入，如利他主義、萬物平等；或者呈現多元的環保實踐方法，讓大家分享學習。簡言之，大家可以根據不同宗教各自的經典、信仰教義，與所處當代的情境，甚至生態靈修來豐富這個生態倫理。不同的宗教還可以透過座談會、研討會等，一起進一步探索替代性的價值觀與生活形態，解決生態危機的根本原因；或使用其宗教資源，調動集體動力聯合做環保與動保，都是很可取的。

第二，持有「環保心靈」（環保心態）。在寫書的過程中，浮現腦海無數次的是，當時還四、五歲的女兒好食麥當勞，如果買回家的是魚排，她總是背對著魚缸吃。詢問為何，她回答：「不要在魚兒前面吃魚！」當她受邀坐汽艇出遊時，發現一隻蜻蜓因風太大，被吹得東倒西歪摔在地，她立即以兩隻手掌長時間

幫蜻蜓擋風，直到汽艇停住，她才輕輕托起蜻蜓讓牠飛走，那時才露出鬆口氣的微笑。而她當時同歲的好友伊麗莎白，眼看到我走著走著就快要踏到小草時，嚷著：「Watch out！」我故意逗她問為什麼？她一本正經地說：「如果你在巨人國裡，巨人一腳踩到你，你感覺怎麼樣？」我非常驚異這兩個孩子，如此之小卻對大自然生界的傷痛油然產生保護感。

她們是與生俱來就蘊含了內在的「生態良心」嗎？還是不用人教就有與自然界的「一體感」呢？尚未研究。但是可以確定一點的是，這是一份「環保心靈」、「環保心態」，一顆心靈可與自然親切互動的淳樸心境非常可貴，是人的內在資源，不要讓孩子們在成長的過程中失去；它可以讓小孩都能成為「環保小尖兵」、「綠色小天使」的原動力。及長也比較容易做到由內而外的簡樸環保的生活方式，如此從內心開始做起，以後擴張到家庭、社區，甚至整個社會。一個生態家庭自然也是練習各種健康環保習慣的好場所，無論從環保媽媽、環保爸爸、大小成員，由內在到外在，都能實踐關懷環境、簡樸生活的習慣。從家庭開始就珍惜物命，減量使用與再利用，學習自有原則的面對商品經濟與過度消費的社會，一起重建社會的環境倫理，以避免更多的資源枯竭和環境污染。

第三，推動環境有關的「社會運動」。環保／動保就是一種群眾運動、社會運動，是由下而上的草根活動，可以成為有效的社會運動，促成社會變革。社會運動不是只有限定在抗爭、遊行、示威或暴力的面向上，就任何長期的觀點而言，可以改變現狀的行動，都該被宏觀的視為社會運動的不同展現方式（王雅各1999，21）。的確，環運採取不同的方式，有些激進抗爭、有些

寧靜教育；但各種不同團體都可以互相尊重、包容異質、發展多元的策略；而且在不同機構、宗教中，甚至在國際之間，都有環保或動保運動的合作空間。

不論環保運動是以哪一種形式出現，都是對人的啟蒙與再教育。就像無論我們有多忙，還是要花點時間打掃家裡的環境；同樣，我們也可以花一些時間，支持生態家庭裡的家人。當他們在為促進生態與永續從事不同環境運動時，若不想採取示威、街頭抗議的行動，也可以利用一點時間，在請願書簽個名表示支持，選舉時投票給關心氣候變化與環境對策的候選人。或一同做海邊淨灘活動、維護山林裡自然步道。甚至在相關講座與研習會中學習，閱讀相關出版書籍、影音媒體報導，甚或在自己所屬的團體，做環保理念分享與行動的宣導。當然特殊主題的環境運動興起時，參與其中也可學到公民的新意識等等。若有一天社會上願意做環保的人成為大多數，不做的人反而引人側目，那就是一個大進步，由大家一起參與創建新公民社會的更佳環境。

第四，發展「生態經濟」。台灣戰後，配合全球經濟發展，經濟掛帥，以為經濟和生態保育是互相衝突的；導致台灣 1960 年代後經濟快速發展的輝煌期，也是整體自然資源與野生動物棲地面積遭到嚴重破壞的時期。在 1990 年代生態保育成長期，環保與經濟能雙贏成為口號，但是仍然有主張環保與經濟難雙贏的辯論，認為經濟發展與生態環境若難以兩全，則寧可強調主張環境保護，經濟退讓。但是也有可能進一步發展循環經濟，或慈悲退讓的生態經濟觀，它超越自利、個人主義，關懷對象納入社區、甚至整個宇宙，並拒絕消費極大化，同時維護到其他物種的福祉。

　　不論怎樣的經濟觀，不妨回頭追溯經濟「Economy」的字根，與生態學「Ecology」的字根都同為 Eco-，就是希臘文，「家」（*oikos*）的意思。因此生態學是家學，經濟最初開始指的則是家庭經濟（Oh, 2018）。如果說經濟由家庭開始，那又何妨主張一個以生態為導向的家庭經濟呢？比如參與台灣、日本與韓國都有的有機生產者與消費者聯合的合作社。若推而廣之到國家經世濟民，更應朝可持續性（sustainability）的方向發展生態經濟學，使得在開發資源、技術發展和制度變革中，盡量保持環境平衡與和諧的過程。尤其，「聯合國公布 2011 年『世界經濟和社會研究：重大綠色技術變革』的報告，指出人類已經處在毀滅地球生態平衡的邊緣，只有創新綠色技術快速出現，才能使地球免於毀滅性的可怕災難。」（汪中和 2012，101）時至 2023 年，只見全球各種生態危機加劇，美國南部龍捲風頻繁出現，南台灣缺水比百年大旱更嚴重等。此際更需要政府與民間產官學研的結合，著力於綠色科技的研發，落實與推廣。

　　第五，「環境正義」與完善相關政策。當家庭有人覺得委屈，受到不平等的對待時，需要家人理解，設法解決問題。同理，在生態家庭裡，生態共同體互相連結，當我們的生態手足原住民，也是我們最有「土地文化」與「生態智慧」的兄弟姐妹，為捍衛他們完整傳統領域發出不平之鳴時，我們不應該以「以前為什麼他們不說話，現在卻頻做抗爭？」類似語詞擋回去。原住民在威權時代受的苦待不應世世代代忍受下去，應設法以土地正義、環境正義、社會正義，給與更尊嚴的對待，並且尋求政策面的補救，以避免類似 3P 的錯誤重複上演（指政策 policy、警察police 和人 people 失靈——王俊秀 1999a，31-46）。舉例而言，

政府雖有政策，各院之間與部會之間卻如多頭馬車做出不同的決定，政策或對策又不能夠得到徹底的行政執行（見第七章）。

從原住民層出不窮的土地問題看出，無論執政者或民眾，都應該用更大且寬廣的文化立場，支持「環境正義」與完善相關政策，比如推動環境權清楚入憲、現行《礦業法》得到修法、國土計畫不是只讓開發商得利而已等等。此外，氣候危機對貧困社群的健康也造成很大的危害，不但加大經濟差距，還加劇種族的不平等。這些環境不公平都需要你我共同關注、促進健全發展，才能更保守人與地的和諧。

最後，值得一提的是，生態關懷者協會創辦人陳慈美女士多次參與國際環境會議，她相信台灣的環保運動足以作為其他諸國效法的國際級範例。好幾個台灣的環境模式證明非常有效率，而這些模式的成功大幅增加了全國公民環境意識的水準。儘管有此樂觀的評價，她說，台灣之所以尚未能完全成為環保行動主義的領導者，有兩個重要的原因，首先是在環境實踐上國際曝光和國際宣傳不足，再來是缺乏基礎理論（6/15/2012）。

的確，台灣執行環保活動時多半沒有正式的基礎理論，如果能有堅實、有系統的理論模式，可能激勵他們進步得更多。生態家庭主義可以成為這樣的模式，它給予訊息並鼓勵執行，為環保運動提供了一個理論的平台，使其更有組織、更有系統、且更具影響力。尤其這個生態家庭主義的理論，從上面所建議的未來方向看來，也不至於陳義過高、難以執行。反而是理論與實踐都可以相互含蘊，相互配合，易於知行合一、一以貫之，鼓勵建立生態家庭，每一位生態子民都可以成為世界環保公民，在世界各地擔負起責任。

　　該觀念的真正價值在於其未來應用的潛能，它超越了過往女性的歷史連結和環保工作。藉著東西方的持續對話，以生態家庭主義中的家庭、群落、大社區為導向的途徑，可以有效地與西方社會行動主義和生態女性主義相結合，如此不但從亞洲觀點豐富了西方傳統的二元對立的觀念，也拓廣了全球環保運動的訴求。

　　生態家庭者的觀點確保我們將視彼此為一個偉大有機體的一部分，因此讓我們人類都彼此學習，與自然界中所有生命和諧相處，以使環境保護成為人類日常行為中最具效果的一個面向。

參考書目

▌英文書目

Abraham, Dulci, Su Ai Lee Park, and Yvonne Dahlin, eds. 1989. *Faith renewed: A Report on The First Asian Women's Consolation on Interfaith Dialogue.* Hong Kong: Asian Women's Resource Centre for Culture and Theology.

Adams, Carol J., ed. 1993. *Ecofeminism and the Sacred.* New York: Continuum.

_____. 1993. "The Feminist Traffic in Animals." In *Ecofeminism: Women, Animals, Nature,* edited by Greta Gaard, 195-218. Philadelphia: Temple University Press.

_____. 1994. *Neither Man nor Beast: Feminism and the Defense of Animals.* New York: Continuum.

_____. 2010. *The Sexual Politics of Meat: A Feminist-vegetarian Critical Theory.* New York: Continuum.

Antone, Hope S. 2000. "Women Challenging Globalization and Celebrating the Jubilee." *God's Image* 19.1:1.

Armbruster, Karla. 2000. "Review of *Ecofeminist Natures: Race, Gender, Feminist Theory and Political Action*; *Ecofeminism: Women, Culture, Nature*; and *Feminism and Ecology.*" *Journal of the National Women's Studies Association* 12.1:210-16.

Art, Henry W., ed. 1993. *The Dictionary of Ecology and Environmental Science.* New York: Henry Holt.

Attfield, Robin. 2003. *Environmental Ethics: An Overview for the Twenty-First Century.* Malden, Mass.: Polity Press.

Badiner, Allen Hunt, ed. 1993. *Dharma Gaia: A Harvest of Essays in Buddhism and Ecology.* Berkeley: Parallax Press.

Biehl, Janet. 1991. *Finding Our Way: Rethinking Ecofeminist Politics.* Montreal: Black Rose Books.

Birke, Lynda. 1986. *Women, Feminism, and Biology.* Brighton: Harvester.

Birkeland, Janis. 1993. "Ecofeminism: Linking Theory and Practice." In *Ecofeminism: Women, Animals, Nature,* edited by Greta Gaard, 13-59. Philadelphia: Temple University Press.

Blust, Robert, Elizabeth Zeitoun and Rengui Li (Eds.) . 1999. *Selected papers from the Eighth International Conference on Austronesian Linguisti*cs, 31–94. Taipei: [Zhong yang yan jiu yuan yu yan xue yan jiu suo chou bei chu].

Bocking, Stephen. 1997. Ecologists and Environmental Politics: A History of Contemporary Ecology. New Haven: Yale University Press.

Braudis, Ann. 1997. "Ecofeminism: Cosmological and Socio-Cultural Context: Without a Version the People Perish." In *Roots and Shoots of Eco-Feminism: Signs of Hope,* edited by Sr. Olinda Pereira and Sr. Immaculata, 73-84. Bangalore: National Biblical Catechetical Liturgical Centre.

Broadbent, Jeffrey. 2011. "Introduction: East Asian Social Movements." In *East Asian Social Movements-Power, Protest, and Change in a Dynamic Region,* edited by Jeffrey Brockman and Vicky Brockman, 1-35. New York: Springer.

Broderick, Carlfred B. 1990. "Family Process Theory." In *Fashioning Family Theory: New Approaches,* edited by Jetse Sprey, 171-206. New Delhi: SAGE Publications.

Brown, Peter G. 2012. *Ethics for Economics in the Anthropocene.* Woodbridge, CT: American Teilhard Association.

Callicott, J. Baird, and Roger T. Ames, eds. 1989. *Nature in Asian Traditions of Thought.* Albany: State University of New York Press.

Campbell, Andrea. 2008. *New Directions in Ecofeminist Literary Criticism*. Newcastle: Cambridge Scholars Publishing.

Carson, Rachel. 1962. *Silent Spring*. Boston: Houghton Mifflin.

Catholic Bishops of Philippines. 2010. "What Is Happening To Our Beautiful Land? – A Pastoral Letter On Ecology From Catholic Bishops of Philippines." In *Religion and the Environment- Critical Concepts in Religious Studies, Vol. I: Overviews; Ecotheology I – Judaism, Christianity*, edited by Roger S. Gottlieb, 363-72. London: Routledge.

Chan, Wing-Tsit（陳榮捷）. 1963. *A Source Book in Chinese Philosophy*. Princeton: Princeton University Press.

Chandler, Russel. 1990. "Religions Join the Crusade to Save Earth from Pollution." *Los Angeles Times*, April 19.

Chang, Shunyen. 1997. "Environmental Protection at the Abode of Still Thoughts." Translated by Tracy Tai. *Tzu Chi Quarterly*, Summer 1997: 24-25.

Chang, Wei-An. 1998. "Silent Social Reform: The Compassion Relief *Tzu Chi* Foundation as a Model for Social Change." Paper presented at the Annual Meeting of the American Sociological Association, San Francisco.

Chen, Tzu-Mei（陳慈美）. 2001. "The Earth Charter and Spirituality in Taiwan: Behind Taiwan's Economic Miracle: A Dilemma of Sustainable Development and the Efforts toward Sustainable Futures." Paper presented at the 2001 Asia Pacific Earth Charter Conference, Brisbane, Australia, November 29. Taipei: Taiwan Ecological Stewardship Association.

_____. 2003. "Natural Aesthetics: Re-discovering the Lost Linkage of the Relationship between Human Beings and Nature." Pamphlet. Taipei: Taiwan Ecological Stewardship Association.

_____. 2013. "Not Only Thinking Like a Mountain and Seeing Afresh the

Events in 1887 and 1987". Conference paper presented at Global Ecological Integrity Group (GEIG), June 27-July 2, San Jose, Costa Rica.

_____. 2014b. "The Right Food and the Rights to Food for Future Generations", conference paper for the Global Ecological Integrity Group (GEIG). Paper presented at "Global Integrity at the Tipping Point: Imminent and Ongoing Threats to the Ecological, Social and Cultural Evolution of the Planet," June 21-26, Rhodes, Greece.

_____. 2015. "Reawakening the Ancient Wisdom, In Search of a Sustainable Future." Paper presented at Global Ecological Integrity Group (GEIG), "The Common Good: The Role of Integrity in the Support of Life and Human Security" Conference, June 29-July 3, Parma, Italy.

Cheng, Wei-Yi（鄭維儀）. 2007. *Buddhist Nuns in Taiwan and Sri Lanka: A Critique of the Feminist Perspective*. London: Routledge.

Chu, Henry. 2001. "The Tale of Taiwan's Aborigines." *Los Angeles Times*, June 1.

Chung, Hyun Kyung（鐘鉉京）. 1991. "Come Holy Spirit Come, renew the Whole Creation." *The Woman's Pulpit* (JulySept.): 47.

_____. 1994. "Ecology, Feminism, and African and Asian Spirituality: Toward a Spirituality of EcoFeminism." In *Ecotheology: Voices from South and North*, edited by David G. Hallman, 175-78. Maryknoll: Orbis Books.

Cobb, John B., Jr. 1992. *Sustainability: Economics, Ecology, and Justice*. Maryknoll: Orbis Books.

_____. 1995. "Ecology, Science, and Religion: Toward a Postmodern Worldview." In *Readings in Ecology and Feminist Theology*, edited by Mary Heather MacKinnon and Moni McIntyre, 233-47. Kansas City: Sheed & Ward.

Cudworth, Erika. 2005. *Developing Ecofeminist Theory*. New York: Palgrave Macmillan.

Collins, P. H., ed. 1985. *Dictionary of Ecology and the Environment*. Chicago:

Fitzroy Dearborn.

Commoner, Barry. 1971. *The Closing Circle: Nature, Man, and Technology*. New York: Alfred A. Knopf.

Cook, Barbara J. 2008. "Multifaceted Dialogues: Toward an Environmental Ethic of Care." In *Women Writing Nature: A Feminist View*, edited by Barbara J. Cook, 33-40. Lanham, MD: Rowman & Littlefield.

Corbin, Barry, John Trites, and James Taylor. 1999. *Global Connection: Geography for the 21st Century*. New York: Oxford University Press.

Coward, Harold, ed. 1998. *Traditional and Modern Approaches to the Environment on the Pacific Rim: Tensions and Values*. Albany: State University of New York Press.

_____, and Daniel C. Maguire, eds. 2000. *Visions of a New Earth: Religious Perspectives on Populations, Consumption, and Ecology*. Albany: State University of New York Press.

Cuomo, Chris J. 1998. *Feminism and Ecological Communities: An Ethic of Flourishing*. London: Routledge.

Curry, Patrick. 2006. *Ecological Ethics: An Introduction*. Malden, Mass.: Polity Press.

Datar, Chhaya. 2011. *Ecofeminism Revisited: Introduction to Discourse*. Jaipur: Rawat Publications.

Davies, Katherine. 1988. "What is Ecofeminism?" *Women and Environments* 10.3:4-6.

Devall, Bill. 1990. "Ecocentric Sangha." In *Dharma Gaia: A Harvest Essays in Buddhism and Ecology*, edited by Alan HuntBadiner, 155-64. Berkeley: Parallax Press.

_____, and George Sessions. 1985. *Deep Ecology*. Salt Lake City: Gribbs Smith.

DeVido, Elise Anne. 2010. *Taiwan's Buddhist Nuns*. New York: State University of New York Press.

Diamond, Irene, and Gloria Feman Orenstein, eds. 1990. *Reweaving the World: The Emergence of Ecofeminism.* San Francisco: Sierra Club Books.

Dietrich, Gabriele. 1996. "The World as the Body of God: Feminist Perspectives on Ecology and Social Justice." In *Women Healing Earth: Third World Women on Ecology, Feminism, and Religion,* edited by Rosemary Radford Ruether, 82-98. Maryknoll: Orbis Books.

Donaldson, Rodey E., ed. 1991. *A Sacred Unity: Further Steps to an Ecology of Mind.* San Fracisco: Harper Collins.

Eaton, Heather. 1996. "EcologicalFeminist Theology: Contributions and Challenges." In *Theology for Earth Community: A Field Guide,* edited by Dieter T. Hessel, 77-92. Maryknoll: Orbis Books.

Eblen, Ruth A., and William R. Eblen, eds. 1994. "Ecology as a Science." *The Encyclopedia of the Environment.* Boston: Houghton Mifflin.

Eisler, Riane. 1988. *The Chalice and the Blade: Our History, Our Future.* San Francisco: Harper & Row.

_____. 1990. "The Gaia Tradition and the Partnership Future: An Ecofeminist Manifesto." In *Reweaving the World: The Emergence of Ecofeminism*, edited by Irene Diamond and Gloria Feman Orenstein, 23-34. San Francisco: Sierra Club Books.

Fabella, Virginia M. M., and Mercy Amba Oduyoye, eds. 1988. *With Passion and Compassion: Third World Women Doing Theology.* Maryknoll: Orbis Books.

_____., and Sun Ai Lee Park, eds. 1989. *We Dare to Dream: Doing Theology as Asian Women.* Maryknoll: Orbis Books.

Fox, Michael Allan. 1999. *Deep Vegetarianism.* Philadelphia: Temple University Press.

Frankenberry, Nancy. 1996. "The Earth is Not Our Mother: Ecological Responsibility and Feminist Theory." In *Religious Experience and Ecological Responsibility*, edited by Donald Crosby and Charley Hardwick, 23-50. New York: Peter Lang.

Gaard, Greta. 1993. "Living Interconnections with Animals and Nature." *Ecofeminism: Women, Animals, Nature*, edited by Greta Gaard, 1-12. Philadelphia: Temple University Press.

_____. 2001. "Tools for a Cross-Cultural Feminist Ethics: Exploring Ethical Contexts and Contents in the Makah Whale Hunt." *Hypatia* 16.1: 1-26.

Ghai, D., and J. M. Vivian, eds. 1992. *Grassroots Environmental Action: People's Participation in Sustainable Development*. London: Routledge.

Goldin, Paul Rakita. 2000. "The View of Women in Early Confucianism." In *The Sage and the Second Sex*, edited by Chenyang Li, 133-62. LaSalle, Ill.: Open Court.

Gottlieb, Roger S., ed. 1996. *This Sacred Earth: Religion, Nature, Environment.* London: Routledge.

Gould, Kenneth A., and Tammy L. Lewis. 2009. *Twenty Lessons in Environmental Sociology.* New York: Oxford University Press.

Gross, Rita M. 2000. "Toward a Buddhist Environmental Ethic." *Visions of a New Earth: Religious Perspectives on Population, Consumption and Ecology*, edited by Harold Coward and Daniel C. Maguire, 147-60. Albany: State University of New York Press.

Grosnick, William. 1994. "The Buddhahood of the Grasses and Trees: Ecological Sensitivity or Scriptural Misunderstanding?" In *An Ecology of the Spirit: Religions, Reflection and Environmental Consciousness*, edited by Michael Barnes, 197-208. Lanham, Maryland: University Press of America.

Gyatso, Tenzinn, and Thupten Chodron. 2014. *Buddhism: One Teacher, Many*

Traditions. Somerville: Wisdom Publications.

Habito, Ruben L. F. 1992. "A Christian and Zen SelfCritique toward Ecological Crisis." *BuddhistChristian Studies* 12:175-78.

Hallman, David G., ed. 1994. *Ecotheology: Voices from South and North*. Maryknoll: Orbis Books.

Hammond, Allen.1998. *Which World? Scenarios for the Twenty-first Century*. Washington D.C.: Searwater Books.

Hannum, Hildegarde. 1997. *People, Land, and Community: Collected E. F. Schumaher Society Lectures*. New Haven: Yale University Press.

Harding, Sandra, ed. 1987. *Feminism and Methodology*. Milton Keynes, UK: Open University Press.

Hill, Michael. 2005. "The NGO Phenomenon," *Baltimore Sun*, January 9.

Hill, Shirley A. 2012. *Families: A Social Class Perspective*. Los Angeles: Pine Forge Press.

Hindley, Jane, Ming-Sho Ho, and Hua-mei Chu. 2011. "Introduction: Neoliberalism, Social Movements, and the Environment in Taiwan." *Capitalism Nature Socialism* 22. 1:18-21.

Hinsdale, Mary Ann. 1995. "Ecology, Feminism and Theology." In *Readings in Ecology and Feminist Theology*, edited by Mary Heather Mackinnon and Moni McIntyre, 196-207. Kansas: Sheed & Ward.

Hipwell, William T. 2010. "Taiwan Aboriginal Ecotourism – Tanayiku Natual Ecology Park." In *Religion and the Environment – Critical Concepts in Religious Studies, Vol. III: Religious Environmentalism in Action*, edited by Roger S. Gottlieb, 109-32. London: Routledge.

Ho, Ming-sho（何明修）. 2010a. "Introduction to Taiwanese Society, Culture, and Politics." In *East Asian Social Movements-Power, Protest, and Change in a Dynamic Region*, edited by Jeffrey Broadbent and Vicky Brockman, 231-

35. New York: Springer.

_____. 2010b. "Environmental Movement in Democratizing Taiwan (1980-2004): A Political Opportunity Structure Perspective." *East Asian Social Movements-Power, Protest, and Change in a Dynamic Region*, edited by Jeffrey Broadbent and Vicky Brockman, 283-314. New York: Springer.

Ho, Mobi. 1990. "Animal Dharma." *Dharma Gaia*, edited by Alan HuntBadiner, 129-35. Berkeley: Parallax Press.

Ho, Wan-Li（何婉麗）. 2003. "Environmental Protection as Religious Action: The Case of Taiwanese Buddhist Women." In *Ecofeminism and Globalization*, edited by Heather Eaton and Lois Ann Lorentzen, 123-45. Lanham, MD: Rowman and Littlefield.

_____. 2005. "Respecting Our Ancestors." *Commonweal* CXXXII.1:10-11.

_____. 2007. "Rice, Medicine, and Nature: Women's Environmental Activism and Interreligious Cooperation in Taiwan." In *Off The Menu: Asian and Asian North American Women's Theology and Religion*, edited by Rita Nakashima Brock, Jung Ha Kim, Kwok Pui-lan, and Seung Ai Yang, 231-51. Santa Ana: Westminster Press.

_____. 2008. "Confucianism and Daoism." *The Hope of Liberation in World Religions*. Ed. Miguel A. de La Torre, 175-98. Waco: Baylor University Press.

_____. 2016. *Ecofamilism: Women, Religion and Environmental Protection in Taiwan*. St. Petersburg, FLA.: Three Pines.

Hsiao, Hsin-Huang Michael（蕭新煌）. 1999. "Environmental Movements in Taiwan." In *Asia's Environmental Movements – Comparative Perspectives*, edited by Yok-shiu F. Lee and Alvin Y. So, 31-54. Armonk: M. E. Sharpe.

_____. 2011. "Social Movements in Taiwan: A Typological Analysis." *East Asian Social Movement: Power, Protest and Change in a Dynamic Region*, edited by

Jeffrey Broadbent and Vicky Brockman, 237-54. New York: Springer.

_____, and Robert P. Weller, 1998. "Culture, Gender, and Community in Taiwan's Environmental Movement." In *Environmental Movements in Asia*, edited by Arne Kalland and Gerard Persoon, 83-109. Richmond, Surrey: Curzon.

Hsu, Ching-fu（許晴富）. 1994. "Political Reform Movements in the ROC: History and Prospects." *Quiet Revolutions on Taiwan, Republic of China*, edited by Jason C. Hu. 101-06. Taipei: Kwang Hwa Chubanshe.

Huang, C. Julia（黃倩玉）. 2009. *Charisma and Compassion-Cheng Yen and the Buddhist Tzu Chi Movement*. Cambridge, Mass.: Harvard University Press.

_____, and Robert Weller. 1998. "Merit and Mothering: Women and Social Welfare in Taiwanese Buddhism." *Journal of Asian Studies* 57.2: 379-96.

Jamieson, Dale. 2008. *Ethics and the Environment: An Introduction*. Cambridge: Cambridge University Press.

Johnson, Elizabeth A. 1993. *Women, Earth, and Creator Spirit*. New York: Paulist Press.

Jones, Charles Brewer. 1999. *Buddhism in Taiwan: Religion and the State, 1660-1990*. Honolulu: University of Hawaii Press.

Ju, Julie, and Betty Wang, eds. 2003. *A Brief Introduction to Taiwan*. Taipei: Government Information Office.

Kant, Immanuel. 1997. "Of Duties to Animals and Spirits." *Lectures on Ethics*. Cambridge: Cambridge University Press.

Kaza, Stephanie. 1985. "Toward a Buddhist Environmental Ethic." *Buddhism at the Crossroads* 1.1:2225.

_____. 1994. "Acting with Compassion: Buddhism, Feminism and the Environmental Crisis." In *Ecofeminism and the Sacred*, edited by Carol J. Adams, 50-69.

New York: Continuum.

Kemmerer, Lisa, ed. 2011. Sister Species: Women, Animals, and Social Justice. Urbana: University of Illinois Press.

_____, ed. 2012. *Speaking Up for Animals: An Anthology of Women's Voices.* Boulder: Paradigm Press.

Kerbs, C. J. 1978. *Ecology: The Experimental Analysis of Distribution and Abundance.* New York: Harper & Row.

Kheel, Marti. 2008. *Nature Ethics: An Ecofeminist Perspective.* Lanham, MD: Rowman & Littlefield.

King, Ursula, ed. 1994. *Feminist Theology from the Third World: A Reader.* Maryknoll: Orbis Books.

Knitter, Paul F. 1995. *One Earth Many Religions: Multifaith Dialogue and Global Responsibility.* Maryknoll: Orbis Books.

Komito, David Ross. 1987. *Seventy Stanzas: A Buddhist Psychology of Emptiness.* Ithaca: Snow Lion Publications.

Kormondy, E. J. 1976. *Concepts of Ecology.* Englewood Cliff, NJ: Prentice-Hall.

Krishna, Sumi. 2009. *Genderscapes: Revisioning Natural Resource Management.* New Delhi: Zubaan.

Ku, Yenlin （顧燕翎）. 1989. "The Feminist Movement in Taiwan, 1972-87." *Bulletin of Concerned Asian Scholars.*1:12-22.

Kuhn, Thomas. 1962. *The Structure of Scientific Revolutions.* Chicago: University of Chicago Press.

Kwok, Puilan. 1994. "The Future of Feminist Theology: An Asian Perspective." *Feminist Theology from the Third World: A Reader,* edited by Ursula King, 63-76. New York: SPCK/Orbis Press.

Lahar, Stephanie. 1991. "Ecofeminist Theory and Grassroots Politics." *Hypatia* 6.1:28-45.

Larana, Enrique, Hank Johnston, and Joseph R. Gusfield, eds. 1994. *New Social Movements from Ideology to Identity*. Philadephia: Temple University Press.

Lau, D. C. 1963. *Lao-tzu: Tao Te Ching*. Harmondsworth: Penguin Books.

Lee, F. Yokshiu, and Alvin Y. So, eds. 1999. *Asia's Environmental Movements: Comparative Perspectives*. Armonk: M. E. Sharpe.

Lee, Shu Chen（李素楨）. 2000. "A Confucian Idea of Environmental Ethics: A Critical Response to Callicott's Program." Paper Presented at Environmental Ethics Conference, National Central University, Zhongli, Taiwan.

Lee, Su H. 2007. *Debating New Social Movements: Culture, Identity and Social Fragmentation*. Lanham, MD: University Press of America.

Lee, Yuan-Chen（李元貞）. 1999. "How the Feminist Movement Won Media Space in Taiwan: Observations by a Feminist Activist." In *Spaces of Their Own: Women's Public Sphere in Transnational China*. Translated by Mayfair Mei-Hui Yang and Everett Yuehong Zhang, edited by Mayfair Mei-Hui Yang, 95-115. Minneapolis: University of Minnesota Press.

Legge, James. 2010. *The Confucian Analects, The Great Learning & The Doctrine of the Mean*. New York: Cosimo.

_____. 2011. *The Works of Mencius*. New York: Dover.

Leney, Joy, and David Marks. 1996. *Disposable Dogs: Made in Taiwan, An Investigation and Survey of Government Holding Facilities for Stray Dogs in Taiwan*. London: World Society for the Protection of Animals (WSPA).

Leonardo, Micaela di. 1991. "Introduction: Gender, Culture, and Political Economy: Feminist Anthropology in Historical Perspective." In *Gender at the Crossroads of Knowledge: Feminist Anthropology in the Postmodern Era*, edited by Micaela di Leonardo, 1-50. Berkeley: University of California Press.

Leopold, Aldo. 1970. *A Sand Country Almanac, with Essays on Conservation from Round River*. New York: Oxford University Press.

Lin, Yihren（林益仁）. 1999. "The Environmental Beliefs and Practices of Taiwanese Buddhists." Ph.D. Diss., University College, London.

Lu, Hsiulien（呂秀蓮）. 1994. "Women's Liberation: The Taiwanese Experience." *The Other Taiwan 1945 to Present*, edited by Murray A. Rubinstein. Armonk, NY: M.E. Sharpe, 289-304.

Lu, Hui-siyn. 1991. "Women's SelfGrowth Groups and Empowerment of the 'Uterine Family' in Taiwan." *Bulletin of the Institute of Ethnology*. Academia Sinica 71:29-62.

MacKinnon, Mary Heather, and Moni McIntyre, eds. 1995. *Readings in Ecology and Feminist* Theology. Kansas City: Sheed & Ward.

Macy, Joanna. 1991a. *Mutual Causality in Buddhism and General Systems Theory: The Dharma of Natural Systems*. Albany: State University of New York Press.

_____. 1991b. *World as Lover, World as Self*. Berkeley: Parallax Press.

Madsen, Richard. 2006. *Democracy's Dharma: Religious renaissance and Political Development in Taiwan*. Berkeley: University of California Press.

Mananzan, Mary John. 2000. "Jubilee in the Wake of Globalization from Asian Women's Perspective." *God's Image* 19.3: 2-13.

McAdam, Doug. 1996. "The Framing Function of Movement Tactics: Strategic Drammaturgy in the American Civil Rights Movement." In *Comparative Perspectives on Social Movements: Political Opportunities, Mobilizing Structures and Cultural Framings*, edited by Doug McAdam, John D. McCarthy, and Mayer N. Zald, 338-56. Cambridge: Cambridge University Press.

MacGregor, Sherilyn. 2006. *Beyond Mothering Earth: Ecological Citizenship and the Politics of Care*. Vancouver: University of British Columbia Press.

McDaniel, Jay B. 1994. "Four Questions in Response to Rosemary Radford Ruether." In *An Ecology of the Spirit-Religious and Environmental Consciousness*, edited by Michael Barnes, 57-60. Lanham, MD: University Press of America.

McFague, Sallie. 1993. "An Earthly Theological Agenda." In *Ecofeminism and the Sacred*, edited by Carol J. Adam, 84-98. New York: Continuum.

Mellor, Mary. 1997. *Feminism and Ecology*. New York: New York University Press.

Melucci, Alberto. "Social Movements and the Democratization of Everyday Life." In *Civil Society and the State*, edited by J. Keane, 245-60. London: Verso, 1988.

Merchant, Carolyn. 1990. "Ecofeminism and the Feminist Theory." In *Reweaving the World: The Emergence of Ecofeminism*, edited by Irene Diamond and Gloria Feman Orenstein, 100-05. San Francisco: Sierra Club Books.

Merriam-Webster. 2003. *Merriam-Webster's Collegiate Dictionary*. Massachusetts: Merriam-Webster, 11th Edition.

Minteer, Ben A. 2012. *Refounding Environmental Ethics: Pragmatism, Principle, and Practice*. Philadelphia, Penn.: Temple University Press.

Molloy, Michael. 1999. *Experiencing the World's Religions*. Mountain View, California: Mayfield Publishing Company.

Moore, Kathleen Dean. 2004. *The Pine Island Paradox: Making Connections in a Disconnected World*. Minneapolis: Milkweed Press.

_____. 1999. *Holdfast: At Home in the Natural World*. New York: Lyons Press.

Morton, Nelle. 1985. *The Journey Is Home*. Boston: Beacon Press.

Nebel, Bernard J. 1990. *Environmental Science: The Way the World Works*.

Englewood Cliff, NJ: Prentice Hall.

Nhanenge, Jytte. 2011. *Ecofeminism – Toward Integrating the Concerns of Women, Poor People, and Nature into Development.* Lanham, Maryland: University Press of America.

Odum, E. P. 1953. *Fundamentals of Ecology.* Philadelphia: W. B. Saunders.

Oh, Jea Sophia. 2011. *A Postcolonial Theology of Life: Planetarity East and West.* Sopher Press.

_____. 2018. "Wan-Li Ho, Ecofamilism: Women, Religion, and Environmental Protection in Taiwan. St. Petersburg, FLA.: Three Pines Press, 2016, ISBN 9781931483339", *Hypatia Reviews Online* (2018/01/01).

O'Neil, Mark. 2010. *Tzu Chi: Serving with Compassion.* New York: John Wiley & Sons.

Ortner, Sherry H. 1974. "Is Female to Male as Nature Is to Culture?" In *Women, Culture and Society*, edited by S. Rosaldo and L. Lamphere, 67-88. Stanford: Stanford University Press.

Paul, James A. 2015. "NGOs and Global Policy-Making." *Global Policy Forum.* www.globalpolicy.org/component/ content/article/177/31611.html.

Pereira, Sr. Olinda and Sr. Immaculata, ed. 1997. *Roots and Shoots of Eco-Feminism: Signs of Hope.* Bangalore, India: The National Biblical Catechetical Liturgical Centre.

Primavesi, Anne. 1994. "A Tide in the Affairs of Women?" In *Ecotheology: Voices from South and North*, edited by David G. Hallman, 186-98. Maryknoll: Orbis Books.

Quaratiello, Arlene R. 2004. *Rachel Carson: A Biography.* Westport, Connecticut: Greenwood Press.

Raphals, Lisa. 1998. *Sharing the Light: Representations of Women and Virtue in Early China.* Albany: State University of New York Press.

Reinharz, Shulamit. 1992. *Feminist Methods in Social Research*. New York: Oxford University Press.

Ricci, Matteo S. 1985. *The True Meaning of the Lord of Heaven*. Translated by Douglas Lancashire and Peter Hu Kuo-chen, S.J. St. Louis: Institute of Jesuit Sources.

Richardson, Ruth. 1996. "Environmental Ethics." In *Major Environmental Issues Facing the 21st Century*, edited by Mary K Theodore and Louis Theodore, 471-79. Englewood Cliffs, NJ: Prentice Hall.

Riech, Warren Thomas, ed. 1995. "Ecofeminism." *Encyclopedia of Bioethics*. New York: Simon & Schuster.

Rocheleau, Dianne, Barbara Thomas-Slayter, and Esther Wangari, eds. 1996. *Feminist Political Ecology: Global Issues and Local Experiences*. London: Routledge.

Rogers, Susan Carol. 1978. "Woman's Place: A Critical Review of Anthropological Theory." *Comparative Studies in Society and History* 20.1:123-62.

Ruether, Rosemary Radford. 1994a. "Ecofeminism: Symbolic and Social Connections of the Oppression of Women and the Domination of Nature." In *An Ecology of the Spirit: Religious Reflection and Environmental Consciousness*, edited by Michael Barnes, 45-56. Lanham, Maryland: University Press of America.

_____. 1983. *Sexism and GodTalk*. Boston: Beacon Press.

_____. 1994b. "Ecofeminism and Theology." *Ecotheology: Voices from South and North*, edited by David G. Hallman, 199-204. Geneva: World Council of Churches/Maryknoll: Orbis.

_____, ed. 1996. *Women Healing Earth: Third World Women on Ecology, Feminism, and Religion*. Maryknoll, New York: Orbis Books.

Salleh, Ariel. 1997. *Ecofeminism as Politics: Nature, Marx and the Postmodern.* London & New York: Zed Books.

Sampson, Robert J., Doug McAdam, Heather MacIndoe, and Simon Weffer-Elizondo. 2005. "Civil Society Reconsidered: The Durable Nature and Community Structure of Collective Civic Action." *American Journal of Sociology*, 111.3:673-714.

Schoening, Jeffrey D. 1995. *The Salistamba Sutra and its Indian Commentaries* (Vol. 1). Vienna: Arbeits. für Tibetische & Buddhistische Studien.

Schumacher, E. F. 1973. *Small is Beautiful: Economics as If People Mattered.* New York: Harper & Row.

Shaw, Douglas, ed. 2002. *Ten Thousand Lotus Blossoms of the Heart: Dharma Master Cheng Yen and the Tzu Chi World.* Taipei: Foreign Language Publications Department of Tzu Chi Buddhist Cultural Center.

Shiban, Igung（希凡・伊貢）. 1997. «Report to the United Nations Working Group on Indigenous Populations: Our Experience of the Incursion of Cement Companies onto the Land of the Taroko People, Hwalien, Taiwan.» http://www.nativeweb.org/pages/legal/taroko.html

Shiva, Vandana, and Maria Meis. 1993. *Ecofeminism.* London: Zed Books.

Silva, Padmasiri. *Environmental Philosophy and Ethics in Buddhism.* 1998. New York: St. Martins' Press.

Simon, Scott. 2002. "The Underside of a Miracle: Industrialization, Land, and Taiwan's Indigenous Peoples." *Cultural Survival Quarterly* 26.2:66-69.

_____. 2005. "Scarred Landscapes and Tattooed Faces: Poverty, Identity and Land Conflict in a Taiwanese Indigenous Community." In *Indigenous Peoples and Poverty: an International Perspective*, edited by Robyn Eversole, John-Andrew McNeish, and Alberto Cimadamore, 53-68. London: Zed Books.

Singer, Peter. 1990. *Animal Liberation*. New York: Random House.

Snow, David A. 2001. "Collective Identity." In *International Encyclopedia of the Social and Behavioral Sciences*, edited by Neil J. Smelser and Pail B. Baltes, 2212-19. London: Elsevier.

Sprey Jetse, ed. 1990. *Fashioning Family Theory: New Approaches*. Newbury Park: Sage Publications.

Staggenborg, Suzanne. 2011. *Social Movements*. New York: Oxford University Press.

Sterba, James P, ed. 2000. *Earth Ethics: Introductory Readings on Animal Rights and Environmental Ethics*. Englewood Cliffs, NJ: Prentice-Hall.

Sturgeon, Noel. 1997. *Ecofeminist Natures: Race, Gender, Feminist Theory and Political Action*. London: Routledge.

Swidler, Leonard. 1990. *After the Absolute: The Dialogical Future of Religious Reflection*. Minneapolis: AugburgFortress Press.

_____, and Paul Mojzes. 2000. *The Study of Religion in an Age of Global Dialogue*. Philadelphia: Temple University Press.

Taiwan Ecological Stewardship Association (TESA) ed., 2006. "Rethinking the Ancient Wisdom : In Search of an Alternative Lifestyle" , Pampht, Taipei: TASA.

Tarrow, Sidney. 1998. *Power in Movement: Social Movements and Contentious Politics*. Cambridge: Cambridge University Press.

Tauli-Corpuz, Victoria. 1996. "Reclaiming the Earthbased Spirituality: Indigenous Women in the Cordillera." In *Women Healing Earth: Third World Women on Ecology, Feminism and Religion*, edited by Rosemary Radford Ruether, 99-106. Maryknoll: Orbis Books.

Tong, Rosemarie. 1989. *Feminist Thought: A Comprehensive Introduction*. Boulder: Westview Press.

Traer, Robert. 2009. *Doing Environmental Ethics*. Boulder: Westview Press.

Tremmel, William C. 1984. *Religion: What Is It?* New York: Holt, Rinehart, and Winston.

Tu, Weiming（杜維明）. 1984. "The Continuity of Being: Chinese Visions of Nature." In *On Nature*, edited by Leroy S. Rouner, 113-29. Notre Dame: University of Notre Dame Press.

_____. 1993. "Confucianism." *Our Religions*, edited by Arvind Sharma, 139-227. New York: HarperCollins.

_____. 1998. "Beyond the Enlightenment Mentality." *Confucianism and Ecology*, edited by Mary Evelyn Tucker and John Berthrong, 3-21. Cambridge, Mass.: Harvard University Press.

Tucker, Mary Evelyn, and John Berthrong, eds. 1998. *Confucianism and Ecology: The Interrelation of Heaven, Earth, and Humans*. Cambridge, Mass.: Harvard University Press.

_____, and John A. Grim, eds. 1994. *Worldviews and Ecology: Religion, Philosophy, and the Environment*. Maryknoll: Orbis Books.

_____, and Duncan Ryuken Williams, eds. 1997. *Buddhism and Ecology: The Interconnection of Dharma and Deeds*. Cambridge, Mass.: Harvard University Press.

Van Papendorp, Idelette. 1996. "The Great European Circus in Taiwan: Not so Great, After All." *Life Conservationist Association Report*. Taipei: Guanhuai shengming xiehui.

Vroblesky, Virginia. 1992. *The Gift of Creation: A Discussion Guide on Caring for the Environment*. Colorado Springs: NavPress.

Waldau, Paul. 2011. *Animal Rights: What Everyone Needs to Know*. New York: Oxford University Press.

Wang, Juju Chin-shou（王俊秀）. 1998. "Environmental Health Traffic

Light Evaluation System." *China Public Health* 17.4: 349-59.

Wang, Robin R. 2012. *Yinyang: The Way of Heaven and Earth in Chinese Thought and Culture*. Cambridge: Cambridge University Press.

Warren, Karen J. 1990. "The Power and Promise of Ecological Feminism." *Environmental Ethics* 12. 3: 125-46.

1995. "Feminism and Ecology: Making Connection." In *Readings in Ecology and Feminist Theology*, edited by Mary Heather Mackinnon and Moni McIntyre, 105-23. Kansas City: Sheed & Ward.

_____, ed. 1997. *Ecofeminism: Women, Culture, Nature*. Bloomington and Indianapolis: Indiana University Press.

_____. 2000. *Ecofeminist Philosophy: A Western Perspective on What It Is and Why It Matters*. Lanham, MD: Rowman & Littlefield.

Watson, Burton. 1968. *The Complete Works of Chuang-tzu*. New York: Columbia University Press.

Wawrytko, Sandra A. & Charles W. S. Fu, eds. 1994. *Buddhist Ethics and the Modern World*. Santa Barbara, CA: Greenwood Press.

Weaver, Jace, ed. 1996. *Defending Mother Earth: Native American Perspectives on Environmental Justice*. Maryknoll: Orbis Books.

Weller, Robert P. 2006. *Discovering Nature – Globalization and Environmental Culture in China and Taiwan*. Cambridge: Cambridge University Press.

Wilhelm, Richard. 1950. *The I Ching or Book of Changes*. Translated by Cary Baynes. Princeton: Princeton University Press.

Williams, Jack F. 1992. "Environmentalism in Taiwan." In *Taiwan: Beyond the Economic Miracle*, edited by Denis Fred Simon and Michael Y. M. Kau, 187-210. New York: M. E. Sharpe.

Wilson, Edward O. 1991. "Biodiversity, Prosperity, and Value." In *Ecology, Economics, Ethics: The Broken Circle*, edited by F. Herbert Bormann and

Stephen R. Kellert, 3-10. New Haven: Yale University Press.

Wolfe, Cary. 2003. *Animal Rites – American Culture, the Discourse of Species, and Posthumanist Theory*. Chicago: University of Chicago Press.

World Commission on Environment and Development. 1987. *Our Common Future*. New York: Oxford University Press.

Xiang, He, and James Miller. 2006. "Confucian Spirituality in an Ecological Age." In *Chinese Religions in Contemporary Societies*, edited by James Miller, 281-99. California: ABC-CLIO.

Yang, Guobin（楊國斌）. 2010. "Civic Environmentalism." In *Reclaiming Chinese Society: The New Social Activism*, edited by Ching Kwan Lee and You-tien Hsing, 119-33. London: Routledge.

_____. 2000. "Chinese Religions on Population, Consumption, and Ecology." In *Visions of New Earth: Religious on Population, Consumption, and Ecology*, edited by Harold Coward and Daniel C. Maguire, 161-74. Albany: State University of New York Press.

Zimmerman, Michael E. 1995. "Feminism, Deep Ecology, and Environ-mental Ethics." In *Readings in Ecology and Feminist Theology*, edited by Mary Heather Mackinnon and Moni McIntyre, 124-50. Kansas City: Sheed & Ward.

▌中文書目

于君方，1990，〈戒殺與放生〉，《從傳統到現代——佛教倫理與現代社會》，傅偉編，台北：東大，頁 137-44。

山下尚子，2014，〈日本生活俱樂部輻射食安對策〉，主婦聯盟，2014年 11 月 19 日，https://www.huf.org.tw/essay/content/2799。

中國時報，1997，〈高雄環保媽媽悍將〉，《中國時報》，1997 年 4 月 20日。

反亞泥還我土地自救會編，2001，〈富士村原住民與亞泥土地爭議事件年編〉，序時紀錄，花蓮：太魯閣族還我土地自救會。

尤哈尼・伊斯卡卡夫（Iskakafutet, Youhani），1998a，〈台灣原住民簡史〉，《台灣基督長老教會原住民宣教史》，酋卡爾編，台北：台灣基督長老教會總會原住民宣道委員會，頁 3-41。

＿＿＿＿，1998b，〈台灣基督長老教會與原住民族還我土地運動〉，《台灣基督長老教會原住民宣教史》，酋卡爾編，台北：台灣基督長老教會總會原住民宣道委員會，頁 547-62。

巴魯（uliu），2012，〈1993 年反建瑪家水庫 召集人遭拘役〉，原住民族電視台，http://web.pts.org.tw/titv/news/VideoNews.php?UID=38776。

王一芝，2010，〈慈濟基金會創辦人證嚴法師感召 6 萬人救 16 億棵大樹〉，《遠見雜誌》283：142-43。

＿＿＿＿，2011，〈提升資源回收率達 45.49％，優於美、日、法，慈濟回收，17 個國家學習運用〉，《遠見雜誌》300：52-54。

王俊秀，1999a，〈環境公民與社會足跡：環境社會學的永續發展觀〉，《國立中央大學社會文化學報》8：31-46。

＿＿＿＿，1999b，《全球變遷與變遷全球：環境社會學的視野》，台北：

巨流。

_____，2001，《環境社會學的想像》，台北：巨流。

_____ 與江燦騰，1995，〈環境保護之範型轉移過程中佛教思想的角色——以台灣地區的佛教實踐模式為例〉，《佛教與社會關懷：生命，生態，環境關懷》，釋傳道，台北：現代佛教學會，頁 43-63。

王美珍，2013，〈跑在環教法前面，自費考察做推廣〉，《遠見雜誌》322：41-42。

王虹妮，1999，〈搶救塊木林宗教界同呼籲——基督教界忠心看顧大地佛教也依「護生」原則發出怒吼〉，《台灣教會公報》24448。

王琪君，2019，〈「Hansalim」合作社的產消運動〉，主婦聯盟，2019年 1 月 1 日，https://www.hucc-coop.tw/monthly/PUBCATMONTHLY14127/14035。

王雅各，1999，《台灣婦女解放運動史》，台北：巨流。

王順美，1995，《社區婦女環境教育目標與策略之發展》，台北：行政院國家科學委員會。

_____，2000，〈生態女性主義〉，演講，台北：主婦聯盟環境保護基金會，2000 年 7 月 15 日。

王端正，2000，〈慈濟救災三階段〉，演講，台北：慈濟台北分會，2000 年 10 月 22 日。

世界環境與發展委員會（World Commission on Environment and Development）1992，《我們共同的未來》，王之佳與柯金良等譯，台北：台灣地球日。

主婦聯盟環境保護基金會，1999，〈主婦聯盟環境保護基金會簡介〉，台北：主婦聯盟環境保護基金會。

_____，2007，〈主婦聯盟簡介〉，台北：主婦聯盟環境保護基金會。

_____，2013，〈跨越國境看見合作，雨林咖啡的微革命〉，台灣主婦聯盟生活消費合作社 ，2013 年 3 月 11 日，https://www.hucc-coop.tw/article/partner/4681。

_____，2015，〈菜籃子革命，由我們接手囉！〉，台灣主婦聯盟生活消費合作社，2015 年 1 月 7 日，https://www.hucc-coop.tw/article/newsroom/5599。

包正豪，2016，〈回眸凝視馬英九政府八年來的原住民政策實踐〉，觀策站，https://www.viewpointtaiwan.com/columnist/%E5%9B%9E%E7%9C%B8%E5%87%9D%E8%A6%96%E9%A6%AC%E8%8B%B1%E4%B9%9D%E6%94%BF%E5%BA%9C%E5%85%AB%E5%B9%B4%E4%BE%86%E7%9A%84%E5%8E%9F%E4%BD%8F%E6%B0%91%E6%94%BF%E7%AD%96%E5%AF%A6%E8%B8%90/。

台南市環境保護聯盟，2000，〈選舉廣告物設置專區管理規範說帖〉，台南：台南市環境保護聯盟。

台灣動物之聲， 2000a，〈動物新聞〉，《台灣動物之聲》 22：18-20，

_____，2000b，〈動物新聞〉，《台灣動物之聲》23：28。

甘姍君，1996，〈攜手同行，垃圾變黃金〉，《慈濟年鑑》，台北：慈濟文化出版社，頁 1-6。

甘萬成，2005，〈回首來時路〉，投影片簡報，佛教慈濟基金會宗教處，2005 年 3 月 5 日。

_____，2007，〈2006 年慈濟國內紙類回收換算挽救大樹總重量數〉，佛教慈濟基金會宗教處，2007 年 4 月 9 日。

生態關懷者協會編，1992，《好管家環保手冊──生態，信仰，生活的結合》，台北：生態神學研究及行動小組。

_____ 編，1996，《看顧大地：參與建立台灣的土地倫理》，台南：人光出版社。

_____，1998，〈歡迎與簡介〉，簡介，台北：生態關懷者協會。

_____，2005-2015，《生態關懷者協會會訊》1-50 期，台北：生態關懷者協會。

_____，2005，〈生態關懷者協會簡介〉，簡介，台北：生態關懷者協會。

_____ 編，2007，《溫柔的人必承受地土》，台北：台灣基督長老教會與社會委員會。

朱惠娟，1994，〈誰說女人是弱者？〉，《環境人》3：42-45。

江燦騰，1997，《台灣當代佛教》，台北：南天。

_____，2003，《台灣近代佛教的變革與反思》，台北：東大圖書公司。

行政院外交部，2013，《2013 年案曆：台灣世界遺產潛力點》，台北：外交部。

行政院新聞局，2004，《2004 年案曆：十二個台灣遺產潛力點》，台北：光華畫報雜誌社。

何日生，2012，〈地球與人類身心靈療癒痊愈——慈濟環保站的草根運動〉，許木柱與何日生編著，《環境與宗教的對話》，台北：經典雜誌，頁 252-277。

何佳怜，2005，〈或許我們都習慣了文明——參加大專部落遊學心得〉，《溫柔的人必承受地土》，生態關懷者協會編，台北：台灣基督長老教會與社會委員會，頁 117-18。

何春蕤，2005，〈情慾解放運動：一個歷史——社會的觀點〉，《性政治入門——台灣性運動演講集》，桃園：中央大學性別研究室，頁 182-230。

何貞青，2001，〈垃圾革命——環保界的 100 分媽媽〉，《新故鄉》11：
　　36-53。

吳宗憲，2016，〈如何向權力說真理——動物保護政策倡議的三層次策
　　略〉，關懷生命協會 ，https://www.lca.org.tw/column/node/6806。

吳晟，1995，〈制止他們〉，《還我自然》，李界木編，台北：前衛，頁
　　3-5。

吳錦發，1999a，〈伐木神話〉，《全國搶救棲蘭檜木林運動誌》，陳玉峰
　　編，高雄：高雄市愛智圖書公司，頁 68-69。

_____，1999b，〈為森林守夜〉，《全國搶救棲蘭檜木林運動誌》，陳玉
　　峰編，高雄：高雄市愛智圖書公司，頁 92-93。

希凡・伊貢（Shiban, Igung，田春綢）， 2000a，〈反亞泥還我土地運動
　　的心路歷程〉，《原住民族》7：18-19。

_____，2000b，〈曙光初現——原住民族還我土地運動的血淚成果〉，
　　新聞稿，花蓮：太魯閣族還我土地自救會，2000 年 8 月 11 日。

_____，太魯閣族還我土地自救會，邀請函，花蓮：太魯閣族還我土地
　　自救會，2001 年 3 月 12 日。

更生日報，2001，〈亞泥礦土地乃依法承租〉，2001 年 6 月 5 日。

李文輝，2012，〈台北經驗登陸，廣州垃圾不落地〉，《中國時報》，
　　2012 年 4 月 4 日，www.taimaclub.com/t-198817-1-1.html。

李永興，2000，〈秀林鄉原住民殺豬祭祖慶功〉，《更生日報》，2000 年
　　9 月 5 日。

李建緯，2013，〈從消費力量支持在地農糧自主〉，主婦聯盟， 2013 年
　　10 月 1 日，https://www.huf.org.tw/essay/content/2023。

李界木，1995，《還我自然》，台北：前衛。

李美玲，1999，〈主婦聯盟媽媽們的親自數學經驗〉，《主婦聯盟會訊》

138：24-26。

李順仁，1999，〈新店！教我們什麼土地倫理〉，《定根台灣，看顧大地——跨世紀土地倫理國際研討會》，台北：生態關懷者協會，頁112-13。

李豐楙，1997，〈道教的環保意識——一個道教末世觀點的考察〉，《簡樸思想與環保哲學》，沈清松編，台北：立緒，頁107-142。

汪中和，2010，〈全球暖化與「正負2度C」的多重意義〉，《一百個即將消失的地方》，台北：時報出版社，頁14-29。

＿＿＿，2012，《當快樂腳不再快樂——認識全球暖化》，台北：五南。

沃巴斯基（Vroblesky, Virginia），1995，《俯仰天地間——從聖經看環保》，台北：校園書房。

谷寒松（Gutheinz, Luis, S. J.）編，1994，《台灣生界與生活品質》，台北：台灣生界與生活品質研究小組。

＿＿＿，1998，〈從今日全球化看我們的協會〉，《生態神學通訊》47：2-3。

辛格‧彼得（Singer, Peter），1996，《動物解放》，孟祥森與錢永祥譯，台北：關懷生命協會。

周碧娥與姜蘭虹，1989，〈現階段台灣婦女運動的經驗〉，《台灣新興社會運動》，徐正光與宋文里編，台北：巨流，頁79-101。

周儒與張子超，1995，《民間團體推動環境教育模式之研究》，台北：行政院國家科學委員會專題研究計畫成果報告。

岩根邦雄，1995，《從329瓶牛奶開始：新社會運動25年》，台北：主婦聯盟環境保護基金會。

林弘展，2008，〈四川強震——慈濟四萬條毛毯明專機赴川〉，《東森新聞》，2008年5月14日。

林正芳，1998，《宜蘭城與宜蘭人的生活》，宜蘭：宜蘭縣縣史館。

林安梧，2006，《新道家與治療學——老子的智慧》，台北：台灣商務印書館。

林秀琴，1999，〈從婦女成長看主婦聯盟〉，《主婦聯盟會訊》138：22-23。

林益仁，2000，〈生態探查之旅：遇見一位善於聆聽與對話的哲學家〉，《生態神學通訊》61：1-2。

_____，2008，〈思索 Professor Homes Rolston III——一個在地生態知識的觀點〉，《獨者》16：77-128。

林朝成，2012，〈全球氣候變遷與慈濟宗門環境思想〉，《環境與宗教的對話》，台北：經典雜誌，頁 278-97。

林碧霞，1999，〈家戶廚餘／社區／共同購買／有機農戶的有機結合〉，《主婦聯盟會訊》133：35-36。

邱俊英，2011，〈主婦聯盟生活消費合作社十歲了〉，主婦聯盟，2011年 6 月 1 日，https://www.huf.org.tw/essay/content/306。

邱貴芬，1996，〈原住民女性的聲音：訪談阿媡〉，《中外文學》26(2)：130-45。

阿 ·利格拉樂（高振蕙），1997，〈樓上樓下——都會區中產階級女性運動與原住民女性運動的矛盾〉，《騷動》4：4-9。

施正鋒， 2017，〈原住民族締結條約的權利〉，《民報》2017 年 9 月 18日。

柯志明，2008，〈Ecology 是家學〉，《獨者》16：263-302。

紀駿傑，1997，〈原住民土地與環境殖民〉，《「反亞泥，還土地」運動》，怡舜與岱屏編，花蓮：太魯閣族還我土地自救會，頁 18-21。

_____，1998，〈環保與經濟難雙贏〉，《經濟前瞻》13(2)：26-32。

_____，1999，〈原住民與自然環境〉，《看守台灣》1(1)：18-24。

唐佐欣，2019，〈原民青年提九大訴求 籲立委候選人回應〉，苦勞網，2019 年 12 月 26 日，https://www.coolloud.org.tw/node/93885。

孫立珍，1997，〈周春娣環保尖兵〉，《台灣新聞報》，1997 年 7 月 5 日。

孫秀如，1999，〈1998 年的冬天，我是這樣過的〉，《全國搶救棲蘭檜木林運動誌》，陳玉峰編，高雄：高雄市愛智圖書公司，頁 152-53。

徐正光與宋文里編，1989，《台灣新興社會運動》，台北：巨流。

徐白櫻，2015，〈高雄黃蝶季 20 年——居民：今年黃蝶特別多〉，《聯合報》（高雄報導），2015 年 6 月 13 日。

翁秀綾，1999，〈再看主婦聯盟〉，《主婦聯盟會訊》135：5-7。

馬以工，1987，《一百分媽媽》，台北：十竹書屋。

張力揚，1991，《尋回綠色地球》，台北：雅歌。

_____，1995，《綠色的邀請》，台北：雅歌。

張岱屏，1997，〈反亞泥事件的始末〉，《「反亞泥，還土地」運動》，怡舜 與岱屏編，花蓮：太魯閣族還我土地自救會，頁 10-11。

_____，2000，〈亞洲水泥事件與花蓮秀林鄉保留地出賣史〉，《原住民族》7：1-3。

張茂桂，1991，《社會運動與政治轉化》，台北：國家政策研究中心。

張培倫，1990，〈原住民傳統土地自然資源權利的道德基礎：自由主義的觀點〉，《原住民教育季刊》8：63-81。

張維安，1995，〈佛教慈濟與資源回收——生活世界觀點的社會學分析〉，《佛教與社會關懷：生命，生態，環境關懷》，釋傳道編，台北：現代佛教學會，頁 65-97。

張靜茹，2000，〈從蛤仔到鮑魚──別再「瞎拼」海鮮！〉，《台灣動物之聲》23：10-11。

張瓊方，2012，〈要元氣，更要永續──新海鮮文化〉，《台灣光華雜誌》37，1：94-103。

曹景旭，2022，〈齊柏林怎瞑目！政院稱亞泥案「查無不法」真調會聯合聲明：立場偏頗、傷害轉型正義〉，《民眾日報》，2022 年 2 月 15 日，https://tw.news.yahoo.com/%E9%BD%8A%E6%9F%8F%E6%9E%97%E6%80%8E%E7%9E%91%E7%9B%AE-%E6%94%BF%E9%99%A2%E7%A8%B1%E4%BA%9E%E6%B3%A5%E6%A1%88-%E6%9F%A5%E7%84%A1%E4%B8%8D%E6%B3%95-%E7%9C%9F%E8%AA%BF%E6%9C%83%E8%81%AF%E5%90%88%E8%81%B2%E6%98%8E-%E7%AB%8B%E5%A0%B4%E5%81%8F%E9%A0%97-094920207.html。

莫那能，1997，詩序，《「反亞泥，還土地」運動》，花蓮：太魯閣族還我土地自救會。

許木柱與何日生編著，2012，《環境與宗教的對話》，台北：經典雜誌。

陳弘宜，1996，《論市場機制與野生動物保育規範上之運用》，東吳大學法律研究所碩士論文。

陳玉峰，1997，《台灣生態史話十五講》，台北：前衛。

_____，1998，〈搶救檜木林運動的價值依據〉，《中國時報》，1998 年 12 月 11 日。

_____ 編，1999a，《全國搶救棲蘭檜木林運動誌》，高雄：高雄市愛智圖書公司。

_____，1999b，〈台灣檜木林天然更新一體之回溯檢討〉，《全國搶救棲蘭檜木林運動誌》，陳玉峰編，高雄：高雄市愛智圖書公司，頁

118-136。

＿＿＿＿，1999c，〈檜木出口〉，《自立晚報》，1999 年 2 月 2 日。

＿＿＿＿，2012，〈自然生態保育、環境保護與慈濟宗〉，《環境與宗教的對話》，許木柱與何日生編著，台北：經典雜誌，頁 102-146。

陳仲嶙，2001，《動物保護的法律史觀察》，台北：益思科技法律事務所。

陳竹上，2000，〈太魯閣地區原住民與亞洲水泥公司土地糾紛事件的法律問題分析〉，《原住民族》7：9-14。

陳姍姍，2018，〈讓魚翅從餐桌消失 籲民眾正視魚翅 2 大危害〉，關懷生命協會，2018 年 2 月 8 日，https://www.lca.org.tw/news/node/6643。

陳金萬，2000，〈核四存廢：宗教界不再沉默〉，《台灣教會公報》2520：4。

陳信安，2019，〈低迷的回收率，被焚燒的命運 —— 廚餘回收怎麼了？〉，《窩抱報》，2019 年 4 月 13 日，https://wuo-wuo.com/topics/enviromental/99-kitchen-waste-recycling/954-2019-04-13-08-23-22。

陳曼麗，2000，〈世界環境的節日〉，《主婦聯盟會訊》148：3-4。

＿＿＿＿，2001，〈讓生活更貼近環保 —— 主婦聯盟綠色生活廣場開張了〉，網氏／《罔市女性電子報》，2001 年 12 月 24 日，https://bongchhi.frontier.org.tw/archives/2600。

陳慈美，1991，〈心靈重建〉，《曠野》28：25。

＿＿＿＿，1998a，〈生態時代新人生觀 —— 環保媽媽的生態反省〉，《台灣環境永續得獎論文集》，黃仲正編，台北：生態保育聯盟，頁 56-99。

＿＿＿＿，1998b，〈撒種在心田 —— 以文化改造迎向生態時代〉，《台灣環境永續得獎作品集》，黃仲正編，台北：生態保育聯盟，頁 58。

_____，1998c，〈道德的人，不道德的社會〉，《自由時報》，1998 年 12
月 26 日。

_____，1999，〈簡樸生活真諦〉，《好管家環保手冊：生態，信仰，生
活的結合》，台北：台灣生態神學中心文字組，頁 84-87。

_____，2014a，〈慈悲退讓的經濟學〉，《曠野》192：14-15。

陳裕琪，2012，〈 [人生鏡相]生之蛹──訪談發起人徐慎恕、王保子〉，
主婦聯盟環境保護基金會 ，2012 年 3 月 1 日，https://www.huf.org.
tw/essay/content/768。

傅孟麗，2001，〈婦女社會參與之期許與未來展望〉，《第六屆全國婦女
國是會議》，高雄：高雄市政府。

曾彩文，1999，〈環保媽媽服務隊是綠色世界的螞蟻兵團〉，高雄市政
府環保局。

曾華璧，2000，《人與環境：台灣現代環境史》 ，台北：正中書局。

湯九懿，2007，〈從農業諺語中看女性在台灣農業社會的地位〉，《桃
園：國立中央大學客家學院電子報》69（10 月）。

湯雅雯，2015，〈年底前擬全面禁用保麗龍杯〉，《中國時報》，2015 年
1 月 4 日。

童春發，2004，〈基督福音帶給文化價值新的詮釋與對話〉，《原住民文
化與福音的對話》，杜明翰編，台北：台灣世界展望會，頁 18-
35。

華茲沃斯‧琴吉（Wadsworth, Ginger），2000，《瑞秋，卡森傳》，汪芸
譯，台北：天下文化。

馮滬祥，1991，《環境倫理學：中西環保哲學比較研究》，台北：台灣
學生書局。

黃玉秋，1999，〈環保媽媽總動員？〉，《環保生活家》，黃玉秋編，台

北：行政院環保署與高雄環保媽媽服務隊，頁 109-110。

黃純美，1999，〈必要燒冥紙嗎？〉，《環保生活家》，黃玉秋編，台北：
　　行政院環保署與高雄環保媽媽服務隊，頁 83-84。

黃菊秋，1994，〈台灣主婦環境保護基金會報告書〉，《主婦聯盟會訊》
　　133：31。

黃曉雲，1992，〈一本書帶來的改變〉，《環保生活家》，台北：行政院
　　環保署「國家環境」（3 月），頁 76-82。

黃獻隆，2001，〈田春綢被譽為環保英雄〉，《更生日報》，2001 年 6 月
　　5 日。

慈濟基金會，2000，〈慈濟九二一大地震賑災專案，募款使用說明〉，
　　《慈濟道侶通訊》341（4 月）。

＿＿＿＿，1990，〈無緣大慈、同體大悲〉，簡介，台北：慈濟文化。

＿＿＿＿，2003，《慈濟年鑑 2002》，林碧珠編，台北：慈濟文化。

＿＿＿＿，2011，慈濟志業——環保，慈濟全球資訊網，2011 年 2 月23
　　日，https://tw.tzuchi.org/about-us/2017-11-20-01-15-13/%E7%92%
　　B0%E4%BF%9D。

＿＿＿＿，2009，〈慈濟如何與政治畫清界限？〉，慈濟全球資訊網 ，2009
　　年 1 月 8 日，https://www.tzuchi.org.au/index.php?option=com_content
　　&view=article&id=989:tzuchi-2009-01-08-07-25-29&catid=72:2010-09-
　　01-03-01-41&Itemid=181。

楊貞娟，1997， 《台灣基督徒生態靈修——從三位代表性人物探討找
　　出方向》， 輔仁大學宗教學研究所碩士論文。

楊啟壽，2006，〈生態時代的心靈更新——百齡老樹下的沉思〉，《台灣
　　教會公報》2848：6。

楊嵐智，2019，〈十二年國教下環境素養的內涵與教育實踐〉，《台中教

育大學學報》33(2)：29- 49。

楊國樞，1996，〈台灣台灣新興社會運動研討會〉，《台灣新興社會運動》，徐正光與宋文里編，台北：巨流，頁 311-25。

楊惠南，1994，〈當代台灣佛教環保理念的省思——以「預約人間淨土」和「心靈環保」為例〉，《當代》104：32-55。

溫蕙敏，2007，〈五百億水泥暴利毀國家公園〉，《壹周刊》314：38-42。

葉為欣，1997，《生態女性主義的理念與實踐：探討台灣經驗》，中興大學資源管理研究所碩士論文。

鄒敏惠，2016，〈「環保悍將」交棒 環保媽媽基金會熄燈〉，台灣新聞，2016 年 12 月 28 日，https://e-info.org.tw/node/202104。

鄔昆如，1997，〈從簡樸到清貧——靈肉二元、環保與簡樸生活〉，《簡樸思想與環保哲學》，沈清松編，台北：立緒，頁 31-46。

雷根・湯姆（Regan, Tom），2016，《打破牢籠》（*Empty Cages：Facing the Challenge of Animal Rights*），陳若華與林云也譯，台北：關懷生命協會。

赫塞爾（Hessel, Dieter T.）編，1996，《生態公義：對大地反撲的信仰反省》，台北：台灣地球日出版社。

廖靜蕙，〈40 年漫長等待 反亞泥自救會取得土地所有權狀〉，環境資訊中心，2014 年 12 月 11 日，https://e-info.org.tw/node/103945。

趙啟明，2000，〈獅子與羚羊——從全球化的觀點來看：原住民適應外來強勢文化的現象及應有的態度〉，《山海文化雙月刊》23/24：93-100。

趙賢明，1994，《台灣三巨人——李登輝、釋證嚴、王永慶》，台北：開今文化。

劉炯錫，1999，〈回歸自然，原住民文化是明燈〉，《大自然》65：12-19。

劉選國，2021，〈慈濟公益的成功之道——台灣社區營造及公益組織考察之六〉，人人焦點，https://ppfocus.com/0/hu7d57333.html。

摩耶・尼阿烏茲拿（Niawuzina，溫初光），1998，〈原住民的危機與轉機——達娜伊谷傳奇〉，《新使者》44：11-13。

樓宇烈，2012，〈儒釋道「萬物一體」觀念的現代意義〉，《環境與宗教的對話》，台北：經典雜誌，頁40-58。

潘忠政，1999，〈觀音土地觀察〉，《定根台灣，看顧大地——跨世紀土地倫理國際研討會》，台北：生態關懷者協會，頁114-15。

潘偉華，2012，〈[人生鏡相]向往事乾杯，話說1997〉，主婦聯盟，2012年3月1日，https://www.huf.org.tw/essay/content/773。

潘朝成（Bauki Angaw），2004，《我們為土地而戰》，紀錄片，台北：公共電視基金會。

蔡玉珍，2000，〈九二一八百億賑災款大追蹤〉，《今周刊》，2000年8月3日。

蔡群騰，2003，〈重拾人與自然中失落的環節〉，《自然美學》，蔡群騰編，台北：生態關懷者協會，頁4-5。

＿＿＿＿編，2003，《自然美學》，台北：生態關懷者協會。

＿＿＿＿，〈人與海洋系列（1-5）〉，《生態神學通訊》，70-74期，台北：生態關懷者協會。

蔡翠英，1993，〈周春娣全力推動無毒的家〉，《自立晚報》，1993年5月8日。

鄭一青，1996，〈台泥陷入什麼樣的泥沼？〉，《天下》176：89-96。

盧蕙馨，1995，〈佛教慈濟功德會「非寺廟中心」的現代佛教特質〉，

《寺廟與民間文化研討會論文集》，台北：行政院文化建設委員會，頁 725-50。

_____，1997，〈性別，家庭與佛教：以慈濟功德會為例〉，《性別，神格與台灣宗教論述》，李豐楙與朱榮貴編，台北：中央研究院中國文史哲研究所籌備處，頁 97-120。

蕭戎，2011，〈動物權利合理嗎？足夠嗎？一個循著台灣脈絡進行的反思〉，《獨者》21：43-57。

蕭新煌，1989，〈台灣新興社會運動的分析架構〉，《台灣新興社會運動》，徐正光與宋文里編，台北：巨流，頁 21-46。

_____，1997，〈一個緊張的共生關係：環保行政機關與民間團體的合作關係〉，台北：行政院環境保護署。

賴佩璇、王燕華、張語羚、陳宛茜，連線報導，2019，〈阻亞泥礦權展限 太魯閣原民勝訴〉，《聯合報》，2019 年 7 月 12 日。

戴永褆，1998，〈原住民生態智慧與自然保育〉，《原住民教育季刊》16：37-42。

_____，2000，〈太魯閣的魚撈文化〉，《中央研究院民族學研究所集刊》15：105-69。

環保媽媽環境保護基金會（CMF），1999，〈歷年重要工作與活動實錄摘要〉，高雄：環保媽媽環境保護基金會。

_____，2000a，〈媽媽出來做環保〉，簡介，高雄：環保媽媽環境保護基金會。

_____，2000b，〈歡迎與簡介〉，簡介，高雄：環保媽媽環境保護基金會。

謝志誠，1999，〈台灣環境負荷知多少？〉（上篇與下篇），《主婦聯盟會訊》138：12-14，139：11-13。

謝璧如，2012，〈大自然教室——健康步道行〉，主婦聯盟，2012 年 10
　　月 1 日，www.huf.org.tw/essay/content/1511。

鍾寶珠，1997，〈故鄉的聲音〉，《「反亞泥，還土地」運動》，怡舜與
　　岱屏編，花蓮：太魯閣族還我土地自救會，頁 12-14。

＿＿＿＿，2000，〈反亞泥還我土地運動是一場專業的戰爭〉，《原住民族》
　　7：4-8。

＿＿＿＿，2001，〈回去耕種之路難如上青天？〉，新聞稿，花蓮：太魯閣
　　族還我土地自救會。

韓韓，馬以工編，1983，《我們只有一個地球》，台北：九歌出版社。

顏秀妃，1999，〈過度包裝的省思〉，《環保生活家》，黃玉秋編，台北：
　　行政院環保署與高雄環保媽媽服務隊，頁 33-34。

顏博文，2020，〈三十而立新環保——「不只是回收」慈濟基金會談下
　　一個 30 年〉，聯合新聞網，https://udn.com/upf/ubrand/2020_data/
　　tzuchi_next30years/。

魏元珪，1995，〈老莊哲學的自然觀與環保心靈〉，《哲學雜誌》13：
　　36-55。

釋恆清，1995，《菩提道上的善女人》，台北：東大。

釋昭慧，1994，《願同弱少抗強權》，台北：法界出版社。

＿＿＿＿，1995，《佛教倫理》，台北：法界出版社。

＿＿＿＿，1996a，《鳥入青雲倦亦飛》，台北：法界出版社。

＿＿＿＿，1996b，〈護生精神的實踐舉隅〉，《台灣佛教學術研討會論文
　　集》，楊惠南，釋宏印編，台北：財團法人佛教青年文教基金會，
　　頁 265-279。

＿＿＿＿，1998a，《人間佛教試煉場》，台北：法界出版社。

＿＿＿＿，1998b，〈動物保護法反賭馬條款通過之重大意義〉，關懷

生命協會，1998 年 10 月 13 日，https://www.lca.org.tw/column/node/854。

_____，1999，《律學今詮》，台北：法界出版社。

_____，2001a，〈人間佛教與社會運動：一個當代台灣佛教史的考察〉，《弘誓》54：17-23。

_____，2001b，〈達賴喇嘛加油──談「新世紀的道德觀」，何妨向台灣取經〉，《自由時報》，2001 年 3 月 28 日。

_____，2002a，〈環境權與動物權──「人權」觀念的延展與「護生」信念的回應〉，https://www.lca.org.tw/column/node/1009。

_____，2002b，〈動物保護與生態保育──兩造攜手保鯊魚〉，《弘誓電子報》第 20 期。

_____與釋性廣編著，2002c，〈人間佛教行者的「現身說法」──從提倡動物權到提倡佛門女權〉，《千載沉吟──新世紀的佛教女性思維》，台北：法界，頁 151-167。

_____，2003，〈當代台灣佛教的榮景與隱憂〉，《弘誓》28：16-48。

_____，2007a，〈檢驗當前之動保與野保政策〉，《弘誓電子報》第 158 期。

_____編，2007b，〈佛教「生命倫理學」研究：以動物保護議題為核心〉，《應用倫理研究通訊》43：28-44。

_____，2016，〈一步到位，淨空牢籠〉，《打破牢籠》序，台灣動物之聲，2016 年 3 月 2 日，https://www.lca.org.tw/avot/5972。

釋傳法，2000，〈海洋館對生態保育，動物保護的衝擊〉，《動物之聲》23：7-9。

_____編，2003，〈高中解剖替代教學之建議〉，手冊，關懷生命協會，2003 年 5 月 12 日。

_____ 編，2007，〈檢驗當前之動保與野保政策〉，報告，關懷生命協
　　會，2007 年 7 月 4 日。

釋傳道，1996，〈菩薩社會關懷的二大任務〉，《佛教與社會關懷：生
　　命，生態，環境關懷》，釋傳道編，台北：現代佛教學會，頁
　　1-14。

釋聖嚴，1997，《聖嚴法師心靈環保》，台北：正中書局，頁 1-140。

_____，1999，〈心五四運動──21 世紀生活主張〉，《法鼓》116：1。

釋德傳，2012，〈佛教環保觀：以證嚴上人思想為軸心〉，《環境與宗教
　　的對話》，許木柱與何日生編著，台北：經典雜誌，頁 300-318。

釋證嚴，1991，《快樂的泉源》，台北：慈濟文化出版社。

_____，2006，《與地球共生息──100 個疼惜地球的思考和行動》，台
　　北：天下遠見出版股份有限公司。

_____，2012，〈清淨在源頭，淨土在人間〉，《環境與宗教的對話》，台
　　北：經典雜誌，頁 26-30。

_____，2013a，〈清淨在源頭，精緻在環保〉，《環保人 回收物》，陳世
　　慧編，台北：經典雜誌，頁 2-3。

_____，2013b，〈愛無量 願無量〉，《慈濟月刊》556 期。

顧燕翎，1999，〈當代台灣婦女的情慾論述〉，《女性主義經典》，顧燕
　　翎與鄭至慧編，台北：女書文化事業有限公司，頁 288-96。

人與土地 44

台灣生態家庭：六個女性、環保與社會運動的民間典範

Ecofamilism：Women, Religion, and Environmental Protection in Taiwan

作　　者	何婉麗
譯　　者	魏念怡
圖片提供	何婉麗
責任編輯	陳萱宇
主　　編	謝翠鈺
行銷企劃	陳玟利
封面設計	陳文德
美術編輯	菩薩蠻數位文化有限公司

董 事 長	趙政岷
出 版 者	時報文化出版企業股份有限公司
	108019台北市和平西路三段二四〇號七樓
	發行專線　（〇二）二三〇六六八四二
	讀者服務專線　〇八〇〇二三一七〇五
	（〇二）二三〇四七一〇三
	讀者服務傳真　（〇二）二三〇四六八五八
	郵撥　一九三四四七二四時報文化出版公司
	信箱　一〇八九九　台北華江橋郵局第九九信箱
時報悅讀網	http://www.readingtimes.com.tw
法律顧問	理律法律事務所 陳長文律師、李念祖律師
印　　刷	勁達印刷有限公司
初版一刷	二〇二三年五月十二日
定　　價	新台幣四五〇元

缺頁或破損的書，請寄回更換

時報文化出版公司成立於一九七五年，
並於一九九九年股票上櫃公開發行，於二〇〇
八年脫離中時集團非屬旺中，
以「尊重智慧與創意的文化事業」為信念。

台灣生態家庭：六個女性、環保與社會運動的民間典
範/何婉麗著；魏念怡譯. -- 初版. – 台北市：時報文
化出版企業股份有限公司, 2023.05
　　面；　公分. --（人與土地；44）
譯自：Ecofamilism：women, religion, and environmental
protection in Taiwan
ISBN 978-626-353-579-4（平裝）

1.CST: 環境保護 2.CST: 環境生態學 3.CST: 女性
4.CST: 台灣

445.99　　　　　　　　　　　　　　112002398

ISBN 978-626-353-579-4
Printed in Taiwan